国外油气勘探开发新进展丛书

GUOWAIYOUQIKANTANKAIFAXINJINZHANCONGSHU

COMPOSITIONAL GRADING IN OIL AND GAS RESERVOIRS

油气储层中的组分组成分异现象及其理论研究

【巴西】 Rogério Oliveira Espósito

【巴西】 Pedro Henrique Rodrigues Alijó

【巴西】 José Antonio Scilipoti   著

【巴西】 Frederico Wanderley Tavares

赵佐峰   特 译

气   油

油

沥青质   气

石油工业出版社

内 容 提 要

本书在简述常规流体模拟的基础上，重点阐述等温重力场、热扩散效应以及分子缔合现象对油气储层中组分组成分异现象的影响规律。介绍了明显存在组分组成分异现象的油气田实例，再把新的假设、新的计算方法和新的参数估算方法应用到尚未公开的新案例中。本书一些章节后面附有练习题。

本书适合从事油气开采行业的学生、工程师和研究人员阅读，也可作为油气开采相关专业师生的教材。

图书在版编目（CIP）数据

油气储层中的组分组成分异现象及其理论研究/（巴西）罗戈里奥·奥利维拉·艾斯波西多等著；赵传峰，李军诗译.—北京：石油工业出版社，2021.10
（国外油气勘探开发新进展丛书；二十）
书名原文：Compositional Grading in Oil and Gas Reservoirs
ISBN 978 - 7 - 5183 - 4764 - 3

Ⅰ.①油… Ⅱ.①罗… ②赵… ③李… Ⅲ.①油气聚集–储集层–研究 Ⅳ.① P618.130.2

中国版本图书馆 CIP 数据核字（2021）第 150112 号

Compositional Grading in Oil and Gas Reservoirs
Rogério Oliveira Espósito
Pedro Henrique Rodrigues Alijó
José Antonio Scilipoti
Frederico Wanderley Tavares
ISBN：9780128124529

注意

本书涉及领域的知识和实践标准在不断变化。新的研究和经验拓展我们的理解，因此须对研究方法、专业实践或医疗方法作出调整。从业者和研究人员必须始终依靠自身经验和知识来评估和使用本书中提到的所有信息、方法、化合物或本书中描述的实验。在使用这些信息或方法时，他们应注意自身和他人的安全，包括注意他们负有专业责任的当事人的安全。在法律允许的最大范围内，爱思唯尔、译文的原文作者、原文编辑及原文内容提供者均不对因产品责任、疏忽或其他人身或财产伤害及/或损失承担责任，亦不对由于使用或操作文中提到的方法、产品、说明或思想而导致的人身或财产伤害及/或损失承担责任。

北京市版权局著作权合同登记号：01 - 2021 - 4901

出版发行：石油工业出版社
　　　　（北京安定门外安华里 2 区 1 号楼　100011）
　　网　　址：www. petropub. com
　　编辑部：(010)64210387　图书营销中心：(010)64523633
经　销：全国新华书店
印　刷：北京中石油彩色印刷有限责任公司

2021 年 10 月第 1 版　2021 年 10 月第 1 次印刷
787×1092 毫米　开本：1/16　印张：17.25
字数：390 千字
定价：100.00 元
（如出现印装质量问题，我社图书营销中心负责调换）

版权所有，翻印必究

《国外油气勘探开发新进展丛书(二十)》
编　委　会

主　任：李鹭光

副主任：马新华　张卫国　郑新权

何海清　江同文

编　委：(按姓氏笔画排序)

万立夫　范文科　周川闽

周家尧　屈亚光　赵传峰

侯建锋　章卫兵

序

"他山之石，可以攻玉"。学习和借鉴国外油气勘探开发新理论、新技术和新工艺，对于提高国内油气勘探开发水平、丰富科研管理人员知识储备、增强公司科技创新能力和整体实力、推动提升勘探开发力度的实践具有重要的现实意义。鉴于此，中国石油勘探与生产分公司和石油工业出版社组织多方力量，本着先进、实用、有效的原则，对国外著名出版社和知名学者最新出版的、代表行业先进理论和技术水平的著作进行引进并翻译出版，形成涵盖油气勘探、开发、工程技术等上游较全面和系统的系列丛书———《国外油气勘探开发新进展丛书》。

自 2001 年丛书第一辑正式出版后，在持续跟踪国外油气勘探、开发新理论新技术发展的基础上，从国内科研、生产需求出发，截至目前，优中选优，共计翻译出版了十九辑 100 余种专著。这些译著发行后，受到了企业和科研院所广大科研人员和大学院校师生的欢迎，并在勘探开发实践中发挥了重要作用，达到了促进生产、更新知识、提高业务水平的目的。同时，集团公司也筛选了部分适合基层员工学习参考的图书，列入"千万图书下基层，百万员工品书香"书目，配发到中国石油所属的 4 万余个基层队站。该套系列丛书也获得了我国出版界的认可，先后四次获得由中国出版协会颁发的"引进版科技类优秀图书奖"，已形成规模品牌，获得了很好的社会效益。

此次在前十九辑出版的基础上，经过多次调研、筛选，又推选出了《石油地质概论》《油藏工程》《油藏管理》《钻井和储层评价》《渗流力学》《油气储层组分分异现象及理论研究》等 6本专著翻译出版，以飨读者。

在本套丛书的引进、翻译和出版过程中，中国石油勘探与生产分公司和石油工业出版社在图书选择、工作组织、质量保障方面发挥积极作用，聘请一批具有较高外语水平的知名专家、教授和有丰富实践经验的工程技术人员担任翻译和审校工作，使得该套丛书能以较高的质量正式出版，在此对他们的努力和付出表示衷心的感谢！希望该套丛书在相关企业、科研单位、院校的生产和科研中继续发挥应有的作用。

中国石油天然气股份有限公司副总裁

原书序一

"真想发出动物般的尖叫,这样才能让人听到。"

这位象征派诗人生活在比今天更加艰难的时代。在此处引用这句诗的目的,其实是建议用另外一种方式……

价值与优点不分的荒诞不经,教育、文化、科技的完全失败,构成了近代史的背景。深深为诗人所处的那个时代和近代的背景感到惋惜。至少在当下,这项工作无疑穿透了这段近代史。这本书的目的不仅仅在于给读者讲授知识。我们期待着它会为那些尚未找到研究兴奋点的研究生提供真实的希望,为那些意欲胜任工作的工程师提供可行的替代方案,成为研究生和导师开发研究兴趣的源泉,帮助这些承受着巨大压力的研究机构增加在国际刊物上发表论文的机会。我们并不是组分组成分异领域的真理持有者。我们是为疑惑寻求答案的研究者,希望这些答案能够引发高水平的讨论,能够为新论文的发表提供素材,而且能够提供硕士、博士以及博士后奖学金。无论国际形势如何周期性变化,我们希望这项工作会有助于形成一些对于油气田开发而言具有重要意义的决定。危机总是来了又走,毫不理会市场机会主义者的偏见。但是获取的知识和沉淀的知识是永恒的,能够保证我们具有很强的就业能力,哪怕只是在精神上。我们希望这项工作发出的呐喊能够吐露出那些依然深信一个国家是建立在人民和书籍之上的情绪低落的少数派的心声。在众多的谎言和暴力中,我们谦恭地寻找着那些作用在深处地下的储层岩石之上的自然法则,我们希望看到财富得到合理的分配,助力我们的养老金飞速增长。让我们向前走吧,因为"如果事情会让我们一无所有,那我们就会从一无所有东山再起"。我们欢迎那些期望在这本书中寻求未来的人们,同时承认机会毁灭导致我们不得不一而再、再而三地从头再来的那种感受实在不怎么美好。机会就在这里,至少我们希望如此。写信给我们吧。把你的课程拼接起来吧,让你的培养方案充实丰满起来。欢迎你提出批评和建议,这会有助于本书以后的再版。你为什么应该这么做? 好吧……来自一家巴西机构的受人尊重的导演曾经告诉过我:"这个世界上只有 500 个人。其他人都是配角。"我们才不愿两边倒。我们希望看到它们的改变。

Rogério Oliveira Espósito

2016 年 11 月于里约热内卢

原 书 序 二

恶劣条件(高压、深水、高温度梯度、复杂地形多孔介质等)给油气勘探带来了很多技术挑战。对储层流体的热力学模拟是其中最重要的挑战之一,能够在勘探和地层评价阶段提供重要的信息。对于产出大量沥青质和二氧化碳的深井,现有热力学模型对此无能为力,而且可用的资料稀少,获取成本又很高。相互一致的信息的缺乏阻碍了新热力学模型的开发以及对热力学性质计算所需的可靠稳健方法的改进。要知道,这些流体性质对于开发设计和储层评价非常有用。

在这样的背景下,学术界和油气工业界需要做好交流互动,这对于双方不无裨益。学术界承担着引领讨论方向的责任,以便科学严谨地开发出热力学模型。尽管如此,如果不从实际的工业问题出发,那么建立的热力学模型和计算方法对技术的影响就会比较小。在巴西,有很多障碍制约着学术界和工业界之间的互动,成功的案例少之又少。与现状不同,本书将会是一个令人鼓舞的成功案例。

为了应对高含二氧化碳的新储层所带来的挑战,有必要对流体模拟工具进行改进。意识到这一点后,Rogério O. Espósito 博士(巴西国家石油公司)来到位于里约热内卢联邦大学内的ATMOS(应用热力学和分子模拟)实验室,建议成立一个雄心勃勃的学术界—工业界联合风险项目。这个项目隶属于巴西国家石油管理局和巴西国家石油公司之间的合作计划,名为"油气储层中组分组成分异的理论模拟"。参与这个项目的人员包括巴西国家石油公司的技术人员、里约热内卢联邦大学的教师和研究生,还涉及与 Abbas Firoozabadi 教授指导下的 RERI(油藏工程研究院)之间的战略伙伴关系。

最初,这本书并不在学术界和工业界合作项目的范畴之内。举行科学论文比赛是学术界和工业界互动内容的一部分。在此之前,论文作者之间开展的讨论激发了出版一本书的愿望。在关于油气藏中组分组成分异的特定研究文献中,可用的信息很少,而且还缺乏一种众人认可的统一理论。从这个意义上讲,我们意识到出版这样一本教科书对于学术界研究人员和工业界技术人员来说都是一份重要的礼物,因为它通过一种深入浅出的解释方式对主要概念进行阐述,系统地讨论了书中提出的新方法。因此,我们希望这本书能够在一个需要更深研究的学科领域中激发出新的研究点(包括理论研究和应用研究)。

最后,我们希望这本书可以证实学术界与工业界之间的伙伴关系非常成功。为了应对当前的挑战,必须做出技术革新,这就要求社会各界之间多多进行对话交流,以便积累技术和能力并分担责任。我们认为这是一条无法绕开的道路。我们期望这本书能够鼓舞读者加入我们在这条道路上携手前进。

Pedro Henrique Rodrigues Alijó

José Antonio Scilipoti

Frederico Wanderley Tavares

2016 年 11 月于里约热内卢

原 书 序 三

　　油气储层的开采基于对多学科知识和多研究领域的整合。在对地下储层的地质描述中整合了物理、化学和数学中最先进的理念，从而实现油气的最优化开采。油气高效开采中基本的元素之一就是流体本身。储层流体由多种成分组成，其范围涵盖了从甲烷到沥青质、树脂、水以及各种盐类。受不同机理的影响，这些成分并不是均匀地分布在地下储层中的各个部位。在许多储层中，产出液中的组分含量沿深度变化极大，甚至可能达到数量级的差异。对于在 $x-y$ 平面、$z-y$ 平面和 $z-x$ 平面上处于不同位置的生产井来说，其产出液的组分组成可能存在很大的不同。理解这些组分的空间分布对于井位部署来说非常关键。

　　这是唯一一本专注于油气储层中组分组成分异的教科书。全球范围内存在很多大型油气储层，其内部的组分组成分布存在很大的差异。巴西国家石油公司可能是唯一一个最大的能源公司。巴西的海上油气田存在着非常明显的组分组成分异，无论是在 $x-y$ 平面上还是在 z 方向上。本书的第一作者是一个来自巴西国家石油公司的经验丰富的工程师和科学家。第四作者对于热力学理论贡献很大。热力学理论是进行数据解释和流体模拟的基础。早在多年以前，第一作者的博士论文就对本书的主题进行过研究。

　　本书的内容远比油气储层中的组分变异宽泛得多。作者在书中展示了对储层流体相态行为进行综合预测的新方法。本书的前几章内容集中在相态计算和测试上。后几章内容则更多讲述的是相态模拟技术。本书的第二个重要特点在于书中给出了关于巨大型海上油田大量的数据。这些油田中均存在组分组成变异，为读者提供了翔实的数据，并且基于统一的方法对公开发表的数据进行分析。这是本书独一无二的特点。

　　本书还讲述了基于独特的工程方法进行水和其他成分分析所需要的缔合理论，吸收了组分分布计算所需要的相关理论。

　　总的来说，这本书是对热力学类书籍非常有价值的一项重要补充，也是专注于油气储层中组分组成分布的第一本书。本书适合的对象很广泛，广大活跃在油气开采领域的学生、老师和技术人员都会是本书的读者。本书在许多章节后面附有练习题，因此其中的部分内容很适合作为教材进行使用。

Abbas Firoozabadi

原书序四

油气田在被发现和进入开发阶段后,会面临很多技术挑战。在这些挑战中,这项工作——理解和模拟流体相态行为——可以说是最有趣也是最困难的挑战之一。要知道,不仅仅需要在储层原始条件下完成这项工作,还需要在开发阶段中不同的动态条件下完成这项工作。

简单来说,储层流体是烃类组分和杂质组分的混合物。受重力、扩散以及自然对流等效应的影响,这些组分在不同聚集部位具有不同的分布比例。在钻井过程中和加长试井过程中获得的信息只是不完整拼图中的碎片。这就迫使相关人员把这些在常规流体模拟方法中通常未加考虑的现象集中起来统一进行研究。

把地球科学领域的多学科知识整合起来能够为油气起源、生成和运移路径提供解释,并且建立模型对此进行模拟。油气组分会与那些更早存在于储集部位的不同含量的杂质组分发生反应。整合这些信息有助于识别和理解这些现象。流动模拟器中使用的状态方程已经逐渐融进了对这些现象的解释。

本人有幸见证和参与了这些技术进化过程。Rogério O. Espósito 博士引领着这条未经间断的充满创新性的进展之旅。这支队伍展现出来了令人羡慕的技术和科学严谨的态度。正是这些保证了这条技术进展之旅的正常行进。

这本书浓缩了在应对储层流体组分组成模拟的挑战中所获取的大量知识和经验。毫无疑问,它的出版是流体工程发展历程中的一个标志点。本书以一种简洁、优雅的方式阐述了基础性的概念和理论,不仅考虑了实用性,而且满足了学生、工程师和科学家们的迫切好奇心。

在前面两章中,阐述了适用于不同储层复杂性和不同流体组分组成的流体模拟方法,并简要介绍了流体 PVT 分析的实验室方法。通过这些分析可以获取进行流体描述所需要的相关参数。第 3 章内容为受重力场影响的相平衡。第 4 章内容为不可逆热力学在油藏工程中的应用。这两章以及附录基于热传输参数详细阐述了重力分异、热扩散以及稳态自然对流等现象。第 5 章——来自文献中的经典案例——再次讨论了参考文献中的经典案例。第 6 章"案例研究"和第 7 章"分子缔合的影响"介绍了一些目前尚未公开的案例研究,在此基础上为新模拟方法的研究提出了建议,表明未来研究大有可为。

巴西国家石油公司得益于其在所有学科中具有的卓越性和开创性而闻名于世,保持和激励着其员工的专业水平达到最高水平,比如我们的同事 Rogério O. Espósito 博士。

Saulo de Tarso Cerqueira Lima
巴西国家石油公司石油工程师

译 者 前 言

"流动"实在是一个非常奇妙的词汇。它既可以是非物质的,比如时间流逝、思想交流,也可以是物质的,比如人流如织、车流滚滚等;它既可以是宏观的,比如沙子流,也可以是微观的,比如PM2.5。然而,论起最常见的流动可能要数流体的流动了。油气藏的开发过程本质上就是油气在多孔介质中的流动。这种流动有三个要素:流体、流道和驱动力。

为了提升油气产量和提高采收率,从业人员围绕着流道和驱动力开展了大量的理论和实践研究,比如孔隙度、渗透率、润湿性、天然能量、人工能量等。对于流体黏度和界面张力的关注也不遑多让。事实上,储层流体由多种复杂成分组成。这些成分在储层空间中的不均匀分布及其随着时间(实际上是储层温度和压力)的变化也是决定开发效率的重要因素,但获取的关注度却无法与其重要性相匹配。可以说,油气藏组分组成分异是石油工业领域内最有前景的研究领域之一。

在这样的背景下,《油气储层中的组分组成分异现象及其理论研究》应运而生。它是专注于油气储层中组分组成分布的第一本书,也是对热力学类书籍非常有价值的一项重要补充。第1章和第2章回顾了常规的流体模拟方法和流体PVT分析方法。第3章阐述了考虑重力场影响的等温流体模拟方法。第4章内容为不可逆热力学在油藏工程中的应用。这两章以及附录基于热传输参数详细阐述了重力分异、热扩散以及稳态自然对流等现象。第5章基于不可逆热力学对参考文献中的经典案例重新进行了相态模拟和规律分析。第6章和第7章分别研究了重力场和热扩散的双重影响以及分子缔合对油气藏组分组成分异的影响规律,并展示了从未公开过的研究案例。最后对流体模拟的未来研究方向进行了延伸,对其应用进行了拓展。

本书浓缩了在应对储层流体组分组成模拟的挑战中所获取的大量知识和经验。由于兼具理论性和实用性,广大活跃在油气开采领域的研究人员和技术人员都将会是本书的读者。

全书内容由赵传峰和李军诗共同翻译,书中表格和公式由臧雨溪录入。

译者学识粗浅,文笔拙涩,译文中不当和失误之处在所难免。敬请读者批评指正,并提出宝贵建议。

2020 年 7 月

作 者 简 介

Rogério Oliveira Espósito

1997 年在巴西里约热内卢联邦大学获得理学学士学位,专业为化学工程;1999 年和 2004 年分别获得了理学硕士和理学博士学位,研究内容为在重力场和岩石—流体反应的双重影响下的平衡计算。2000 年他加入巴西国家石油公司,在 Duque de Caxias 炼厂从事丙烷脱沥青和产品混合优化工艺流程工作。2004 年,在获得博士学位后,他进入巴西国家石油公司研究中心(CNPES)的 PVT 实验室工作,同时在油藏工程研究院(RERI)在 Abbas Firoozabadi 教授的指导下从事博士后研究,内容为二氧化碳驱替过程中的热力学模拟,所用岩心为碳酸盐岩岩心柱。基于该研究发表的一篇论文在 2014 年荷兰阿姆斯特丹 SPE 年度技术会议与展览中获得了 Cedric Ferguson 奖章。

Pedro Henrique Rodrigues Alijó

2009 年在巴西巴伊亚联邦大学获得理学学士学位,专业为化学工程;2011 年和 2014 年在巴西里约热内卢联邦大学分别获得理学硕士和理学博士学位,专业均为化学工程。2012—2016 年,作为研究助手在巴西国家石油公司资助的一个项目即 COPPETEC 基金会工作,参与油气藏中的组分组成分异计算。他的学术生涯始于 2015 年。当时他作为兼职教授任教于巴西里约热内卢州立大学的化学研究院(IQ - UEFJ),为化学工程与化学专业的硕士研究生讲授热力学与物理化学的课程。他的研究面向化学和石油工程领域中的产品设计和工艺流程设计,主要兴趣点为胶体系统模拟、电动现象以及应用热力学。

José Antonio Scilipoti

2005 年在阿根廷国立科尔多瓦大学获得理学学士学位,专业为化学工程;2014 年在位于阿根廷布兰卡的国立南方大学获得理学硕士学位,专业为化学工程。2005—2006 年,他作为工艺工程师在阿根廷 TEKSID 任职,2006—2008 年,作为工艺工程师在阿根廷 MATERFER 工作。2009—2014 年,在国立科尔多瓦大学为化学工程专业的本科生教授编程。2014 年,在法国国立图卢兹应用科学学院开展研究活动,主要集中在两相流体系统中的酶促反应。他的研究面向化学和石油工程领域中的产品设计和工艺流程设计,主要兴趣点为相平衡、分离过程、化学反应过程、分子设计以及应用热力学。

Frederico Wanderley Tavares

1981 年获得理学学士学位,专业为化学工程;1984 年获得理学硕士学位,专业为物理化学;1992 年获得理学博士学位,专业为化学工程。就读学校均为巴西里约热内卢联邦大学。1983 年开始在巴西米纳斯吉拉斯州乌贝兰迪亚联邦大学任教。目前他是里约热内卢联邦大学的全职教授,任职于化学学院(EQ - UFRJ)和化学工程研究所(PEQ - COPPE - UFRJ)。主要研究方向为统计热力学、非平衡热力学和分子模拟,及其在产品设计和工艺流程设计中的应用。这些应用主要面向化学与石油工程领域。在公休假期间,他花了两年时间在美国特拉华大学与 Stanley I. Sandler 教授共同从事研究,花了一年时间在美国加州大学伯克利分校与 John M. Prausnitz 共同从事研究。他发表了 120 多篇科技论文,指导了 44 篇理学硕士毕业论文和 17 篇理学博士毕业论文。

致　　谢

我们非常感谢巴西国家石油公司（Petrobras），因为他们切实地履行社会责任，因为他们为强化我们大学的应用研究所做的有力贡献，因为他们产出的具有国际水准的学术成果，因为他们对年轻一代研究人员的激励和希望。

Rogério O. Espósito 向 E&P – PRESAL、E&P – CORP、E&P – EXP、E&P – Libra、CENPES 和 RH – UP 致以谢意，感谢他们的合作与评述。这里没有列出具体的人员姓名，因为这份名单太长了。非常感谢他们授权公开本书第 6 章和第 7 章中的新案例，感谢他们为本项工作的完结倾注了大量的工作时间。

Rogério O. Espósito 对 Karen Schou Pedersen 博士领导下的 Calsep 国际咨询公司团队表示谢意，感谢他们友好热情地参与到书中案例的讨论中。这些讨论非常有价值。

我们还要感谢日本勘探石油公司（JAPEX），特别是 Toshiyuki Anraku 博士。感谢他们提供了 Yufutsu 油田主要关联井的 PVT 分析结果。这些分析结果对于 PR 状态方程回归拟合的质量保证至关重要。基于这些 PVT 分析报告优化后的状态方程参数在整个储层范围内都适用。

我们还要特别感谢 Abbas Firoozabadi 教授。感谢他给予的有价值的讨论和强有力的贡献。这些不仅体现在书中案例的精挑细选上，还体现在对本书主要章节的审阅上。巴西国家石油公司和里约热内卢联邦大学（UFRJ）与油藏工程研究院（RERI）之间的伙伴关系为本书的完稿提供了巨大驱动力。

我们感谢妻子们、儿子们，还有亲戚朋友们，包括长眠不醒的那些人。希望有一天我们会共同庆祝我们曾经在这里种植下的东西。

最后，我们还要特别感谢巴西国家石油、天然气和生物燃料管理局（ANP）以及巴西国家石油公司。

目　　录

概　　述

完全表征地下油气储层流体的相态行为是一项挑战。储层岩石孔隙流体的热力学行为受到多种不同现象的影响。这些现象源自流体—固体以及流体—流体间的微观相互作用。然而，并非所有这些现象都得到了全面的认识。热力学模拟是一种功能强大的工具。借助于这种工具可对油气田整个生命周期内流体性质的变化进行计算。然而，目前尚无法采用一个统一的模型对上述某些现象进行预测计算，因为无法建立这样一个能够同时表征所有这些现象的模型。

举例来说，考虑到原油从烃源岩到储集岩的运移过程需要经历一个很长的地质时期，一般会认为原油已经达到了热力学平衡状态。在这个过程中，储层流体可视为一个简单密闭的系统，除了成岩过程中已经发生的外部压力场、温度场或者化学反应外，不再受其他外部场和化学反应的影响。然而，受下面这些因素的影响，原油的热力学平衡过程远非看起来这么简单。（1）在地球重力场的作用下，原油中的重烃组分将会聚集到温度较高的构造底部（Schulte，1980；Creekand Schrader，1985；Firoozabadi，1999；Espósito 等，2000）；（2）受毛细管力的影响，储层中各相之间界面的面积大小会发生改变，其大小取决于岩石—流体之间的惯性相互作用，比如润湿性或吸附性（Wheaton，1991）；（3）岩石—流体之间的非惯性相互作用，例如储层流体与碳酸盐岩之间的化学反应（Nghiem 等，2011）。如果可以近似认为储层流体是一个等温系统，那么这几项影响因素虽然无法阻止系统达到热力学平衡，但是能够改变原油组分在孔隙中的分布。重力作用、毛细管力作用以及化学反应的存在，需要对逸度方程做出必要的修正，即在方程中引入一些新的表征项。做出这些修正的前提是假定系统已经达到了局域平衡。

严格来说，所有的储层都不是等温系统。在地球的地质生命极限内，从地核到地表会一直存在热量流动，从而持续不断地产生热熵。由于储层岩石具有导热性，所以储层无法保持绝热。因此，如果考虑到地温梯度的存在，那些以热力学势能（比如吉布斯和亥姆霍兹自由能）最小化为基础的平衡方程只是在系统的局部有效，而无法用于描述系统整体。

针对这个问题，人们提出了复杂程度不同的解决方法（Monteland Gouel，1985；Shukla 和Firoozabadi，1998；Ghorayeband Firoozabadi，2000；Pedersenand Lindeloff，2003）。不可逆热力学（Fitts，1962；De Grootand Mazur，1962；Haase，1969）仍然是一种必不可少的数学工具。在不可逆热力学中，不管组分分布是否受到重力场的影响，方程组不再假设逸度是相等的。在本书中，假设流场中的每一个点都达到局域平衡，然后基于此在方程组中引入微观热扩散流率项。在地质时间尺度上，由于受到地温梯度和重力场的双重影响，储层流体的组分组成分布会发生变化。当流体性质不再随时间发生变化时，可认为达到平衡状态，尽管此时各组分的逸度并不相等。在稳态条件下，各组分的热扩散流率均为 0。为了确定具体的稳态条件，需要准确给定各组分的扩散系数。

在温度梯度的作用下，流体组分发生流动，即热扩散效应（或称之为 Soret 效应）。对于含有大量不同尺寸不同极性组分的复杂混合物（比如石油流体）来说，组分组成分布并不完全取决于热扩散效应。在重力分异作用下，石油中的重质组分会流向储层底部而轻质组分会流向储层顶部。热扩散可能会减弱也可能会加剧重力分异作用,取决于不同组分的热亲和力(倾向于储层底部)与冷亲和力(倾向于储层顶部)的相对强弱。在位于日本北海道的 Yufutsu 油田(Ghorayeb 等,2000),各相密度之间仅存在微小的差异,这样就减弱了重力场的影响(该油田的具体信息详见第 5 章)。在临界相变过程中,轻质组分碳氢化合物(主要为甲烷)趋向于温度较高的储层底部,使得气相反而位于液相以下。越接近储层顶部,流体密度越大。在开发过程中,随着储层顶部的重质组分流向生产井,气油比越来越小。

在流体热平衡计算时需要考虑上述所有这些现象。这样做的主要目的在于保证储层范围内的流体组分分布具有较高的可靠性,无论储层流体是否处于热力学平衡状态。唯其如此,才能够保证数值模拟初始化得到的储层初始条件和边界条件具有尽可能高的代表性,从而提升产量预测的可靠性。

有必要通过研究分别确定上述现象对储层流体组分组成分布的影响程度。如何在进行流体模拟时分开表征不同现象?可以通过是否接受系统等温的先验假设以及是否采用基于扩散模型拟合优化后的参数。问题的关键是,首先必须对热力学模型进行拟合调参,然后方可用于计算任意温度、压力和组分组成下的流体性质。

状态方程(EOS)的各项参数必须基于 PVT 高压物性实验结果进行估算。PVT 实验所用的储层流体样品必须具有代表性。20 世纪 70 年代提出的立方型状态方程在目前仍然是表征储层流体最常用的模型(Soave,1972;Peng 和 Robinson,1976)。在有些情况下,储层条件下的流体已经发生了临界相变、有机质沉淀或者射孔液漏失污染。目前尚无法通过对状态方程的拟合调参来完整表征这些状况下的储层流体。

微观分子层面的短程相互作用,又称作缔合,会明显改变某些流体的热力学行为。诸如氢键之类的分子缔合在改变流体性质方面起着重要作用。这种改变主要体现在流体性质随温度的变化规律上。沥青质组分由于杂环原子的存在而呈现出强极性。在储层流体中,沥青质组分的分子能够与其他沥青质分子、树脂甚至低分子量的污染物(比如 CO_2 和 H_2S)相互缔合。

对于这种类型的分子间相互作用,目前已存在合适的热力学模型来进行表征,例如源自所谓的统计缔合流体理论(SAFT)的状态方程(详见 Jackson 等, 1988;Chapman 等, 1990)。

硬球流体代表了一类当分子之间相互接触时只存在排斥力的流体。在这些状态方程中,这种流体分子间相互作用会产生一系列的微扰,导致需要在状态方程中引入新的附加项表示该分子与其他分子间发生色散力的可能性,以及在分子之间形成化学链或缔合的可能性。基于 SAFT 理论的状态方程的基本思想是把这些现象以叠加的形式引入自由能项中。这类状态方程中的各项都具有非常复杂的数学形式,估算其参数值远比传统的立方型状态方程更加麻烦。正因为如此,立方型状态方程在预测流体热力学性质时具有无可比拟的简洁性和性价比,仍然在相关文献中占据主导地位。

Kontogeorgis 等(1996)的研究工作对缔合流体模拟给予了特别关注。他们将立方型状态方程的排斥项和色散项与 SAFT 的缔合项关联起来,提出了一种混合模型,即所谓的立方缔合复合方程 CPA(Cubic Plus Association)。此后发表了多篇文章,内容均围绕着为不同的极性体系估计 CPA 模型的参数集。这些极性体系包括二元含水混合物以及发生沥青质沉淀的储层流体等(Li 和 Firoozabadi,2009,2010;Santos 等,2015)。

在进行流体模拟时,缔合现象必须与热扩散效应分开,单独予以考虑。深入认识缔合现象对于石油工业,尤其对于油藏数值模拟以及储层流动与保障和地面设施之间的接口等意义重大。

本书的主要目的在于分别研究等温重力场、热扩散效应以及分子缔合现象对油藏组分组成分异的影响规律。首先从已发表的文献中找出那些明显存在上述现象的油气田实例,从中吸取经验,然后把新的假设、新的计算方法和新的参数估算方法应用到尚未公开的新案例中。本书算例模拟过程中所用的思路完全可以推广应用到其他沉积盆地/储层,只需要针对局部储层条件重新进行参数估计。

第1章首先根据相包络图中储层温度和压力相对于临界点的位置对储层流体(液体或气体)进行分类,然后讲述用于确定储层流体 PVT 物性的实验过程。针对既包含烃类又包含污染杂质的复杂混合物,其 PVT 物性能够表征在不同压力和温度下与体积相关的相态变化行为。鉴于此,只要预先基于对这些实验数据的拟合对状态方程的参数进行适当校正,就可以通过热力学平衡算法对这些性质进行模拟。

第2章回顾了经典热力学的一些基本概念,在此基础上得出简单封闭系统的平衡条件。在计算相平衡状态下各相的组分组成和流体性质之前,需要预先在 PVT 仪中进行相关的多相闪蒸及饱和压力实验。本章给出了详细的计算算法。此外,还讲述了 PR 状态方程的参数估计方法。得到该状态方程的数值解后就可以重新计算一些重要的中间变量,比如相密度和逸度系数等。

由于原油中包含了大量不同的组分,所以有必要采取一些适当的方法把这些组分归并成数量较少的几个拟组分。这样在不降低热力学计算精度的同时能够缩短商业数值模拟软件的运行时间。本章回顾总结了不同作者在特定案例中所采用的几种组分归并方法及使用经验。

第3章推导建立了重力场影响下的热力学势能函数,然后把受重力场影响的逸度方程应用于假定等温的储层中,但此处不考虑分子缔合效应。得到方程组的解后,我们就可以基于基准深度下的参数测试值计算出储层任意位置的组分组成,还可以得到精确度较高的储层流体相界面深度(油气界面),然后用于模型校正。本章回顾了相关文献中给出的经典案例(Schulte,1980;Creek 和 Schrader,1985)。

第4章描述了基于不可逆热力学的微观流体流动方程,得到了导致内熵生成的不同因素的附加项,比如热对流、分子扩散以及黏性耗散。此外,还讨论了 Soret 效应和 Duffour 效应,并且还介绍了用于组分分异模拟的热扩散参数计算方法。两个主要的研究小组在其研究文献中提出了这些方法(Firoozabadi 等,2000;Pedersen 和 Lindeloff,2003)。这两个研究小组分别独立地提出了自己的模型,旨在消除稳态下方程组中的扩散流动项。本章将会对比这些方程组的计算结果和恒温条件下垂向组分组成分异的计算结果。后者适用于表征重力场作用下的热力学平衡状态。最后,针对存在侧向温度梯度的 2D 和 3D 储层,在状态方程中引入控制流体流动的自然对流项,并概述了针对 2D 储层的数值解。

第5章介绍了不可逆热力学理论在文献实例中的应用。这些实例包括非常简单的系统(不受重力场影响的二元混合物)以及更复杂的系统,比如同时受热扩散和重力影响的真实储层等。算例的内容包括简单混合物的组分劈分、通过热扩散效应对实验结果进行模拟,以及模型参数的测试。这些实验对于模拟复杂的热分离现象非常重要,但目前在应用过程中还存在局限性。鉴于此,可以认为这是一个前景广阔而又光明的研究领域。最后,通过实例分析对

第 4 章中引用的两个模型进行了测试,从而证明了储层温度梯度能够减弱或加剧等温假设条件下的组分组成分异现象。

第 6 章给出了储层流体同时受重力场和热扩散效应共同影响的实例。第 5 章的思路可支持我们对这些实例的解释。由于储层内部存在压力连通性,所以根据组分组成分异的模拟结果(针对取自储层某一点处流体样品)就可以计算出在储层任意点处的流体组分组成(在此基础上可进一步得到任意 PVT 性质)。这些实例仅仅针对的是一维和二维储层。对整个地质时期内三维储层中流体组分组成分异的模拟需要用到非结构化网格。这是一种高精度数值模拟方法,目前尚处于研究之中。

第 7 章在立方型状态方程中引入 Kontogeorgis 等(1996)提出的 SAFT 缔合项。这个缔合项可用于解释 CPA 模型中新待估参数的物理意义。本章讲述了在压力衰竭开采方式下储层流体中发生沥青质沉淀的一个案例。其证据为在稳态条件下轻质油区和/或甚至气顶之下的储层流体中形成了沥青—油液相区域。

在最后的结语中,对上述研究内容做了一些延伸,同时对它们的应用进行了保守的拓展。我们希望,这些延伸和拓展可以吸引年轻人投入到油气藏组分组成分异领域的专业研究中,因为这是石油工业领域内最有前景的研究领域之一。

参 考 文 献

Chapman W G, Gubbins K E, Jackson G, Radosz M. 1990. New reference equation of state for associating liquids. Ind. Eng. Chem. Res. 29, 1709 – 1721.

Creek J L, Schrader M L. 1985. East Painter reservoir: an example of a compositional gradient from a gravitational field, SPE 14411, 60th Annual Technical Conference and Exhibition, Las Vegas – NV, September.

De Groot S R, Mazur P. 1962. Nonequilibrium Thermodynamics. North – Holland Publishing Co. , Amsterdam.

Espósito R O, Castier M, Tavares F W. 2000. Calculations of thermodynamic equilibrium in systems subject to gravitational fields. Chem. Eng. Sci. 55, 3495 – 3504.

Firoozabadi A. 1999. Thermodynamics of Hydrocarbon Reservoirs. McGraw Hill, New York, NY.

Firoozabadi A, Ghorayeb K, Shukla K. 2000. Theoretical model of thermal diffusion factors in multicomponent mixtures. AIChE J. 46 (5), 892 – 900.

Fitts D D. 1962. Nonequilibrium Thermodynamics. McGraw – Hill Series in Advanced Chemistry, New York, NY.

Ghorayeb K, Firoozabadi A. 2000. Modeling multicomponent diffusion and convection in porous media. SPE J. 5 (2), 158 – 171, June.

Ghorayeb K, Anraku T, Firoozabadi A. 2000. *Interpretation of the fluid distribution and GOR behavior in the Yufutsu fractured gas – condensate field*, SPE 59437, SPE Asia Pacific Conference, Yokohama, Japão, April.

Haase R. 1969. Thermodynamics of Irreversible Processes. Addison – Wesley, Reading, MA.

Jackson G, Chapman W G, Gubbins K E. 1988. Phase equilibria of associating fluids. Spherical molecules with multiple bonding sites. Mol. Phys. Vol. 65 (No 1), 1 – 31.

Kontogeorgis G M, Voutsas E C, Yacoumis I V, Tassios D P. 1996. An equation of state for associating fluids. Ind. Eng. Chem. Res. 35, 4310 – 4318.

Li Z, Firoozabadi A. 2009. Cubic – plus – association equation of state for water – containing mixtures: is'cross association' necessary? AIChE J. Vol. 55 (7).

Li Z, Firoozabadi A. 2010. Cubic plus association equation of state for asphaltene precipitation in live oils. Energy Fuels 24, 2956 – 2963.

Montel F. and Gouel P L. 1985. *Prediction of compositional grading in a reservoir fluid column*, paper SPE 14410, presented at the SPE Annual Technical Conference and Exhibition, Las Vegas, Nevada, September, 22 – 25.

Nghiem L, Shrivastava V. Kohse B. 2011. *Modeling aqueous phase behavior and chemical reactions in compositional simulation*, SPE 141417, Reservoir Simulation Symposium, The Woodlands, Texas, EUA, February.

Pedersen K S, Lindeloff N. 2003. *Simulations of compositional gradients in hydrocarbon reservoirs under the influence of a temperature gradient*, SPE 84364, SPE Annual Technical Conference and Exhibition, Denver, Colorado, Outubro.

Peng D Y, Robinson D B. 1976. A new two – constant equation of state. Ind. Eng. Chem. Fund. 15, 59.

dos Santos L C, Abunahman S S, Tavares FW, Ahón, V R R, Kontogeorgis G M. 2015. Cubic plus association equation of state for flow assurance projects. Ind. Eng. Chem. Res. 54 (26), 6812_6824. Available from: http://dx. doi. org/10. 1021/acs. iecr. 5b01410.

Schulte A M. 1980. Compositional variations within a hydrocarbon column due to gravity, SPE 9235. Dallas – Texas, 21 – 24.

Shukla K, Firoozabadi A. 1998. A new model of thermal diffusion coefficients in binary hydrocarbon mixtures. Ind. Eng. Chem. Res. 37, 3331 – 3342.

Soave G. 1972. Equilibrium constants from a modified Redlich _ Kwong equation of state. Chem. Eng. Sci. 27, 1197 – 1203.

Wheaton R J. 1991. Treatment of variations of composition with depth in gas – condensate reservoirs (includes associated papers 23549 and 24109). Soc. Pet. Eng. Available from: http://dx. doi. org/10. 2118/18267 – PA.

1 储层流体和 PVT 分析

储层流体是一种含有多种组分的混合物。根据其中的轻质、中质和重质烃组分的含量高低,可将储层流体分为五类。根据储层温度和压力,可以确定岩石孔隙流体在流体相图(压力和温度 PT 相图)上的所处位置,进而判断流体的热力学性能以及物理状态。根据流体的组分组成,可以推断出地面分离后原油和天然气的相对体积,以及炼化过程中各种馏分的产出率。在储层温度和压力的作用下,岩石孔隙中的流体会溶解一部分气体(溶解气,诸如 N_2、CO_2、CH_4、C_2H_6 等轻质组分),因而被称为"含气油"。与之相对的是"脱气油",指的是经过地面分离处理后不再含有轻质组分的产出流体。脱气油可以被直接输送至下游炼化厂。脱气油的存储条件被称为储罐条件或标准条件,具体来说就是,压力为 1 个大气压(1.01325bar),温度为 60 ℉。例如,用于标定脱气油密度的 API(美国石油协会)重度定义如下:

$$API = \frac{141.5}{d_{60/60}} - 131.5 \qquad (1.1)$$

其中,$d_{60/60}$ 是原油相对密度,即在 60 ℉ 温度下脱气油密度与在相同温度下的纯水密度($999kg/m^3$)之比。

除了 API 重度以外,还有其他一些参数可用于表征含气油和脱气油的性质,称之为 PVT 物性。本章将介绍储层流体类型及其主要特征,详细说明获得流体 PVT 性质的思路和方法步骤。

1.1 储层流体

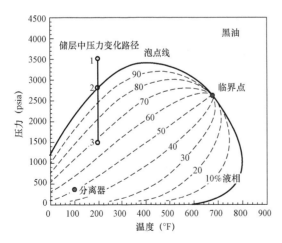

图 1.1 黑油相图

各等液量线的液相体积含量从泡点线(100 液相)到露点线(0 液相)不等。所有等液量线都收敛于临界点。轨迹 1 - 2 - 3 表示从静压开始的等温降压过程。图中还给出了低压下的地面分离器条件。该图改编自 McCain Jr.,W. D.,The Properties of Petroleum Fluids,Pennwell Publishing Company,1990

1.1.1 黑油

黑油这种烃类混合物在储层条件下以液体形式存在。根据定义,储层条件下的黑油在其相图中距离临界区域较远。置于标准条件下时,黑油的初始生产气油比(GOR)相对较低。生产气油比为产出气的体积与脱气油(无气体)的体积之比。黑油的初始生产气油比通常低于 $400m^3/m^3$(标准状况下)。如果在等温条件下从储层静压开始降低流体压力,黑油必然会达到泡点,从不饱和流体变为饱和流体。

黑油中的溶解气含量较低,也即其中的轻质组分 N_2、CO_2、CH_4、C_2H_6 含量较少。当压力低于饱和压力后,随着溶解气的逸出,由于黑油的压缩系数较小,其收缩率(即体积减小)会随之降低。图 1.1 为典型的黑油相图。如图所示,储层温度远低于储层流体的临界温度,也即储层温度和压力条件在相图中临界点左侧较远的位置。等液量线(包络线内汽相和液相的相对含量)分布稀疏,导致当储层压力低于泡点压力后气体的逸出量相对较小。轨迹线 1 – 2 – 3 表示在储层温度(约 200℉)下的等温降压过程:压力从静压开始降低,然后到达泡点压力(约 2800psia),最终降至 1500psia 以下。这个等温降压过程结束后,流体中约含有65%的液体。地面分离器条件约为 300psia 和 100℉。储层流体从初始温度压力条件向分离器条件转换的过程不是一个等温过程(从储层到地面,井筒内流体存在垂向温度分布变异),因此图 1.1 中没有给出这个变化过程。

1.1.2　挥发油

如果储层温度压力条件距离临界点很近(图 1.2),而且储层温度低于临界温度,那么储层流体中的轻质组分和中质组分的含量就会增加,而重质组分含量会降低,从而增加了流体的可压缩性以及收缩率。在临界点附近,等液量线之间的间距明显减小。尽管在储层条件下二者都是液体,但是挥发油不同于黑油之处在于,当储层压力降至饱和压力以下时,即使压力略有降低,从挥发油中逸出的气体要远远多于从黑油中逸出的气体。通常情况下,挥发性油藏的初始生产气油比大于 $400m^3/m^3$,而且从中可以得到更多价值更高的中质组分。在挥发性油藏的开发管理中,需要充分利用储层流体在临界点附近所拥有的优势,即流体黏度低,容易与注入气形成混相。这种优势有助于提高最终采收率。然而,开发此类油藏需要把储层压力保持在一定水平,让气体(轻质组分)一直溶解在原油里,避免出现所谓的气窜(气体过早突破至生产井)。气窜会减弱油藏的驱动能量。图 1.2 为典型的挥发性原油相图。从图中可以看出,在临界点附近等液量线更加密集;当压力低于饱和压力(泡点压力)时,从原油中逸出的气体更多,原油的收缩率更大。

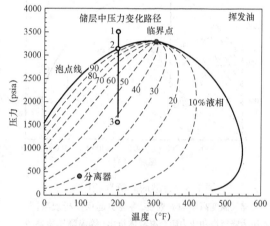

图 1.2　挥发性原油相图

初始储层压力和温度条件接近临界点。等液量线分布密集。在等温降压过程中,与黑油相比,挥发油中逸出更多溶解气。在地面分离器条件下,挥发油同样会逸出更多溶解气。图片改编自 McCain Jr., W. D., The Properties of Petroleum Fluids, Pennwell Publishing Company,1990

1.1.3　凝析气

当储层温度高于临界温度但低于临界凝析温度(流体相图的最高温度)而且压力高于上露点压力时,随着压力的降低,气体会发生反凝析现象。由于储层温度高于临界温度,所以流体的初始状态为气态。以气态形式存在的轻质组分能够溶解重质组分。如果没有这些轻质组分的存在,即便处于同样的温度下,这些重质组分也会呈现为液态。随着压力的降低,轻烃组分的溶解能力随之降低。当压力降至饱和压力时,重质组分从气体中析出成为液相,析出液的密度大于剩余气的密度。初始状态距离临界点越远,则气体和凝析液之间的密度差越大。这种随着压力降低而出现的冷凝现象显然有悖于常理,一般称之为"反凝析"。这类流体也因此得名"反凝析气"。图 1.3 为典型的凝析气相图。在等温条件下,当压力降至露点压力以下时,从气体中析出的液量逐渐增加到某一个极值水平;在图 1.3 所示的情况下,这个水平略低于30%。随着压力的进一步降低,某些中间组分就会再次汽化(对应的这个压力点称为返回点),回归到正常的汽化区。随着压力继续降低,流体会再次与露点线相交。交点在露点线的下端,称之为"下露点"。实际上,下露点压力有可能低于大气压;因此,在这种情况下,流体中的凝析液会始终存在。

1.1.4 湿气

湿气的临界温度高于临界凝析温度。临界凝析温度为两相可以共存的最高温度。因此,在保持储层温度不变的情况下,即便降低压力,也不会有液体从气体中析出,尽管在地面分离器条件下(位于相图包络区域内)确实可以观察到一些液体。图 1.4 为典型的湿气相图。

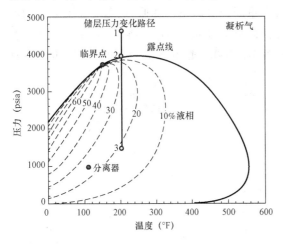

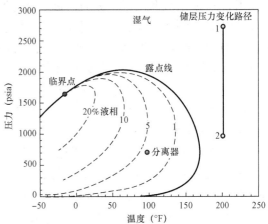

图 1.3 典型的凝析气相图

初始储层温度高于临界温度,将会引起反凝析现象,即当压力降至饱和压力后会有液体析出(等温降压轨迹线 1-2-3 中的露点 2)。图片改编自 McCain Jr.,W. D., The Properties of Petroleum Fluids, Pennwell Publishing Company, 1990

图 1.4 典型的湿气相图

初始储层温度高于临界凝析温度,因此在等温降压过程中(从初始静压开始降低),储层中没有液体析出。然而,如果分离器条件位于包络区域内,则会有少量液体析出。图片改编自 McCain Jr.,W. D., The Properties of Petroleum Fluids, Pennwell Publishing Company, 1990

1.1.5 干气

干气是所有储层流体中最简单的流体类型,其组分包括甲烷(超过90%)、乙烷和微量污染物杂质如 CO_2、H_2S 和 N_2。从储层条件到地面条件的变化过程中,在生产系统的任何一点都不会发生反凝析现象。因此流体系统的组分组成不会随时间而改变。这种类型的流体最为简单,可以通过经验公式也可以通过状态方程进行模拟。尽管如此,在模拟过程中仍然需要对一些参数进行调整以便准确地确定其热力学性质。调参方法将在第 2 章中进行详述。图 1.5 为典型的干气相图。需要注意的是,无论是储层条件还是生产系统条件,均完全位于相包络区域的右侧,流体均呈现为单相气体。储层温度和分离器温度都远高于临界凝析温度。干气气藏的生产气油比在理论上是无穷大的,但在实践中,可考虑将其下限设为 $20000m^3/m^3$。

一般来说,如果 PT 相图(温度压力相图)的纵横坐标刻度保持不变,随着流体中轻质组分的增加和重质组分的减少,相包络图会逐渐向左移动。图 1.6 中定性地显示了这种变化趋势。

表 1.1 列出了储层流体样品的一些分类标准（McCain，1990），分类依据为实验室测量参数。这些标准对应的数值设定并不严谨，现场工程师需要通过对流体性质的综合分析进行分类。需要着重指出的是，在这五种储层流体类型中，挥发油和凝析气是最接近临界点的。

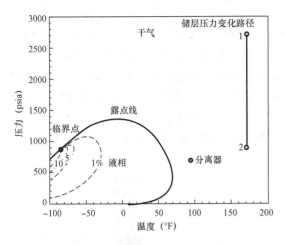

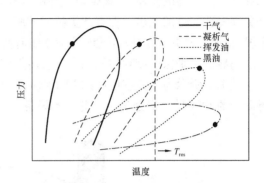

图 1.5　典型的干气相图

初始储层温度远高于临界凝析温度。开发过程中根本不会发生凝析现象。图片改编自 McCain Jr.，W. D.，The Properties of Petroleum Fluids，Pennwell Publishing Company，1990

图 1.6　不同种类储层流体相图之间的定性比较

温度 T_{res} 表示储层温度。图片改编自 McCain Jr.，W. D.，The Properties of Petroleum Fluids，Pennwell Publishing Company，1990

表 1.1　储层—流体分类

属性	黑油	挥发油	凝析油	湿气	干气	是否推荐标准
生产气油比 GOR(m^3/m^3)	<400	300~600	>600	>3000	>20000	是
重度$(°API)$	<45	>40	>40	<70	<70	否
颜色	黑色	颜色不一	稍有颜色	浅色	浅色	否
相变	泡点	泡点	露点	露点	露点	是
C_{7+}[%（摩尔分数）]	>20	12~20	<12	<4	<0.7	是
原油体积系数 $B_o(m^3/m^3)$[①]	<2.0	>2.0	—	—	—	是

① B_o 为油藏条件下的含气油体积与标准条件下的脱气油体积之间的比值。参见式（1.2）中的定义。

资料来源：表格改编自 McCain Jr.，W. D.，The Properties of Petroleum Fluids，Pennwell Publishing Company，1990。

理论上，在高于临界凝析压力时，通过等压加热的实验手段有可能使挥发油变为凝析气。在这个过程中，因为压力总是高于泡点压力和露点压力，所以流体始终保持为单一相，而不会出现两相共存的情况。

1.2　PVT 分析和黑油模拟

PVT 分析用于确定流体体积随温度和压力的变化，或者与流体体积直接相关的其他性质随温度和压力的变化。需要注意的是，本书前文已经提到的生产气油比（GOR）和原油体积系数（B_o），指的是在不同温度和压力条件下的油气体积与储罐条件下产出油体积之比，无法直接通过测试得到,可通过计算确定。下文将详细介绍通过 PVT 分析得到储层流体各项相关性质(参数)的实验测试过程和计算过程。根据前文的储层流体分类,不同类型的储层流体可能需要选择不同的测试分析实验。所有这些实验测试都有一个前提,首先保持一定条件不变,然后通过改变温度和压力来测量流体体积的变化。

岩石孔隙中的储层流体一般都处于高压(通常在 500bar 以上)条件下。因此,为了在地下采集到有代表性的流体,应该采取适当的取样技术,能够保证流体样品所处的条件不变,从而避免挥发性馏分的逸出。拥有此类技术的服务公司都制定了严格的内部安全程序和质量管理手段,比如在试井过程中(下套管前后)如何使用工具进行井底流体取样,在试油过程中如何利用诱导油流来保证储存的原油中含有溶解气,但是不含水、砂子、砂砾以及污染流体等。

图 1.7 所示为实验室使用的 PVT 筒(已经装满了通过现场取样器取到的储层流体)。示意图中的 PVT 筒已经连通了一些基本设备。

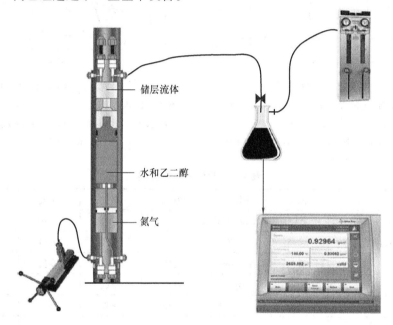

储层流体

水和乙二醇

氮气

图 1.7 用于闪蒸测试的实验室 PVT 筒示意图

通过容积泵把一部分含气油样品驱替进入微量阀,然后突然降低压力至围压水平。用气量计测量逸出气的体积,并在密度计中测量脱气油的密度。示意图版权归 Anton – Paar Inc. ,Schlumberger Ltd. ,Vinci Technologies S. A. 和 Chandler Engineering 所有。经授权许可使用

对储层流体进行的第一项测试是闪蒸。在闪蒸过程中,首先把流体样品置于高压(通常高于静态储层压力)条件下,然后使一部分样品流经一个微量阀进入围压环境中。在这个降压过程中,用气量计测定逸出气的体积,把装有脱气油(或者凝析油)的锥形烧瓶(又称Erlenmeyer 瓶)置于 60℉ 热浴中称重,然后用台式比重计测量脱气油在 60℉ 的密度。根据密度测量结果,很容易计算其 API 重度值。气体体积(从围压条件换算到标准条件)除以脱气油的体积(质量除以标准条件下的密度),即为储层流体的生产气油比 GOR。如果测试样品是黑油,用最终的脱气油体积除以含气油在高压条件下的体积,可得到流体样品的收缩率。

为了对闪蒸结果进行分析,需要对测试后的气样和脱气油样进行色谱分析。图 1.8 给出

了这一过程的示意图。对于含气油,需要保持一定的压力才能保证其中的溶解气不会逸出。但是从闪蒸容器至色谱分析仪的转样过程中无法让油样处于这样的特定压力之下。鉴于此,无法通过色谱分析对含气油直接进行组分组成分析。通过简单的物质平衡计算,根据闪蒸实验的脱气油和脱出气的色谱分析结果可以计算出流体的总体组分组成。

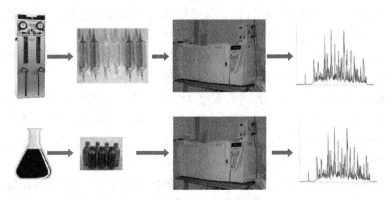

图 1.8 对闪蒸测试后的脱出气(玻璃安瓿)和脱气油(烧瓶)进行色谱分析
气量计图片的版权归 Chandler Engineering 所有,经授权许可使用。其他图片复制自 Wikipedia. org

确定了流体样品的生产气油比 GOR 和 API 重度后,需要对同一流体重复该实验过程,其目的在于检查前后所测数据的一致性。如果确认所测参数具有可重复性,接下来需要进行全面的 PVT 分析。对于黑油油样,这些 PVT 分析主要包括三项测试:恒质膨胀(CCE)、差异分离(DL)以及原油黏度。前两项测试在钢制圆筒内进行。这个圆筒称为 PVT 筒(图 1.9),其壁厚足以承受实验设计的高压条件。钢制 PVT 筒通常包裹在热保护套内。在热保护套的作用下,通过采用比例—积分—微分的控制方式使 PVT 筒的内部温度保持恒定(稳定在储层温度)。或者,也可以将 PVT 筒放入空气恒温箱中。

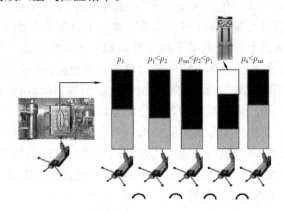

图 1.9 将实验流体样品的另一部分注入 PVT 筒中(左侧)
右侧显示的是通过水银密封让筒内含气油样品始终处于高压状态下。退出泵活塞时,水银体积膨胀,作用在油样上的压力降低,油样体积增加。当压力稳定在某一水平后,记录下体积,该差异分离步骤结束。实验过程中需要留心观察油样中逸出的第一个气泡,因为这个压力水平对应着饱和压力(p_{sat})。低于饱和压力时,液相油上方形成气顶,然后通过推进泵活塞把脱出气全部排出筒外。在这个气体排放过程中,需要保持筒内压力恒定。通过气量计测取气体体积。部分图件经 Schlumberger Ltd. ,Vinci Technologies S. A. 和 Chandler Engineering 授权许可使用

在 CCE 实验过程中,温度保持不变(通常为储层温度),压力逐步降低,需要精确测量 PVT 仪内含气油所占体积随着压力的变化。在常规实验中,通过辅助流体(例如液态水银)给 PVT 仪内的含气油施加压力。测量得到的体积必须考虑到钢质管线、PVT 器壁以及水银自身的膨胀和收缩。一部分水银与筒内的含气油直接接触,因而处于储层温度下;另一部分水银位于外部柔性管线中,因而处于室温下。在计算含气油体积时如何考虑这些膨胀和收缩的影响是实验室工程师日常工作的一部分。实验室工程师需要对每一个压力水平下读取的名义排放体积(未对上述相关影响因素进行校正之前的数值)加以校正后得到油气样品的 PVT 性质。该计算过程不在本书内容之列,详情可参阅 Whitson(1998)。

在实验开始前,PVT 仪内充满着水银,温度为室温。为了把油样注入 PVT 仪内,需要通过活塞泵从油样瓶中把大约 100mL 的含气油输送进 PVT 仪。在这个过程中,排出筒外的水银需要用外部容器予以收集,以便作为废弃物进行安全处理。然后启动 PVT 仪温度控制程序,使筒内油样达到预设的测试状态,包括储层温度和压力条件。

接下来逐步退出泵活塞,使筒内压力降至预定的压力水平,并根据泵体刻度读取泵的排放体积。经过对上述影响因素的校正后,即可计算得到筒内油样的体积。当筒内压力降至饱和压力之下时,在每一个压力水平下均需达到油气相平衡状态,此时从油样中逸出的气体会在液相油上方形成一个气顶。CCE 实验和 DL 实验之间的主要不同在于:在从初始静态储层压力降至饱和压力的过程中,二者的实验结果相同,但是在筒内压力降至饱和压力以下后,DL 实验需要把逸出气体排放出筒外直至筒内只剩下饱和液体油样,而且在这个排气过程中油样的温度和压力始终保持不变。假设实验过程中的第 n 个压力水平已经低于饱和压力。图 1.9 的最右侧示意图表示该压力水平下逸出气体被排放出筒外的过程。需要注意的是排气过程中活塞泵的工作手柄沿顺时针方向旋转,从而把密封水银推进 PVT 仪。通过气量计确定气体体积,然后用安瓿收集一部分气样进行气相色谱分析进而确定气体组分组成。重复进行这个实验过程,直至筒内压力降至大气压。在大气压水平下,油样中不再含有溶解气。实验结束时,PVT 仪内只剩下残余油,即差异分离实验(DL)的脱气油。不仅需要在测试温度下计量残余油体积,而且还需要把残余油置于 60℉温度下测量其体积。在恒质膨胀实验(CCE)中,在筒内压力降至饱和压力以下之后,逸出气体不需要排出筒外。鉴于此,该实验只能测量油气两相的总体积,无法得到分相体积。CCE 之所以被称作恒质膨胀实验,其原因是在整个实验过程中,没有从筒内向外排放任何组分,流体混合物各组分的总体组成一直保持恒定,混合物的质量也保持不变,直至实验结束。而在差异分离实验(DL)中,可以根据泵体刻度读取每一次压力降低过程中活塞泵的名义排放体积,也可以通过气量计确定逸出气体的体积。如此则可以计算出每一个压力水平下 PVT 仪内达到汽液平衡后气相和油相的单相体积,进而可计算油气样的 PVT 性质。详细内容将在下文给予描述。

1.2.1 原油地层体积系数(FVF 或 B_o)

原油地层体积系数(FVF 或 B_o)的定义为任一温度和压力(不一定是原始储层条件)下含气油的地下体积与其在标准条件(1atm 和 60℉)下地面脱气油的体积之比:

$$B_o = \frac{任意温度和压力下含气油的地下体积}{标准条件下地面脱气油体积} \qquad (1.2)$$

式中, B_o 的单位为 m^3/m^3。

需要注意的是,式(1.2)中的分子项对应的是含气油,分母项对应的是地面脱气油,二者之间存在组分组成差异,因为从测试温度和压力降低到标准条件的过程中会有气体组分从液相油中逸出。原油体积系数的倒数称为收缩率,因为一般情况下地面脱气油的体积要小于地下含气油的体积。

由于原油从地下含气油变为地面脱气油的过程伴随着组分组成的变化,所以原油体积系数 B_o 的变化取决于这个过程中流体所处温度和压力状态的改变路径。图1.10所示为差异分离实验(DL)过程中原油体积系数沿着预设压力降低路径的定性变化规律。当然,这些体积系数中的任何一个值并不一定等于闪蒸实验得到的体积系数。

原油体积系数计算公式的分母项为残余油体积。在实际操作中,因为残余油体积需要在60℉的温度下测量得到,所以只有在差异分离实验(DL)结束后才能计算 B_o 值。

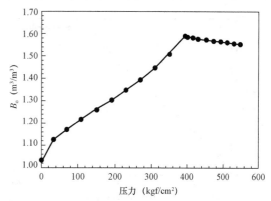

图1.10 差异分离实验(DL)得到的
原油体积系数示例图

原油体积系数计算公式的分子项为PVT筒内的含气油体积。当筒内压力高于饱和压力时,首先根据泵体刻度读取活塞泵的名义排放体积,然后进行适当的修正可得到含气油体积。当筒内压力低于饱和压力时,需要从筒内流体样品的总体积中减去达到油气平衡时的自由气体积(由气体排放前后的泵读数差值得出),从而得到筒内的饱和油体积,即为含气油体积。

在PVT筒内压力从初始静态压力降至饱和压力(泡点压力)的过程中,原油体积系数逐渐增加,如图1.10所示。其可能的原因在于原油具有可压缩性,也即随着压力降低,原油逐渐膨胀。原油膨胀性能的高低主要取决于混合物中间馏分含量的多少。中间馏分含量越高,膨胀越明显。一般来说,溶解气中轻质组分含量越高(脱气油中重质组分含量越高),含气油的可压缩性越低;这种情况下,原油体积系数的增加趋势变缓,趋近于一条水平直线。当压力降至饱和压力以下时,溶解气逸出引起的原油体积收缩超出了压力降低引起的原油体积膨胀,这样就会导致 B_o 值急剧下降(曲线变陡)。因为实验温度(储层温度)总是高于60℉,在热膨胀的作用下,原油体积系数的最后一个值(对应于大气压力)会大于1.0。

1.2.2 溶解气油比(R_s)

溶解气油比,即在某一温度 T 和压力 p 条件下仍然溶解在含气油中的气体体积与残余油体积之比。需要特别说明的是,在计算溶解气油比时,溶解气和残余油的体积均指的是标准状况下(1atm和60℉)的测量体积。

$$R_s = \frac{折算到标准状况下的体积(在某一温度 T 和压力 p 下溶解在含气油中的气体)}{标准状况下的残余油体积}$$

(1.3)

式中, R_s 单位为 m^3/m^3。

溶解气油比 R_s 计算公式的分母与原油体积系数 B_o 计算公式的分母完全相同,因此,同样只能在实验结束后才能计算出来。如图 1.11 所示,在压力从静态压力降至饱和压力的过程中,因为所有的气体均已经溶解在原油中,所以溶解气油比 R_s 保持最大值不变。该最大值通常称为差异分离实验(DL)的生产气油比 GOR。在以下两个相反因素的共同作用下,差异分离实验的生产气油比会不同于闪蒸实验的气油比。

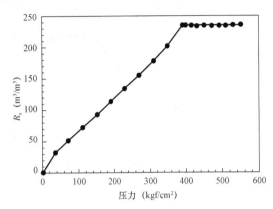

图 1.11　差异分离实验得到的溶解气油比
R_s 曲线示例图

(1)多级逐渐减压:降压次数越多,实验结束时油样中溶解的气体就越多。差异分离实验的降压次数更多,实验结束时从油样中逸出的气量更小。

(2)差异分离实验的温度:通常比闪蒸实验的温度高得多。在这样的高温下,从含气油样品中逸出的气体往往多于低温单次降压实验的逸出气。

通过气量器计量所有压力水平下逸出气的体积,并转换成标准条件下的体积,然后求和得到溶解气的总体积,再除以标准状况下的残余油体积,即得到差异分离实验的生产气油比 GOR。当压力低于饱和压力时,从溶解气的总体积中减去已经排放掉的气体体积,即可得到该压力水平下含气油的溶解气量。理论上,溶解气油比的最后一个值(对应于大气压条件)应该等于零。

1.2.3　原油密度(ρ_o)

类似于原油体积数 B_o 和溶解气油比 R_s,原油密度也只能在实验结束后才能进行计算,因为在计算之前需要事先确定 PVT 筒中装载流体样品的总质量。流体样品的总质量等于残余油质量与所有逸出气体质量之和。残余油质量为其在 60 ℉ 下的体积与其密度的乘积。每一个压力水平下逸出气体的质量等于逸出气体在标准状况下的体积与其密度的乘积。反过来,逸出气体密度的确定又需要基于色谱法测得的组分组成数据。当压力高于饱和压力时,每一个压力水平下的含气油密度等于流体样品的总质量除以该压力水平下 PVT 筒内的油样体积。当压力低于饱和压力时,计算原油密度需要首先从流体样品的总质量中减去所有逸出气体的质量,然后再除以该压力水平下 PVT 筒内残留的饱和油体积。图 1.12 给出了差异分离实验(DL)得到的原油密度典型曲线。当压力从静态压力降至饱和压力时,原油的膨胀作用导致其密度逐渐降低。随着压力的进一步降低,原油中的轻质组分气体逐渐逸出,重质组分含量逐渐增

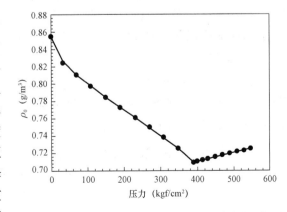

图 1.12　差异分离实验(DL)得到的原油密度曲线示例图

加,因而原油密度逐渐增加。

1.2.4 原油黏度(μ_o)

在进行差异分离实验(DL)的同时,将同一含气油样的另一部分注进滚球式或落球式黏度计中(图 1.13)。黏度计内部有一个装满含气油的导管。利用该设备可测试一个小球在导管中的沉降时间。导管内的流体压力与差异分离实验(DL)的每一个压力水平均保持一致,温度均为储层温度。为了推算每一个压力水平下的含气油黏度,需要用到校准曲线。该曲线能够把小球的沉降时间与不同测试条件下参考流体的实际黏度关联起来。当测试压力低于饱和压力时,从原油中逸出的气体进入黏度计上部的一个腔体中予以储存和处理,这样可以保证小球在原油中滚落或降落时不会受到气泡的影响。该实验测得的原油黏度曲线与原油密度曲线存在近似的变化规律。在压力从静态压力降低至饱和压力的过程中,原油分子之间的接触减小,摩擦力减小,原油黏度随之降低。然而,当测试压力低于饱和压力后,轻质组分蒸发进入气相,液相原油中的重质组分浓度增加,从而引起原油黏度的升高(图 1.14)。

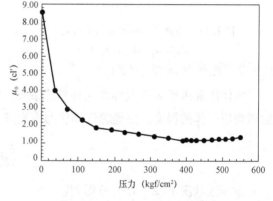

图 1.13 具有内部增压腔的落球式黏度计
把一个具有标准长度的玻璃管摆放成一定的夹角。小球从管内充满的油样中沉落。管子边缘装备了光栅检测器,用于测试每一个压力水平下小球的沉落时间。然后把该沉落时间与校准曲线进行对比即可计算原油黏度。图片版权归Fungilab Inc 所有。经授权许可使用

图 1.14 差异分离实验(DL)得到的原油黏度曲线示例图

1.2.5 天然气地层体积系数(B_g)

天然气地层体积系数 B_g 对应的压力状态低于饱和压力 p_{sat}。在数值上,任一压力水平下的天然气地层体积系数等于从原油中逸出的天然气在实验温度和该压力下所占有的体积与其在地面标准条件下的体积之比。原油地层体积系数 B_o 和天然气地层体积系数 B_g 之间的主要区别为:B_o 计算公式的分母所对应流体与其分子所对应流体的组分组成存在差异;理论上,B_g 计算公式的分母和分子所对应的气体具有完全相同的组分组成。图 1.15 所示为差异分离实验(DL)得到的典型 B_g 曲线图。特定压力水平下 PVT 筒内的气体体积等于气体排放前后泵读数的差值。假设气体在标准状况下为理想气体,则气量计的计量体积即为标准状况下的气体体积。

1.2.6 天然气相对密度(γ_g)

逸出气的相对密度是一个无量纲属性,在数值上等于气体密度与空气密度的比值。需要注意的是二者均为标准状况下的密度。假设在标准状况下逸出气和空气均为理想气体,天然气的相对密度简化为气体与空气的摩尔质量之比。天然气的摩尔质量可通过色谱分析得到。图1.16所示为通过差异分离实验(DL)得到的气体相对密度典型曲线示例图。

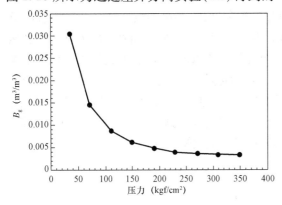

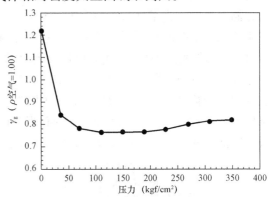

图1.15 差异释分离实验(DL)得到的
典型B_g曲线示例图

图1.16 通过差异分离实验(DL)得到的
气体相对密度典型曲线示例图

1.2.7 气体压缩因子(Z)

气体压缩因子Z与气体地层体积系数B_g成正比。该参数表征的是气体在非标准状况下偏离理想气体的程度。由理想气体状态方程$p\overline{V} = RT$(其中$\overline{V} = V/N$是摩尔体积)可知:

$$Z = \frac{pV}{NRT} = \frac{p\overline{V}}{RT} \tag{1.4}$$

在标准状况下,$Z = 1.0$,可得到:

$$Z = 1 = \frac{p_{std}V_{std}}{NRT_{std}} \Longrightarrow NR = \frac{p_{std}V_{std}}{T_{std}} \Longrightarrow Z = \frac{(pV/T)}{(p_{std}V_{std}/T_{std})} = \frac{p}{T}\frac{T_{std}}{p_{std}}B_g \tag{1.5}$$

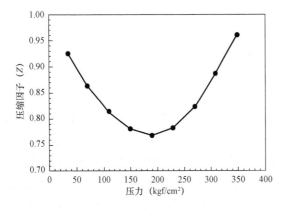

图1.17 通过差异分离实验(DL)得到的
气体压缩因子典型曲线示例图

图1.17所示为通过差异分离实验(DL)得到的气体压缩因子典型曲线。

需要着重指出的是,有一个细节可能影响气体地层体积系数或压缩因子的数值大小。这个细节即逸出气体中的重质组分在实验室条件下可能会凝析成液。凝析液的多少取决于每一次降压操作中气体分离条件和含气油的组分组成。为了估算凝析液的摩尔质量,需要测定其组分组成。用测量得到的凝析液质量除以其摩尔质量即可得到物质的量。用其物质的量乘以23.69cm³/mol(理想气体在标准条件下的摩尔体积)得到凝析液的等效气体体积。在计算气体体积系数 B_g 时需要在其分母中加上这个等效气体体积。对于重质油来说,逸出气体主要为贫气,凝析组分含量较低,因而这个等效体积不太大,对气体体积系数数值的影响较小。即使如此,为了准确模拟储层流体的露点压力和密度,需要考虑凝析液的相关测试数据对 PVT 仪排放气体的总体组分组成予以校正。对于轻质油来说,逸出气体主要为富气,凝析组分含量高,等效气体体积对气体体积系数数值的影响会非常明显,不可忽略。

当油气 PVT 特性都得以确定后,就可以进行所谓的黑油模拟(通过经验公式对实验数据进行回归拟合,并基于此调整经验公式的相关参数,然后可以用于计算任意温度和压力条件下的油气 PVT 特性),从而计算出储层生产生命周期内在地下、生产管柱内以及地面设施中的油气相对量。

储层流体模拟关注的不是流体组分组成,而是特定流体组分组成的"后果",比如气体溶解和逸出引起的原油体积膨胀和收缩,地面条件下的油气产量,相对渗透率和热交换系数等派生储层属性的确定,生产管柱内的流动状态,以及油气田开发设备工程所必需的很多其他因素。对于利用产出气回注提高采收率的油气藏数值模拟,建议采用所谓的组分模型。无论是注气混相驱还是非混相驱,采用组分模型的模拟结果要比黑油模拟更加接近于真实情况。例如,CO_2 驱是全球应用最广泛的混相驱。在储层条件下,注入 CO_2 后储层流体就可以达到临界状态。黑油模拟实际上并不适用于这种情况。即使在不太苛刻的条件下(储层条件距离临界点较远),轻质组分的回注也会改变储层流体的性质,进而直接影响油气开采策略。

通过差异分离实验(DL)获得的 PVT 特性构成了状态方程参数拟合的实验数据库。差异分离实验实际上由一系列连续的闪蒸测试组成,前一次闪蒸测试残留的液相作为下一次闪蒸测试的流体样品。经过拟合调参后的状态方程能够准确计算每个温度和压力条件下 PVT 筒内达到平衡后的液相体积和气相体积。

凝析气的恒质膨胀实验(CCE)需要在可视 PVT 仪中进行。在实验压力降至露点压力时,透过 PVT 仪的视窗可以观察到样品的雾化现象。第一批凝析液滴会沿着 PVT 筒的玻璃内壁向下滴淌。当压力降至反凝析露点压力(上露点压力)以下后,可通过液—汽界面相对于任意参考位置的高度读取液柱高度,进而计算液体体积。图 1.18 所示为气体恒质膨胀实验(CCE)的步骤示意图。

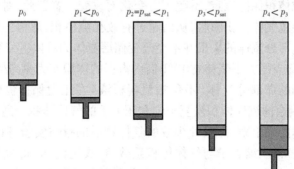

图 1.18　凝析气恒质膨胀实验(CCE)

特别需要注意的是在反凝析露点压力下出现的第一批液滴。在此后的压降过程中可以观测到
PVT 筒底部的液体体积在逐渐增加

图 1.19 所示为气体恒质膨胀实验(CCE)中凝析液体积分数(凝析液体积与 PVT 筒总体积之比)随压力的变化趋势。需要重点强调的是,一般来说,在压力趋近于相图上的正常凝析区时,随着压力降低,气体体积会急剧膨胀,油气体积就会超出 PVT 筒的体积容量。换句话说,有可能会发生这种情况:凝析液体积分数开始降低的原因在于气体体积的急剧膨胀导致的分母增加,而不是凝析液的再次汽化导致的分子减小(比如图 1.20 所示的情况)。当压力尚未衰竭至正常凝析区时,凝析液的摩尔分数或质量分数会持续增加。

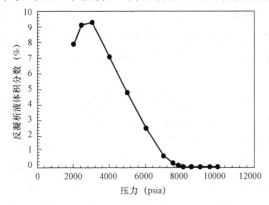

图 1.19 在凝析气的恒质膨胀实验(CCE)中,
反凝析液体积分数随着压力降低而发生变化
通常情况下,当压力趋近于相图上的正常凝析区时,
随着压力降低,凝析液量继续增加,同时气体体积急
剧膨胀,油气体积就会超出 PVT 筒的体积容量

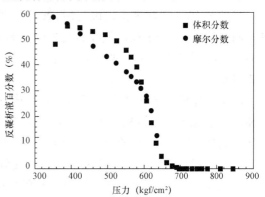

图 1.20 在凝析气的恒质膨胀实验(CCE)中,反凝
析液的质量分数和摩尔分数随压力而发生变化
当压力下降到 400kgf/cm² 后,反凝析液体积分数的降
低并不一定意味着流体系统已达到正常的汽化区。这
种情况下,气体膨胀非常明显,导致气体体积的增加量
超过了反凝析液体积的增加量,而实际上反凝析液的
质量仍在增加,并没有发生再次蒸发

对于挥发油,尤其是凝析气,除了恒质膨胀实验(CCE)外,通常还需要进行定容衰竭(CVD)实验。随着压力下降,流体膨胀,油气体积超出了参考体积(通常指的是饱和压力下的体积),超出部分的气体将会被开采出来。定容衰竭实验(CVD)模拟的就是这个过程。该实验基于这样的假设:在油气开发过程中,与气体的压缩性相比,多孔介质储层岩石的可压缩性可被忽略,即有效孔隙体积保持恒定,不随压力变化而改变。鉴于此,对于气藏中的一个独立单元来说,压力降低导致气体体积膨胀,从而超过有效孔隙体积,超出的那部分气体会被排挤出储层孔隙。然而,这部分流体的采出并不会改变储层流体的总体组分组成,除非压力已经降至饱和压力。如果把露点压力下气体在 PVT 筒内占据的体积作为参考体积,当压力低于露点压力时,体积膨胀增加的那部分气体(不包括反凝析液)在压力保持恒定的情况下被排出筒外,从而使 PVT 筒内剩余的流体体积恢复至饱和压力下的气体体积。通过气量计对排出气体进行计量,可得到气体的采出率,即累计排放的气体物质的量与实验开始前注进 PVT 筒的气体总物质的量之比。气体压缩因子与气体体积系数 B_g 成正比,B_g 即气体排放前后泵的读数差与气量计计量的气体体积之比。图 1.21 所示为定容衰竭实验(CVD)的过程示意图。需要强调的是,理论上定容衰竭实验(CVD)的最高压力为饱和压力,因为当压力高于饱和压力时,定容衰竭实验(CVD)和恒质膨胀实验(CCE)完全相同。

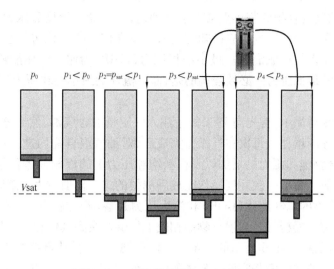

图 1.21　气体样品的定容衰竭实验

从图中可以看到,在露点压力 p_2 下出现了第一批凝析液滴。在压力 p_3 和 p_4 下,通过泵活塞把超出饱和压力体积的那部分气体通过 PVT 筒顶部(仅有气体,不包括反凝析液)排出,PVT 筒又回到饱和压力体积的位置。在此期间,从气体中析出的凝析液滴一直保持在 PVT 筒底部

1.3　补充测试:混相的概念

除了前述的常规测试项目(闪蒸、差异分离、恒质膨胀、定容衰竭)之外,PVT 分析还包括其他两项测试,即注气膨胀测试和最小混相压力(MMP)测试。这两项测试适用于注气提高原油采收率技术。对于气驱来说,注入气可以溶解进原油中,降低原油黏度,增加原油体积,迫使增加的那部分原油从多孔介质中流向生产井井底。在有些情况下,储层流体的汽—液平衡主要发生在注入井周围(取决于特定温度和压力条件下气体在原油中的溶解度),各相流体在多孔介质中的流动速度受其相对渗透率控制。如果气体的流度越大(并且在原油中的溶解度越小),那么气驱项目的效果就会越差。其原因在于,气体会过早突破至生产井从而造成油井过早产气,导致储层中大量的剩余油无法开采出来。另一些情况恰恰与上述情况相反。在这些情况下,无论注入气和原油以何种比例混合,如果储层压力一直高于混合物的饱和压力,那么理论上混合物就会以单相形式存在,其黏度会越来越低,其体积膨胀越来越剧烈,从而使原油采收率达到最大化。换句话说,如果注入气和原油(例如,初始储层流体为黑油)以合适的比例混合,那么最终形成的油气混合物将会变成挥发油甚至永远不会分离成两相的凝析气。实际情况下,在注入井附近,注入气体的量较大,往往会超出原油的溶解度,因而混合物一般会两相共存,即达到液—汽相平衡。

然而,随着气体在储层中的运移,将会接触更多未溶解注入气的初始原油,注入气与原油之间的质量传递可能会减弱,二者之间的组分组成差异会越来越大;或者会发生另外一种对提高原油采收率更有利的情况,油气之间的互溶能力越来越强,汽液两相之间的差别越来越小,最终气体能够与运移途径前方的初始原油以任意比例互溶,即所谓的共溶现象。在这种情况下,最终油气混合物的临界点与该区域的储层温度和储层压力重合。随着注入气与初始原油

之间的组分交换,油气混合物的临界点会发生移动,直至与储层温度和压力条件重合,从而引发共溶现象。如果含气油与组分组成已知的注入气体在储层任意位置都会发生共溶现象,则说明含气油能够与注入气达成混相。最小混相压力(MMP)为储层流体能够与组分组成已知的注入气达成混相的最低压力。必须强调的是,储层流体的最小混相压力(MMP)与注入气的组分组成有关。

注气膨胀实验相对简单,首先向 PVT 筒中注入一定量的含气油,然后分批逐次注气,使含气油中溶解的气量逐渐增加。每次注气操作完成后,对油气混合物均进行一次恒质膨胀实验(CCE),记录下混合物饱和压力的增加以及在新饱和压力下的液相油体积与在初始饱和压力下液相油体积的比值。最后一次注气操作完成后测得的这个比值称之为膨胀系数。随着注气量的逐次增加,混合物的总气油比(GOR)和注入压力也逐渐升高,有可能使原本为黑油的初始储层流体最终转变为凝析气。从混合物的相图上能够观察到其饱和压力从泡点压力逐渐转变为露点压力。可以说,图 1.6 所示的一系列相图可视为(至少从定性的角度)在任意一个固定不变的温度下进行的注气膨胀实验。气体的注入使得相图的临界点向左移动,多次注入就会让储层流体最终变为凝析气。然而,在注气膨胀实验过程中,由于储层流体最初处于黑油状态而且其中的重质组分总质量保持不变,所以储层流体永远达不到干气状态。至少在常规 PVT 仪的极限操作温度和压力(约 200℃ 和 700atm)下无法通过注气让黑油转变为干气。图 1.22 定性地展示了注气膨胀实验过程中 PVT 仪内流体的颜色变化。

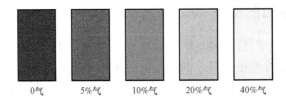

图 1.22 注气膨胀试验中 PVT 仪内混合物的变化示意图
图中的数值仅起示意说明作用,不保证其严谨性和真实性

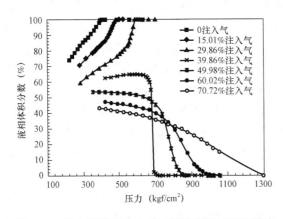

图 1.23 注气膨胀试验中通过恒质膨胀(CCE)测试
得到的液相体积分数随压力的变化曲线
当注入气的物质的量浓度在 30%～40% 时,
饱和压力开始从泡点压力转变为露点压力

如图 1.23 所示,在一个真实的注气膨胀实验中,通过 CCE 测试得到的不同注气浓度下混合物的液相体积分数随压力的变化曲线。显然,当注气量达到一定程度后,混合物转变成为凝析气,饱和压力从泡点压力转变为露点压力。在每次 CCE 测试过程中液相体积分数的起点为 0,而不再是 100%。在图中的七条曲线中,在同等的注气浓度差值下,最后一个泡点(对应于 29.86% 的注气浓度)和第一个露点(对应于 39.86% 的注气浓度)之间的液相体积分数存在着明显差异,其原因在于最后一个挥发油混合物和第一个湿气凝析气混合物在相图上的临界区域非常接近。由于

等液量线较为密集,小幅度的压力降低就会引起平衡状态流体中各相相对体积的巨大变化。

注气膨胀实验是一种静态测试,其目的在于观察随着注入气浓度的增加,储层流体的相态变化行为。细管试验则是一种动态测试。在高于饱和压力的条件下用代表性的含气油对盘管内部的高渗多孔介质进行饱和,然后向盘管里注入一定量的气体进行驱油。通常情况下,气体分批注入,每批的注入量为 0.2PV,总注入量为 1.2PV。记录下气体突破时细管出口处采出的油量,在此基础上计算采收率。然后把细管冲洗干净,饱和新油样,增加驱替压力重复驱替过程。通常把采收率达到95%的实验驱替压力定义为最小混相压力 MMP。流体在盘管内的流动为一维单向流动,可以通过商业软件数值模拟对流体模型进行验证,即通过状态方程对 PVT 分析结果和注气膨胀实验结果进行拟合。相态拟合的详细步骤可参考 Ekundayo 和 Ghedan (2013)的研究。Pedersen 等(2014)也提出了通过商业软件对一些常规实验结果进行拟合的步骤。

图 1.24 展示了一个实际的细管设备,其中盘管位于腔室的右侧,左侧是装载油、气和水的容器。图 1.25 为通过真实细管实验得到的采收率与操作压力的典型曲线。

图 1.24　细管实验装置
空气浴中的盘管与流体容器相连通。图片由 Sanchez Technologies 提供,版权由 2016 Sanchez Technologies SAS 及其附属公司所有。经授权许可使用

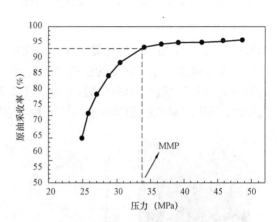

图 1.25　通过真实细管实验得到的原油采收率与驱替压力的关系曲线
在斜率断点处其采收率不再大幅度增加,此处压力即可视为最小混相压力

1.4　存在流体相变的储层

存在流体相变的储层属于特殊油藏。同一储层中共存着多种流体类型。最常见的此类储层为带气顶的黑油油藏。油层为黑油,而气顶为凝析气,处于平衡状态的二者之间存在一个明显的界面,即油气界面(GOC)。如果忽略重力引起的组分组成分异,则原油的泡点压力应该等于气顶的露点压力,也等于储层静压。如果考虑到重力引起的组分组成分异,则储层静压会随着储层深度而升高。由于原油的密度远远高于气体密度,储层静压在油区的升高趋势更加明显,也即压力梯度更大,静水载荷更高。在这种情况下,只有在油气界面处,液相泡点压力恰好等于汽相露点压力。气顶的露点压力随着深度而增加,直至油气界面深度。低于油气界面,液相泡点压力随着深度而减小直至储层底部,因为轻质组分含量越来越低。

还存在一种非常有趣(但并不罕见)的储层,即油气过渡带之间没有一个明确的界面。这

(a) 储层A　　　(b) 储层B

图 1.26　储层流体的相变

近临界储层 A 流体的饱和压力(虚线)和带气顶储层 B
流体的饱和压力(实线)以及储层静压随深度的变化

种流体类型被称作拟临界或近临界流体。由于汽—液相间的密度差很小,所以从储层底部到顶部,流体从液态变为气态,但是监测不到相态的突变或相界面。只有当某个深度处的流体临界温度与储层温度非常接近的情况下,才会发生这种现象,如图 1.26 所示。

在这类储层里,流体的饱和压力从泡点压力逐渐转变为露点压力,与储层静压曲线并不交会,也即不同深度处的饱和压力均低于储层静压。图 1.26 给出了存在汽液两相的上述两种储层流体类型。图中用虚线表示垂向饱和压力剖面,用实线表示垂向储层静压剖面。可以看出,在储层 A 中饱和压力随深度的变化趋势非常光滑,而在储层 B 的油气界面处存在明显

的转折。图 1.27 给出了两种储层中流体密度沿储层深度的变化趋势。重质组分摩尔分数随深度的变化规律与流体密度的变化规律相同。轻质组分摩尔分数随深度的变化呈现出类似的对称形态,但变化趋势与流体密度相反。图 1.28 定性给出了在油气界面深度处于平衡状态的油气相图。值得注意的是,原油泡点线与气体露点线交会点处的压力均等于该深度处的储层静压。

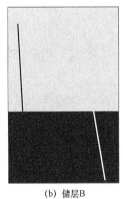

(a) 储层A　　　(b) 储层B

图 1.27　储层流体的相变

近临界储层 A 流体和带气顶储层 B 流体的密度随深度的
变化。重质组分摩尔分数的变化规律与流体密度相同。
轻质组分摩尔分数曲线虽然形态对称,但变化规律与流体
密度相反

图 1.28　油气界面处的油气相图

事实上,除了单相流体储层和两相流体共存的储层外,还存在多相共存的储层。由于重质组分(比如石蜡和沥青质)的重力分异,在传统的含油带下方会形成一个新相。如果新相中富含沥青质,则在进行流体相态模拟时该相可被视为超黏流体,用于描述其他流体相的状态方程仍然可以用于描述该新相。如果该相富含石蜡,就需要采用固相模型来描述该新相,这种做法会增加油藏条件下相平衡模拟的数学复杂性。受到其他重质组分(树脂)的支撑,通常情况下

沥青质在原油中以悬浮的状态存在。只需通过降低压力就可破坏沥青质的悬浮,从而引发沥青质的沉淀分离。由于沥青质与轻质组分或作为溶剂萃取剂的杂质气体(比如 CO_2)之间的亲和力较低,所以轻质组分含量的增加或者外来杂质气体的注入也会造成原油中沥青质的沉淀。一般来说,原油中沥青质含量的多少并不是发生沥青质沉淀的决定性因素。在储层压力降低时,轻质组分体积增加,而诸如沥青质之类的大分子重质组分的压缩系数小,体积膨胀不大,这样就会导致原油中可供沥青质分子悬浮的空间减小。因此,即使原油中的沥青质含量很低,只要储层压力降低,就会增加沥青质悬浮的不稳定性。对于黑油或挥发油,沥青质开始变得不稳定时的压力称为沥青质沉淀的上限压力(Pedersen 等,2014)。该压力可以借助高压电子显微镜(图 1.29)通过观测得以确定,而且具有较好的精度。从放大的图像上可以看到原油中生成了簇状的深颜色物质相。当压力高于泡点压力时,深颜色物质相的含量随着压力的降低而明显增加。当压力低于泡点压力后,随着气体的逸出,原油中重质组分(尤其是树脂)的相对含量增加,压力的降低反而有助于沥青质在原油中的悬浮。因此,沥青质更加容易溶解于稠油中。析出的沥青质又完全溶解于原油中,这时的压力称为下限压力(Pedersen 等,2014)。石油工业对沥青质重新溶解动力学的研究并不太多,而且主要集中于上限压力,很少涉及下限压力。这些内容超出了本书的研究范围,更多细节可以参考 Hammami 等在 1999 年的研究。图 1.30 所示为通过实验测定的含气油相图实例。从图中可以看到上限压力线和泡点压力线(Gonzalez 等,2008)。当压力降至远低于储层静压时,即便是单相流体储层,也可能会发生沥青质沉淀。

图 1.29　高压电子显微镜捕获
富含沥青质的相分离
图片由 Vinci Technologies S. A. 提供,
经授权许可后转用

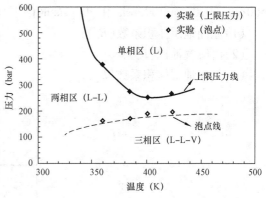

图 1.30　通过实验测定的含气油相图
图中给出了沥青质沉淀的上限压力曲线和泡点压力曲线
相图上可分为单相、两相共存和三相共存的不同区域。
图片改编自 Gonzalez, D. L. Vargas, F. M, Hirasaki, G. J.
和 Chapman, W. G., CO_2 注入引发沥青质沉淀的模拟研
究,Energy Fuels,22,第 757－762 页,2008

　　然而,对于两相液体平衡共存的储层,如果储层初始压力接近于沥青质沉淀上限压力,随着上部含油带中原油的采出,即使在储层条件下也可能会形成新相。我们将会在第 7 章讲述这样的油藏,底部存在明显不同的两种液相流体,顶部还存在气顶(不能溶解于液相流体的过剩轻质组分)。为了提高油气田产量预测的可靠性,必须通过热力学模拟重现三相间的组分组成分异现象。

1.5 结语

重力分异会引起储层流体组分组成在纵向上的差异分布。在本书后面的章节中可以看到,为了准确预测这种组分分异现象,需要对取自储层基准深度处的高质量流体样品通过实验确定其PVT性质。如果假设储层其他任意点处的流体处于热力学平衡或稳定状态,那么就可以根据这些实测的流体PVT性质对任意点处的任意流体性质进行预测模拟。在用商业软件进行数值模拟时,为了完成储层流体分布的初始化(确定储层中不同流体分区的初始组分组成分布),必须计算流体组分组成在垂向上的分异。一旦开发方案得以确定,也即生产井和注入井的井位部署和井深轨迹已经确定,流体分布初始化是否准确将会直接影响产量预测的可靠性。需要着重强调的是,由于产出气的回注或者气体在压力低于饱和压力时的逸出,在储层流体向生产井流动的过程中其初始组分组成会发生变化,所以在开发过程中储层的实际温度压力变化轨迹并不一定与PVT实验预设的温度压力变化轨迹保持一致。鉴于此,为了准确模拟在任意时间点任意储层位置的流体体积性质,必须通过状态方程对PVT实验结果进行拟合,并对状态方程的参数进行适当调整。

1.6 习题

习题1 [本题改编自文献 Rosa 等(2005)]:根据下面示意图,分别计算压力水平为2500psia、2000psia、1000psia 和 500psia 时的下列参数:

(1)原油地层体积系数(B_o);

(2)溶解气油比(R_s);

(3)气体地层体积系数(B_g)。

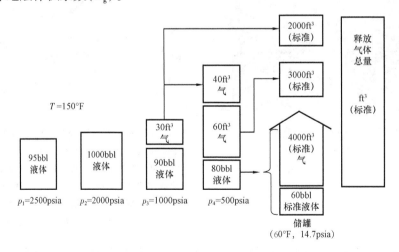

习题2 某储层流体具有以下特性:

储层压力 p_{res} 等于饱和压力 p_{sat} 等于900psia;

储层温度 T_{res} 等于 140°F;

溶解气油比 R_s 等于 300ft³/bbl;

储层条件下原油体积系数 $B_{o_{res}}$ 等于 1.30。

在 150psia 和 85℉ 下，装有 50bbl 原油的分离器中自由气体积是多少？

分离器条件下的 PVT 特性为：原油体积系数 $B_o = 1.05$；溶解气油比 $R_s = 50ft^3/bbl$；气体相对密度 $d_g = 0.7$。

习题 3 为了测试计量精度，在一口井的某个深度处下入一种多相流量计。储层流体的 PVT 特性为：原油体积系数 $B_o = 1.17$；溶解气油比 $R_s = 50.0m^3/m^3$；气体体积系数 $B_g = 0.0525$。地下油、气的日产量分别为 112.4m³ 和 100.5m³。分离器条件下的日产量为：98.5m³（油）和 458.3m³（气）。分离器条件下流体的 PVT 特性为：$B_o = 1.04$；$B_g = 0.0732$；$R_s = 8m^3/m^3$。计算这种流量计的测量误差。

习题 4 实验室测得地面流体样品的重度为 40°API。在地层测试中，油井在 6h 内的累计产液量为 125m³。生产气油比 GOR 稳定在 100m³/m³。地面气体相对密度为 0.82，储层原油体积系数 B_o 为 1.250。试计算储层流体密度。

习题 5 在干气储层的物质平衡计算中，假设产出气的物质的量(N_p)等于初始物质的量(N_i)减去当前剩余的物质的量(N_c)，即：

$$N_p = N_i - N_c$$

设储层压力从初始压力(p_i)降至当前压力(p)的过程中累计产气量（折算到标准条件下的体积）为 G_p。如果 G 是储层气体的总体积（同样折算到标准条件下的体积），请写出干气储层物质平衡工作方程的推导过程：

$$\frac{p}{Z} = \frac{p_i}{Z_i} - \frac{p_i}{Z_i}\frac{G_p}{G}$$

可以通过 Sutton 经验公式[参见文献 Danesh(1998)]计算气体的拟临界属性，然后从 Standing – Kartz 图版中读取天然气的压缩因子。Sutton 公式如下：

$$p_{pc} = 708.75 - 57.5 d_g$$

$$T_{pc} = 169.0 + 314.0 d_g$$

其中 d_g 是与空气密度相比的气体相对密度。

利用上述这些条件求解习题 6 和习题 7。

习题 6 某干气储层的组分组成如下：

组分	摩尔分数	临界压力 p_c(psia)	临界温度 T_c(R)
甲烷	0.75	673.1	343.2
乙烷	0.20	708.3	504.8
正己烷	0.05	440.1	914.2

初始储层压力和储层温度分别为 4200psia 和 180℉。储层已生产很长时间，其压力记录如下：

p/Z(psia)	G_p(10^9ft^3)
4600	0
3700	1
2800	2

当平均储层压力降低至2000psia时,累计产气量是多少?

习题7　最近新发现的某干气储层($d_g = 0.85$)的性质如下:

总体积 $V_{bulk} = 1.776 \times 10^{10}$ft^3;

储层压力 $p = 4290$psia;

储层温度 $T = 660$R;

孔隙度 $\phi = 0.19$。

原生水饱和度(束缚水占据的孔隙体积百分数)$= 0.20$。

根据双方签订的销售合同,在一定输送压力下天然气的日销售量为 80×10^6ft^3。为了保证输送压力,储层压力不能低于1200psia。这种日销售量可以维持多久?在合同结束后,该油田的产出气将会用于生产设施的内部利用。如果废弃压力为400psia,请预测此期间产出气的总体积。

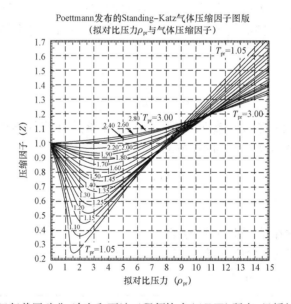

Poettmann发布的Standing–Katz气体压缩因子图版
(拟对比压力ρ_{pr}与气体压缩因子)

[本图片版权归美国矿业、冶金和石油工程师协会(AIME)所有,经授权许可使用]

参 考 文 献

Danesh A. 1998. PVT and Phase Behavior of Petroleum Reservoir Fluids. Elsevier Science, Amsterdam (Netherlands).

Ekundayo J M, Ghedan S G. 2013. Minimum miscibility pressure with slim tube apparatus – How unique is the value? SPE 165966 – MS, Reservoir Characterization and Simulation Conference and Exhibition, Abu Dhabi, Setembro.

Gonzalez D L, Vargas F M, Hirasaki G J, et al. 2008. Modeling study of CO_2 – induced asphaltene precipitation,

Energy Fuels 22,757 – 762.

Hammami A, Phelps C H, Monger – McClure T. 1999. Asphaltene precipitation from live oils: an experimental investigation of onset conditions and reversibility. Energy Fuels 1,14 – 18.

McCain Jr, W D. 1990. The Properties of Petroleum Fluids. Pennwell Publishing Company, Tulsa.

Pedersen K S, Christensen P L, Shaikh J A. 2014. Phase Behavior of Petroleum Reservoir Fluids. CRC Press, Boca Raton.

Rosa A J, Carvalho R S, Xavier J A D. 2005. *Engenharia de reservatórios de petróleo*, Ed. Interciência.

Whitson C H. 1998. Manual PVT Analysis. Norsk Hydro, Field Development Technology, Reservoir Technology, Trondheim (Norway).

2 相平衡热力学

20世纪70年代,研究人员提出了立方型状态方程。在大多数情况下,利用该方程对烃类的汽液平衡进行模拟(把水作为独立的组分),足以保证油气田开发设备和生产系统的稳健运行。大分子的存在,如沥青质、石蜡和水合物,会引发岩石—流体之间的相互作用,甚至诱使混合物中出现更多相态。这种流固相之间的相互作用可能会进一步引发化学反应,从而改变岩石的渗透率和孔隙度。在这种情况下,就需要采用更先进更具针对性的热力学模型来进行模拟。这些内容超出了本书的研究范围。当混合物中出现沥青质沉淀时,可以把沥青质沉淀作为代表超黏液体的第二液体相。这时候就需要采用更加复杂的状态方程进行模拟。这类状态方程需要能够考虑极性—杂原子位点分子缔合效应。例如,本书采用 CPA 状态方程(Kontogeorgis 等,1996)模拟沥青质沉淀,具体细节将在第7章进行讨论。

本章将讲述利用状态方程和闪蒸算法预测 PVT 分析实验中的温度压力体积(PVT)性质。其中的闪蒸算法能够表征在 PVT 筒内进行的差异分离实验过程,即对处于平衡状态的封闭油气系统进行连续多次降压闪蒸。本章将会给出详细的方法和示例,说明如何通过给模型(即状态方程)参数赋予估计值来拟合与体积相关的 PVT 实验数据,从而引导读者认知这些参数对 PVT 性质预测的影响程度。

2.1 相平衡问题

需要强调的是,在差异分离实验的每一步降压操作中,PVT 筒内的流体均在实验温度和压力条件下达到了热力学平衡状态。这些降压操作步骤可视为一系列连续的闪蒸实验。每一步闪蒸实验的流体对象均为前一步闪蒸实验结束后留存在 PVT 筒内的饱和含气油。由此可知,确定封闭流体系统的热力学平衡条件以及传统的闪蒸算法和饱和压力算法,有助于对处于热力学平衡状态中的流体各相的组分组成和 PVT 性质进行预测。因此,在利用这些模型和算法预测储层流体的相态之前,需要简要回顾一下其中涉及的基本概念。

首先从所谓的热力学基本关系式开始。内能的全微分关系式:

$$\mathrm{d}U = T\mathrm{d}S - p\mathrm{d}V + \sum_{i=1}^{nc} \mu_i \mathrm{d}n_i \tag{2.1}$$

图2.1　无化学反应封闭系统中的相平衡示意图

式中,U 为内能;T 为绝对温度;S 为熵;p 为压力;V 为体积;μ_i 和 n_i 分别为组分 i 的化学势和物质的量。

假设存在一个具有刚性壁、与外界绝热且无化学反应发生的封闭系统。系统中存在 nc 个组分和 nf 个物质相,如图2.1所示。在该系统趋于平衡状态的过程中,熵会持续增加直至达到最大值。

根据式(2.1),任意一个物质相(其序号为 j)的熵的微分关系式：

$$dS_j = \frac{1}{T_j}dU_j + \frac{p_j}{T_j}dV_j - \sum_{i=1}^{nc}\frac{\mu_{ij}}{T_j}dn_{ij} \quad (j = 1, \cdots, nf) \tag{2.2}$$

系统的总熵为系统中所有物质相的熵之和，其全微分关系式为：

$$dS_T = \sum_{j=1}^{nf}\frac{1}{T_j}dU_j + \sum_{j=1}^{nf}\frac{p_j}{T_j}dV_j - \sum_{j=1}^{nf}\sum_{i=1}^{nc}\frac{\mu_{ij}}{T_j}dn_{ij} \tag{2.3}$$

为了确定系统处于平衡状态，需要保证系统的总熵最大化，即其微分 dS_T 等于 0，同时保持内能、体积和物质的量不变：

$$U = U_1 + U_2 + \cdots + U_{nf} \tag{2.4a}$$

$$V = V_1 + V_2 + \cdots + V_{nf} \tag{2.4b}$$

$$n_i = n_{i,1} + n_{i,2} + \cdots + n_{i,nf} \quad (i = 1, \cdots, nc) \tag{2.4c}$$

从式（2.4a）至式（2.4c）表达的关系中可以看出，式（2.3）中的变量 U_j、V_j 和 n_{ij} 不是独立变量。

鉴于 U、V 和 n_i 守恒，对式（2.4a）至式（2.4c）进行微分可得到：

$$0 = dU_1 + dU_2 + \cdots + dU_{nf} \tag{2.5a}$$

$$0 = dV_1 + dV_2 + \cdots + dV_{nf} \tag{2.5b}$$

$$0 = dn_{i1} + dn_{i2} + \cdots + dn_{i,nf} \quad (j = 1, \cdots, nf) \tag{2.5c}$$

因此，任意一个物质相（例如，相 J）的属性可以表示为其他所有相的属性之差，即：

$$dU_J = - \sum_{\substack{j=1\\j\neq J}}^{nf}dU_j \tag{2.6a}$$

$$dV_J = - \sum_{\substack{j=1\\j\neq J}}^{nf}dV_j \tag{2.6b}$$

$$dn_{iJ} = - \sum_{\substack{j=1\\j\neq J}}^{nf}dn_{ij} \quad (i = 1, 2, \cdots, nc) \tag{2.6c}$$

接下来要做的是把因变量即相 J 的属性从式（2.3）的求和项中分离出来：

$$dS_T = \frac{1}{T_J}dU_J + \sum_{\substack{j=1\\j\neq J}}^{nf}\frac{1}{T_j}dU_j + \frac{p_J}{T_J}dV_J + \sum_{\substack{j=1\\j\neq J}}^{nf}\frac{p_j}{T_j}dV_j - \sum_{i=1}^{nc}\frac{\mu_{iJ}}{T_J}dn_{iJ} - \sum_{i=1}^{nc}\sum_{\substack{j=1\\j\neq J}}^{nf}\frac{\mu_{ij}}{T_j}dn_{ij} \tag{2.7}$$

将式（2.6a）至式（2.6c）代入式（2.7）中，得到：

$$dS_T = \frac{1}{T_J}\left(- \sum_{\substack{j=1\\j\neq J}}^{nf}dU_j\right) + \sum_{\substack{j=1\\j\neq J}}^{nf}\frac{1}{T_j}dU_j + \frac{p_J}{T_J}\left(- \sum_{\substack{j=1\\j\neq J}}^{nf}dV_j\right) + \sum_{\substack{j=1\\j\neq J}}^{nf}\frac{p_j}{T_j}dV_j -$$

$$\sum_{i=1}^{nc} \frac{\mu_{iJ}}{T_J}\left(-\sum_{\substack{j=1 \\ j \neq J}}^{nf} dn_{iJ}\right) - \sum_{i=1}^{nc} \sum_{\substack{j=1 \\ j \neq J}}^{nf} \frac{\mu_{ij}}{T_j} dn_{ij} \tag{2.8}$$

需要注意的是,式(2.8)中相 J 的温度、压力和化学势均与一个求和项相乘。鉴于它们与求和运算的内部项相互独立,因此可以把它们作为常数包含在这些求和运算中。对式(2.8)重新排列可得到:

$$dS_T = \sum_{\substack{j=1 \\ j \neq J}}^{nf}\left(\frac{1}{T_j} - \frac{1}{T_J}\right)dU_j + \sum_{\substack{j=1 \\ j \neq J}}^{nf}\left(\frac{p_j}{T_j} - \frac{p_J}{T_J}\right)dV_j + \sum_{i=1}^{nc}\sum_{\substack{j=1 \\ j \neq J}}^{nf}\left(\frac{\mu_{ij}}{T_j} - \frac{\mu_{iJ}}{T_J}\right)dn_{ij} \tag{2.9}$$

到这里,所有的 U_j、V_j 和 n_{ij} 都是独立变量。U_J、V_J 和 n_{iJ} 可以通过对其他相的属性求差得到,因此可以从求和项中排除掉(在公式中表达为 $j \neq J$)。因此,只有当每一个求和项同时为零时,才能通过使微分等于 0 来达到熵最大化的目的。

如此则可以得到:

$$\frac{1}{T_j} - \frac{1}{T_J} = \frac{p_j}{T_j} - \frac{p_J}{T_J} = \frac{\mu_{ij}}{T_j} - \frac{\mu_{iJ}}{T_J} = 0 \quad (i = 1,2,\cdots,nc;j = 1,2,\cdots,nf) \tag{2.10}$$

所有相的温度都相等(都必须等于 T_J)意味着它们之间没有热量传递,从而避免了热量产生导致 dS 的增加。此外,所有相之间必须不存在压力不平衡,因为压力不平衡会消耗机械能,从而产生熵增;最后,化学势相等则避免了物质相之间的质量传递,否则对流、扩散或者物理状态的简单变化均会导致熵的传输。

吉布斯能或亥姆霍兹能分别以 $(T,p,\boldsymbol{N})$ 或 $(T,V,\boldsymbol{N})$ 为自然变量。值得强调的是,如果对吉布斯能或亥姆霍兹能进行同样的分析,通过使各自的热力学势最小化,也可以得到相同的结论,即 $\boldsymbol{N} = [n_1,n_2,\cdots,n_{nc}]$。

直观认为,只需通过设置温度和压力就可确定一个简单系统的平衡状态。事实上,各相的化学势相等才是控制相平衡的主要条件。因此,为了准确计算平衡条件下各个组分在各相中的分配比例,为所有组分建立化学势本构方程至关重要。状态方程是石油工业中最常用的模型。下面对状态方程进行定义。

热力学基本关系式的偏导数与其自然变量之间的数学关系式称为状态方程(Equation of State,习惯上略作 EoS)。对于式(2.1)所示的内能来说,其自然变量为 S(熵)、V(体积)和 N(物质的量)。例如,所谓温度即是在体积和质量保持不变的情况下内能对熵的偏导数:

$$T = f(S,V,\boldsymbol{N}) = \left(\frac{\partial U}{\partial S}\right)_{V,N} \tag{2.11}$$

类似地,压力是在熵和质量保持不变的情况下内能对体积的偏导数:

$$p = f(S,V,\boldsymbol{N}) = -\left(\frac{\partial U}{\partial V}\right)_{S,N} \tag{2.12}$$

如果采用其他形式的热力学势函数而不是系统内能,则可以得到不同的状态方程。

对系统内能做勒让德变换(Callen,1985),则得到焓 $H = H(S,p,\boldsymbol{N})$

$$H = U - V \left(\frac{\partial U}{\partial V} \right)_{S,N} = U + pV \tag{2.13}$$

$$dH = dU + pdV + Vdp \tag{2.14}$$

$$dH = TdS + Vdp + \sum_{i=1}^{nc} \mu_i dn_i \tag{2.15}$$

因此,焓(H)的自然变量是 S、p 和 N。

通过对内能 U 做勒让德变换还可以得到亥姆霍兹自由能。其定义为:

$$A = U - \left(\frac{\partial U}{\partial S} \right)_{V,N} S = U - TS \tag{2.16}$$

$$dA = dU - TdS - SdT \tag{2.17}$$

$$dA = - SdT - pdV + \sum_{i=1}^{nc} \mu_i dn_i \tag{2.18}$$

亥姆霍兹自由能的自然变量是 T、V 和 N。考虑到这些自然变量 T、V 和 N 很容易进行测量,可以将压力(p)表示为这些自然变量的函数,从而使状态方程(EoS)更加实用一些。

$$p = f(T,V,N) = - \left(\frac{\partial A}{\partial V} \right)_{T,N} \tag{2.19}$$

此外,还可以得到吉布斯自由能(G)。其定义如下:

$$G = U + pV - TS = H - TS \tag{2.20}$$

$$dG = dU + pdV + Vdp - TdS - SdT = dH - TdS - SdT \tag{2.21}$$

$$dG = - SdT + Vdp + \sum_{i=1}^{nc} \mu_i dn_i \tag{2.22}$$

一旦 T、p 和 N 的数值得以设定(在工业应用中大多数相平衡算法均采用这种做法),可把吉布斯自由能即热力学势最小化作为相平衡条件。

需要注意的是,从不同的热力学基本关系式出发,通过多种方式均可以计算得到化学势:

$$\mu_i = \left(\frac{\partial U}{\partial n_i} \right)_{S,V,n_{j \neq i}} = \left(\frac{\partial H}{\partial n_i} \right)_{S,p,n_{j \neq i}} = \left(\frac{\partial A}{\partial n_i} \right)_{T,V,n_{j \neq i}} = \left(\frac{\partial G}{\partial n_i} \right)_{T,p,n_{j \neq i}} \quad (i = 1,2,\cdots,nc)$$
$$\tag{2.23}$$

在上述这些化学势的计算公式中,吉布斯自由能公式最为方便,因为它的自然变量 T、p 和 N 很容易测定。

如果考虑偏摩尔属性的概念,吉布斯自由能公式就显得更加方便。基于这个概念可以进一步推导出欧拉定理和吉布斯—杜亥姆方程。

假设 $M(= U$、H、S、A 或 $G)$ 是系统的一个广延属性。根据定义,组分 i 的偏摩尔属性 $\overline{M}_i$ 由

式（2.24）给出：

$$\overline{M}_i = \left(\frac{\partial M}{\partial n_i}\right)_{T,p,n_{j\neq i}} \quad (i=1,2,\cdots,nc) \tag{2.24}$$

鉴于以质量单位为基础的热力学性质可以进行相加，因此得到：

$$n\overline{M} = M(T,p,N) \tag{2.25}$$

其中，摩尔属性 $\overline{M}$ 的表达式为 $\overline{M} = \overline{M}(T,p,\pmb{x})$。对 M 求微分可得到：

$$dM = d(n\overline{M}) = \left[\frac{\partial(n\overline{M})}{\partial T}\right]_{p,N} dT + \left[\frac{\partial(n\overline{M})}{\partial p}\right]_{T,N} dp + \sum_{i=1}^{nc}\left[\frac{\partial(n\overline{M})}{\partial n_i}\right]_{T,p,n_{j\neq i}} dn_i \tag{2.26}$$

向量 $\pmb{N}$ 是常数，意味着所有组分的物质的量（n_i，其中 $i=1,\cdots,n_c$）也是恒定的，可以得到：

$$\left[\frac{\partial(n\overline{M})}{\partial T}\right]_{p,N} = \left[n\frac{\partial\overline{M}}{\partial T}\right]_{p,N} \tag{2.27}$$

其中，$n = \sum_{i=1}^{nc} n_i$。

所以，式（2.26）可以写成：

$$dM = n\left(\frac{\partial\overline{M}}{\partial T}\right)_{p,N} dT + n\left(\frac{\partial\overline{M}}{\partial p}\right)_{T,N} dp + \sum_{i=1}^{nc}\overline{M}_i dn_i \tag{2.28}$$

式（2.28）的最后一项可以根据摩尔分数 $x_i = n_i/n$ 重新表示为：

$$dn_i = ndx_i + x_i dn \quad (i=1,2,\cdots,nc) \tag{2.29}$$

将式（2.29）代入式（2.28）中，可得：

$$dM = nd\overline{M} + \overline{M}dn = n\left(\frac{\partial\overline{M}}{\partial T}\right)_{p,N} dT + n\left(\frac{\partial\overline{M}}{\partial p}\right)_{T,N} dp + n\sum_{i=1}^{nc}\overline{M}_i dx_i + \sum_{i=1}^{nc}\overline{M}_i x_i dn \tag{2.30}$$

把 n（混合物系统的总物质的量）和 dn（混合物系统的总物质的量的变化量）分别作为公因数对式（2.30）中同类项进行合并，可得：

$$n\left[\left(\frac{\partial\overline{M}}{\partial T}\right)_{p,N} dT + \left(\frac{\partial\overline{M}}{\partial p}\right)_{T,N} dp + \sum_{i=1}^{nc}\overline{M}_i dx_i - d\overline{M}\right] + dn\left[\sum_{i=1}^{nc}\overline{M}_i x_i - \overline{M}\right] = 0 \tag{2.31}$$

式（2.31）对于任何条件下的热力学广延属性都是通用且有效的，比如 $M(U,S,H,G,A,\cdots)$。它对于任意物质的量 n 和物质的量的变化量 dn 也总是有效的。请注意，无论 n 和 dn 如何变化，如果括号中的计算项保持不变，则只有一种方法可以确保左侧为零——让左侧括号内的项都恒等于0，即式（2.32）和式（2.33）。

$$\overline{M} = \sum_{i=1}^{nc}\overline{M}_i x_i \text{ 或者 } M = \sum_{i=1}^{nc}\overline{M}_i n_i \tag{2.32}$$

式（2.32）描述的含义即为欧拉定理。

以同样的方式，可得到：

$$\left(\frac{\partial \overline{M}}{\partial T}\right)_{p,N} \mathrm{d}T + \left(\frac{\partial \overline{M}}{\partial p}\right)_{T,N} \mathrm{d}p + \sum_{i=1}^{nc} \overline{M}_i \, \mathrm{d}x_i - \mathrm{d}\overline{M} = 0 \qquad (2.33)$$

应用欧拉定理,将式(2.32)求微分并代入式(2.33)中,得到:

$$\mathrm{d}\overline{M} = \sum_{i=1}^{nc} \overline{M}_i \, \mathrm{d}x_i + \sum_{i=1}^{nc} x_i \mathrm{d}\overline{M}_i \qquad (2.34)$$

$$\left(\frac{\partial \overline{M}}{\partial T}\right)_{p,N} \mathrm{d}T + \left(\frac{\partial \overline{M}}{\partial P}\right)_{T,N} \mathrm{d}p - \sum_{i=1}^{nc} x_i \mathrm{d}\overline{M}_i = 0 \qquad (2.35)$$

式(2.35)是吉布斯 – 杜亥姆方程。

设 $\overline{M} = \overline{G}$ 并比较式(2.22)和式(2.35),可以发现组分 i 的化学势即是该组分的偏摩尔吉布斯能。考虑到熵和体积均为广延属性,可得到:

$$\mathrm{d}\mu_i = -\overline{S}_i \mathrm{d}T + \overline{V}_i \mathrm{d}p \quad (i = 1, 2, \cdots, nc) \qquad (2.36)$$

一旦选定了状态方程(EoS),在温度和组分组成保持不变的情况下,就可以通过对式(2.36)进行积分来计算化学势:

$$\mathrm{d}\mu_i = \overline{V}_i \mathrm{d}p(T, \boldsymbol{x} = 常数) \rightarrow \mu_i = \mu_i^0 + \int_0^p \overline{V}_i \mathrm{d}p \quad (i = 1, \cdots, nc) \qquad (2.37)$$

式中,μ_i^0 为任意参考状态下组分 i 的化学势,例如,零压力极限下的理想气体,即压力上限 $p = 0$,此时 $\mu_i = \mu_i^0$。

2.2 逸度的定义

在任意参考状态下,组分 i 的化学势 μ_i^0 均为已知,因此不需要通过状态方程进行计算。对于除了参考状态的其他状态,为了便于计算化学势,Gilbert N. Lewis 教授在 1905 年定义了一个新参数,即逸度。它反映了在对组分 i 的摩尔体积进行积分的过程中压力和组分组成所带来的影响。

$$\mathrm{d}\mu_i = RT\mathrm{d}(\ln\widehat{f}_i) \quad (T \text{ 和 } \boldsymbol{x} \text{ 为常数}; i = 1, \cdots, nc) \qquad (2.38)$$

式中,$\widehat{f}_i$ 为混合物中组分 i 的逸度。

式(2.38)是一个通用的定义,不受任何限制。当压力趋于零时,式(2.38)的极限值总是与式(2.37)相同,即:

$$\lim_{p \to 0} \mathrm{d}\mu_i = \overline{V}_i \mathrm{d}p = \frac{RT}{p}\mathrm{d}p = RT\mathrm{d}\ln p \quad (i = 1, \cdots, nc) \qquad (2.39)$$

$$\lim_{p \to 0} \widehat{f}_i = x_i p \rightarrow \lim_{p \to 0} RT\mathrm{d}\ln\widehat{f}_i = RT\mathrm{d}\ln(x_i p) = RT\mathrm{d}\ln p \quad (\boldsymbol{x} \text{ 为常数}; i = 1, \cdots, nc) \qquad (2.40)$$

对于纯组分来说,这个极限值对应于系统压力。因此,逸度具有压力的单位。根据式(2.38)的定义,组分 i 在任意状态下的化学势可以通过下式计算:

$$\mu_i = \mu_i^0 + RTln\left(\frac{\widehat{f_i}}{f_i^0}\right) \quad (i = 1, \cdots, nc) \tag{2.41}$$

因为 μ_i^0 和 f_i^0 均指的是任意参考状态下的参数值,与相态无关,在液相和汽相中均具有相同的数值,所以在对比组分 i 在汽相和液相中的化学势时,μ_i^0 和 f_i^0 可以自动相互抵消。鉴于此,对于达到相平衡的汽液体系,组分 i 在汽相和液相中的化学势相等就意味着该组分在汽相和液相中的逸度相等。由此可得到:

$$\mu_i^V = \mu_i^L \quad (i = 1, \cdots, nc) \tag{2.42}$$

或

$$\widehat{f_i^V} = \widehat{f_i^L} \quad (i = 1, \cdots, nc) \tag{2.43}$$

逸度系数 $(\widehat{\phi_i})$ 指的是混合物中组分 i 的逸度与同温同压下理想气体逸度的比值:

$$\widehat{\phi_i}(T,p,\boldsymbol{x}) = \frac{\widehat{f_i}(T,p,\boldsymbol{x})}{\widehat{f_i^{ig}}(T,p,\boldsymbol{x})} = \frac{\widehat{f_i}(T,p,\boldsymbol{x})}{x_i p} \quad (i = 1, \cdots, nc) \tag{2.44}$$

式中,$\boldsymbol{x} = (x_1, x_2, \cdots, x_{nc})$ 是摩尔分数向量。

保持温度 T 和摩尔分数向量 $\boldsymbol{x}$ 为常数,在从零压力极限到系统实际压力的区间上,再次对式(2.38)进行积分,可得到:

$$\mu_i = \mu_i^0 + RT\ln\frac{\widehat{f_i}(T,p,\boldsymbol{x})}{f_i^0} = \mu_i^0 + \int_0^p \overline{V}_i \mathrm{d}p \quad (i = 1, \cdots, nc) \tag{2.45}$$

将混合物视为理想气体,再次进行上述积分,可得到:

$$\mu_i^{ig} = \mu_i^0 + RT\ln\frac{\widehat{f}_i^{ig}(T,p,\boldsymbol{x})}{f_i^0} = \mu_i^0 + \int_0^p \overline{V}_i^{ig} \mathrm{d}P \quad (i = 1, \cdots, nc) \tag{2.46}$$

从式(2.45)中减去式(2.46),整理可得:

$$\ln\widehat{\phi_i}(T,p,\boldsymbol{x}) = \frac{1}{RT}\int_0^p\left(\overline{V}_i - \frac{RT}{p}\right)\mathrm{d}p \quad (i = 1, \cdots, nc) \tag{2.47}$$

从式(2.47)可以看出,当压力趋近于 0 时,混合物中的组分 i 趋近于理想气体,$\lim\limits_{p\to 0}\overline{V}_i = \frac{RT}{p}$,也即上式趋近于 0。因此,逸度系数的极限值为 1。

确定具体形式的状态方程后,就可以对式(2.47)进行积分,求得逸度系数的表达式。将式(2.44)代入式(2.43)中,作为相平衡条件的汽液相化学势相等就可以简化为:

$$\widehat{\phi}_i^V(T,p,\boldsymbol{y})y_i = \widehat{\phi}_i^L(T,p,\boldsymbol{x})x_i \quad (i = 1, \cdots, nc) \tag{2.48}$$

式中,y_i 和 x_i 分别为汽相和液相的摩尔分数。接下来,我们将深入讨论一种热力学模型,从中能够得到化学势、逸度和其他性质的本构方程以及状态方程(EoS)。

2.3　PR 状态方程

　　石油工业中应用最广泛的状态方程是由 Peng 和 Robinson 在 1976 年提出来的,因此称作 Peng – Robinson 状态方程,简称 PR 状态方程或 PR EoS。该状态方程与亥姆霍兹自由能一样, 把温度 T、体积 V 和物质的量 $\boldsymbol{n}$ 作为自然变量,把压力 p 表示为这三个变量的函数。在此之前,范德华因为提出了范德华状态方程获得了诺贝尔奖。PR 状态方程(1976)是一个立方型的经验公式,是在范德华状态方程的基础上推导出来的:

$$p = \frac{RT}{\overline{V} - b} - \frac{a(T)}{\overline{V}(\overline{V} + b) + b(\overline{V} - b)} \qquad (2.49)$$

其中, $\overline{V} = V/n$ 为摩尔体积,参数 $a(T)$ 和 b 可以通过如下经典混合规则得到:

$$a(T) = \sum_{i=1}^{nc} \sum_{j=1}^{nc} y_i y_j (a_i a_j)^{1/2} (1 - k_{ij}) \qquad (2.50)$$

$$b = \sum_{i=1}^{nc} y_i b_i \qquad (2.51)$$

其中,纯组分的 $a(T)$ 和 b 参数可由下式求出:

$$a_i(T) = 0.45724 \frac{R^2 T_{c,i}^2}{p_{c,i}} \alpha_i(T) \quad (i = 1, \cdots, nc) \qquad (2.52)$$

$$b_i = 0.07780 \frac{R T_{c,i}}{p_{c,i}} \quad (i = 1, \cdots, nc) \qquad (2.53)$$

$$\alpha_i = \left[1 + \kappa_i \left(1 - \sqrt{\frac{T}{T_{c,i}}} \right) \right]^2 \quad (i = 1, \cdots, nc) \qquad (2.54)$$

$$\kappa_i = 0.37464 + 1.5422 \omega_i - 0.26992 \omega_i^2 \quad (i = 1, \cdots, nc) \qquad (2.55)$$

　　在式(2.52)至式(2.55)中, $T_{c,i}$、$p_{c,i}$ 和 ω_i 分别为组分 i 的临界温度、临界压力和偏心因子。k_{ij} 为二元交互作用系数,它表征的是分子 i 和 j 之间的相互吸引能量(因此总是成双成对出现)。在对实验数据进行拟合的过程中,二元交互作用系数是主要的可调参数。在下文中,我们将基于 PR 状态方程[式(2.49)],通过对式(2.47)进行积分,得到逸度系数的表达式:

$$\ln \widehat{\phi}_i^{\,V} = \frac{b_i}{b^V}(Z^V - 1) - \ln\left(Z^V - \frac{p b^V}{RT}\right) - \frac{a^V}{2\sqrt{2}\, b^V RT}\left(\frac{2 \sum_{j=1}^{nc} y_j a_{ij}}{a^V} - \frac{b_i}{b^V} \right)$$

$$\ln\left[\frac{Z^V + (\sqrt{2} + 1)\dfrac{p b^V}{RT}}{Z^V - (\sqrt{2} - 1)\dfrac{p b^V}{RT}} \right] \quad (i = 1, \cdots, nc) \qquad (2.56)$$

$$\ln \widehat{\phi}_i{}^{\mathrm{L}} = \frac{b_i}{b^{\mathrm{L}}}(Z^{\mathrm{L}} - 1) - \ln\left(Z^{\mathrm{L}} - \frac{pb^{\mathrm{L}}}{RT}\right) - \frac{a^{\mathrm{L}}}{2\sqrt{2}\, b^{\mathrm{V}} RT}\left(\frac{2\displaystyle\sum_{j=1}^{nc} y_j a_{ij}}{a^{\mathrm{L}}} - \frac{b_i}{b^{\mathrm{L}}}\right)$$

$$\ln\left[\frac{Z^{\mathrm{L}} + (\sqrt{2} + 1)\dfrac{pb^{\mathrm{L}}}{RT}}{Z^{\mathrm{L}} - (\sqrt{2} - 1)\dfrac{pb^{\mathrm{L}}}{RT}}\right] \quad (i = 1, \cdots, nc) \tag{2.57}$$

式中,Z^{V} 和 Z^{L} 分别为汽相和液相的压缩因子。如果给定汽相和液相的 T、p 和 $\boldsymbol{n}$,通过求解状态方程可以得到摩尔体积 $\overline{V}$,进而通过关系式 $Z = p\overline{V}/(RT)$ 自动确定 Z 值。

2.4　汽—液相平衡计算

　　第 1 章中讲述了差异分离实验。在每一个实验步骤,流体均达到了汽—液平衡状态。本节提出用于汽—液相平衡计算的方程。为了能够准确模拟储层流体的热力学动态,所采用的状态方程需要能够合理预测流体的 PVT 特性。储层流体的热力学动态反过来又必须尽可能准确地保证在每一个相态平衡实验步骤中各组分在汽相和液相中的化学势彼此相等。闪蒸是一种单元操作。通过该操作,在达到相平衡后,各组分由于挥发性的差异而彼此分离。对液体混合物进行加热或降压操作可以促使汽相出现,这时候就会达到平衡状态。或者,类似地,对气态混合物进行降温或升压操作直至产生凝析液,也会达到相平衡状态。再或者,通过对反凝析气进行降压直至产生凝析液,也可以达到相平衡状态。无论是哪一种情况,流体组分虽然会在汽相和液相中重新分配,但其总的组成不变,而且必须遵守物质守恒定律。图 2.2 给出了对摩尔数量 F(F 为任意值)的流体进行闪蒸单元操作的示意图。

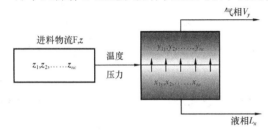

图 2.2　单次闪蒸平衡实验
总组成为 z(不要与压缩系数 Z 混淆)的流体 F 在汽相 V(组分组成为 y)和液相 L(组分组成为 x)中的分布

　　如果以摩尔单位为基础,则组分 i 的物质守恒方程为:

$$Fz_i = Vy_i + Lx_i \quad (i = 1, \cdots, nc) \tag{2.58}$$

通过定义汽化率 $\beta = V/F$,可得到:

$$z_i = \beta y_i + (1 - \beta)x_i \quad (i = 1, \cdots, nc) \tag{2.59}$$

　　此外,鉴于液相和汽相中各组分的化学势均相同,可得到式(2.48)所示的关系式。式(2.59)和式(2.48)代表了 $(nc - 1) + nc = 2nc - 1$ 个方程,组成一个方程组。其中变量是 x_i、y_i 和 β,也即存在 $(nc - 1) + (nc - 1) + 1 = 2nc - 1$ 个未知数。因此,系统没有任何自由度,可以进行求解。

　　有些模拟器可能会借助于广延属性——物质的量求解物质守恒方程。与强度属性——摩尔分数不同的是,各组分的物质的量彼此互不依赖,因此可得:

$$N_i = n_i^L + n_i^V \quad (i = 1, \cdots, nc) \tag{2.60}$$

鉴于此，$z_i = \dfrac{N_i}{\sum\limits_{k=1}^{nc} N_k}$，$x_i = \dfrac{n_i^L}{\sum\limits_{k=1}^{nc} n_k^L}$ 和 $y_i = \dfrac{n_i^V}{\sum\limits_{k=1}^{nc} n_k^V}$。

在这种情况下，方程组包含 $2nc$ 个方程。其具有的未知数也为 $2nc$ 个，分别为 n_i^L 和 n_i^V（其中 $i = 1, \cdots, nc$）。求解方程后，然后可通过 $\beta = \sum\limits_{i=1}^{nc} n_i^V \Big/ \sum\limits_{i=1}^{nc} N_i$ 计算汽化率。

当然，这两种计算方法的结果是一样的。建议优先考虑前一种方法，即用强度属性摩尔分数作为变量的那一种方法。Rachford 和 Rice 在 1952 年提出一套估计参数初始值的步骤。得到初始值后，可利用稳健算法对式（2.48）和式（2.59）同时进行求解。这几个作者选择了分开求解的方法。即便其中一个参数的迭代还远离其数值解，但其收敛速度会很快。

定义组分 i 的平衡常数、平衡比或分配系数如下：

$$K_i = \frac{y_i}{x_i} = \frac{\hat{\phi}_i^L(T, p, \boldsymbol{x})}{\hat{\phi}_i^V(T, p, \boldsymbol{y})} \quad (i = 1, \cdots, nc) \tag{2.61}$$

然后把式（2.61）代入式（2.59）中，则有：

$$z_i = \beta K_i x_i + (1 - \beta) x_i \quad (i = 1, \cdots, nc) \tag{2.62}$$

把式（2.62）右侧的 x_i 提取出来，重新整理可得：

$$x_i = \frac{z_i}{1 + \beta(K_i - 1)} \quad (i = 1, \cdots, nc) \tag{2.63}$$

再次将平衡常数的定义式（2.61）代入式（2.63）中，可得到：

$$y_i = \frac{K_i z_i}{1 + \beta(K_i - 1)} \quad (i = 1, \cdots, nc) \tag{2.64}$$

已知 $\sum\limits_{i=1}^{nc} y_i = 1$ 和 $\sum\limits_{i=1}^{nc} x_i = 1$，因此将所有组分的式（2.63）和式（2.64）分别进行求和，二者相减，从而得到：

$$\sum_{i=1}^{nc} y_i - \sum_{i=1}^{nc} x_i = \sum_{i=1}^{nc} \frac{z_i(K_i - 1)}{1 + \beta(K_i - 1)} = f(\beta) = 0 \tag{2.65}$$

如果平衡常数的初始值距离真实值较近，那么式（2.65）就变为仅是 β 的函数（β 必须在 0 和 1 之间）。然后可以通过诸如牛顿 – 拉尔森（Newton – Raphson）方法来求解 β。Wilson 在 1969 年提出了一个估计平衡常数初始值的关系式。式中不含组分组成。该式适用于碳氢化合物：

$$\ln K_i = 5.37(1 + \omega_i)\left(1 - \frac{T_{ci}}{T}\right) + \ln\left(\frac{p_{ci}}{p}\right) \quad (i = 1, \cdots, nc) \tag{2.66}$$

一旦确定了汽化率β,分别通过式(2.63)和式(2.64)就可以计算摩尔分数x_i和y_i。接下来将计算得到的x_i和y_i代入逸度系数表达式[式(2.61)]中求出平衡常数的新值,然后再次代入式(2.65)求解β的新值,直到达到预期的收敛条件。

式(2.65)就是所谓的Rachford-Rice方程。求解该方程的方法称为连续替代法。在一些模拟器中,如前所述,如果赋给β、x_i和y_i的初始值适当,用连续替代法就能够满足严苛的收敛条件,然后可通过稳健的方法(例如牛顿法)对式(2.59)和式(2.48)同时成功地进行求解。图2.3显示了连续替代法的算法框图。

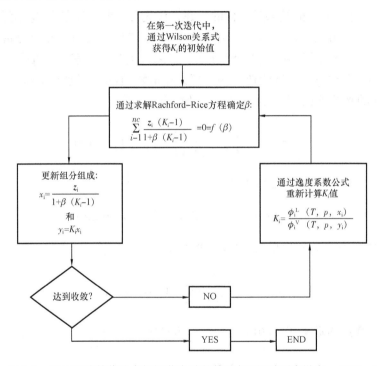

图2.3　通过连续替代法求解闪蒸实验的算法框图(需预先设定z、T和p)

差异分离由一系列的闪蒸操作组成。其中每一个实验步骤所用混合物的组分组成均与前一步骤中PVT仪内剩余混合物的组分组成一致。如果给定60℉下闪蒸实验的残余油体积,就可以通过上述算法计算所有实验步骤中流体性质,并与实验数据进行拟合对比。然后,对状态方程的一些参数进行调整使目标函数达到最小值,即理论计算值与差异分离实验中每个实验点数值的均方误差之和达到最小值(此处不考虑实验误差;附录E中有更为详细的论述)。

2.5　基于PVT分析的状态方程拟合

无论选用哪一个状态方程,参数拟合的第一步都是准确模拟储层流体的组分组成。如前所述,对差异分离实验得到的脱气油和脱出气分别进行色谱分析即可得到油气的组分组成。然后根据气油比的大小,通过物质平衡方法即可求得储层流体的组分组成。理论上把高压储层流体样品直接放进色谱仪中进行分析即可得到其组分组成。但该操作在实际上不可行,所以只能首先分别确定大气压条件下的脱气油和脱出气的组分组成,然后间接计算储层温度和压力条件下流体的组分组成。

如果根据气油比 GOR 能够计算出汽化率 β，则可通过式(2.59)进一步计算得到摩尔分数 z_i。气油比 GOR 指的是体积之比，而汽化率 β 指的是物质的量之比，二者之间可以通过下式进行转换：

$$\text{GOR} = \frac{标准条件下气体体积}{标准条件下油体积} \tag{2.67}$$

$$\beta = \frac{n_气}{n_气 + n_油} \tag{2.68}$$

这里需要定义所谓的摩尔气油比：

$$\text{GOR}_{\text{molar}} = \frac{n_气}{n_油} \tag{2.69}$$

比较式(2.69)与式(2.68)，可发现：

$$\beta = \frac{\text{GOR}_{\text{molar}}}{\text{GOR}_{\text{molar}} + 1} \tag{2.70}$$

考虑到闪蒸实验得到的气体在标准条件下可视为理想气体，则为了根据体积气油比计算摩尔气油比，需要给体积气油比的分子乘以一个系数 $p_{\text{std}}/(RT)$。为了把脱气油的体积转换为物质的量，其体积必须首先乘以其密度(根据 API 重度可以很容易计算密度)，然后再除以其摩尔质量(根据冰点降低测定实验可以得到)。如此可得摩尔气油比的计算公式为：

$$\text{GOR}_{\text{molar}} = \text{GOR}\, \frac{p_{\text{std}}/(RT)}{(\rho_{\text{o,std}}/M_{\text{o}})} \tag{2.71}$$

式中，p_{std} 和 $\rho_{\text{o,std}}$ 分别为标准条件下的压力和脱气油密度；M_{o} 为脱气油的摩尔质量。

原油的色谱图与其蒸馏曲线类似。在色谱分析过程中，挥发性越强且分子极性越弱的烃类组分会越早脱离色谱柱，因为它们与强极性色谱基质之间的吸引力较弱。峰值面积的解释方法并不复杂：将正链烷烃在色谱柱中的滞留时间制成表格形式，并在设备中进行校正，然后可以很容易识别出它们的峰值。轻烃组分(从甲烷至正戊烷)的峰值也同样容易识别。从 C_6 开始，同分异构体的数目开始急剧增加。把两个连续正链烷烃对应峰值之间的所有峰值合并成一个拟组分。该拟组分含有的碳数等于后一个正链烷烃所含有的碳数。图 2.4 所示为某一段节选的色谱图。文献 Folsta 等(2010)提出的状态方程拟合方法中用到了该图。举个例子进行说明。拟组分 C_9 的质量分数等于正链烷烃 C_8(不包含在内)和正链烷烃 C_9(包含在内)对应峰值之间

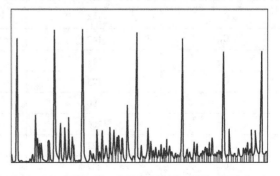

图 2.4 凝析气部分色谱图

在图中可以通过滞留时间来定位正链烷烃对应的峰值。正链烷烃对应峰值之间的所有小峰值就构成了表 2.1 所示的拟组分。图片改编自 Folsta, K. C. B. M., Camargo, G. M. and Espósito, R. O., Gas condensate characterization from chromatogram areas and retention times, Fluid Phase Equilib., 292, 1 - 2, 第 87 - 95 页, 2010

的所有峰值面积之和,然后再除以整个色谱图中所有峰值面积的总和。所有峰值面积的总和也需要通过所谓的外部色谱标准样品进行校正。这个外部色谱标准样品其实是一种组分组成已知的混合物(例如蒸馏馏分)。先把外部色谱标准样品注入色谱仪中,然后再注入待测流样。通过这种方法,实际实验中可以不用等到 C_{20+} 拟组分(即碳原子大于 20 个的组分混合物)脱离色谱柱,只需要计算出待测流样和色谱标准样品之间的差异即可确定该拟组分的质量分数。色谱分析实验的具体细节不在本书内容之列。可参考 McCain(1990)、Danesh(1998) 和 Folsta 等(2010)的著作。

表2.1 给出了从 C_6—C_{19} 拟组分所具有的平均性质。文献 Katz 和 Firoozabadi(1978)的研究中详细说明了如何基于脱气油中不同烃馏分的分析测试结果计算这些性质的过程。为了使用方便,把储层流体组分进一步合并成为数不多的几个拟组分。这些拟组分的摩尔分数列于表2.2 中。在进行合并之前,从脱气油的总质量中减去 C_6—C_{19} 拟组分的质量之和,然后再除以 C_{20+} 拟组分的摩尔分数,即可得到其摩尔质量。C_6—C_{19} 拟组分的分子质量见表2.1。C_{20+} 拟组分的密度也可以通过同样的方法进行计算。实验脱气油的 API 重度以及 C_6—C_{19} 拟组分的相对密度已知,从脱气油的总质量中减去 C_6—C_{19} 拟组分的质量之和,然后再除以 C_{20+} 拟组分的体积,即可得到其密度。C_6—C_{19} 拟组分的密度也列于表2.1 中。把气油比 GOR 转换为汽化率 β 后,就可以通过式(2.62)直接计算出储层流体的组分组成。组分合并之后得到一些新的拟组分。每一个新拟组分对应着数目不等的合并前的组分。将这些合并前的组分的基本性质乘以各自的摩尔分数,然后求和,即可得到新拟组分的基本性质。合并前各组分的基本性质见表2.1。

表2.1 根据 Katz 和 Firoozabadi(1978)方法得到的拟组分基本性质

组分	摩尔质量 M(g/mol)	60 ℉密度(g/cm³)	平均沸点(℉)
C_6	84	0.685	146.93
C_7	96	0.727	199.13
C_8	107	0.749	242.33
C_9	121	0.768	289.13
C_{10}	134	0.782	330.53
C_{11}	147	0.793	370.13
C_{12}	161	0.804	407.93
C_{13}	175	0.815	442.13
C_{14}	190	0.826	476.33
C_{15}	206	0.836	510.53
C_{16}	222	0.843	542.93
C_{17}	237	0.851	571.73
C_{18}	251	0.856	595.13
C_{19}	263	0.861	616.73
C_{20}	275	0.866	641.93
C_{21}	291	0.871	663.53
C_{22}	300	0.876	686.93

续表

组分	摩尔质量 M(g/mol)	60℉密度(g/cm³)	平均沸点(℉)
C_{23}	312	0.881	706.73
C_{24}	324	0.885	726.53
C_{25}	337	0.888	748.13
C_{26}	349	0.892	766.13
C_{27}	360	0.896	784.13
C_{28}	372	0.899	802.13
C_{29}	382	0.902	816.53
C_{30}	394	0.905	834.53
C_{31}	404	0.909	850.73
C_{32}	415	0.912	866.93
C_{33}	426	0.915	881.33
C_{34}	437	0.917	985.73
C_{35}	445	0.920	908.33
C_{36}	456	0.922	922.73
C_{37}	464	0.925	933.53
C_{38}	475	0.927	947.93
C_{39}	484	0.929	958.73
C_{40}	495	0.931	973.13
C_{41}	502	0.933	982.13
C_{42}	512	0.934	992.93
C_{43}	521	0.936	1003.73
C_{44}	531	0.938	1018.13
C_{45}	539	0.940	1027.13

资料来源:转自 Firoozabadi,A.,1999. Thermodynamics of Hydrocarbon Reservoirs. McGraw Hill,New York。

表2.2 对闪蒸流体的色谱分析结果进行组分合并后得到各拟组分在储层流体中的总组成

CO_2 摩尔分数(%)	0.2	C_{13}—C_{19}摩尔分数(%)	12.0
C_1 摩尔分数(%)	43.0	C_{20+}摩尔分数(%)	21.1
C_2 摩尔分数(%)	2.2	C_{20+} 摩尔质量	573
C_3—C_4 摩尔分数(%)	2.8	C_{20+} 相对密度	0.9709
C_5—C_7 摩尔分数(%)	5.9	闪蒸 GOR(m³/m³)	62.71
C_8—C_{12}摩尔分数(%)	12.7	API 重度(°API)	22.87

表2.1 中列出了 C_{20+} 拟组分的三个基本性质,即摩尔质量、密度和平均沸点。鉴于这三个基本性质之间存在关联性,只需给定某一组分的任意两个性质就可求出其临界性质和偏心因

子,然后就可通过状态方程对组分进行描述。例如,Riazi 和 Daubert 在 1987 年提出了一个关于摩尔质量、密度和平均沸点的关联式:

$$M = 42.965 \left(\frac{T_B}{1.8} \right)^{1.26007} (d_{60/60})^{4.98308} \times$$

$$\exp\left[2.097 \times 10^{-4} \left(\frac{T_B}{1.8} \right) - 7.78712 d_{60/60} + 2.08476 \times 10^{-3} \left(\frac{T_B}{1.8} \right) d_{60/60} \right] \quad (2.72)$$

式中,T_B 采用的是兰氏温度;$d_{60/60}$ 为在 60℉时的组分相对密度。

在公开文献中可以找到多种经验公式,用于通过基本性质计算临界性质。其中,计算精度最高的为 Cavett 在 1962 年推出的公式:

$$T_c = 768.071 + 1.7134 T_B - 0.0010834 T_B^2 + 0.3889 \times 10^{-6} T_B^3 - 0.0089213 T_B \text{API} +$$

$$0.53095 \times 10^{-5} T_B^2 \text{API} + 0.32712 \times 10^{-7} T_B^2 \text{API}^2 \quad (2.73)$$

$$\lg p_c = 2.829 + 0.9412 \times 10^{-3} T_B - 0.30475 \times 10^{-5} T_B^2 + 0.15141 \times 10^{-8} T_B^3 -$$

$$0.20876 \times 10^{-4} T_B \text{API} + 0.11048 \times 10^{-7} T_B^2 \text{API} + 0.1395 \times 10^{-9} T_B^2 \text{API}^2 -$$

$$0.4827 \times 10^{-7} T_B \text{API}^2 \quad (2.74)$$

式中,T_B 采用的是华氏温度;T_c 采用的是兰氏温度;p_c 的温度单位为 psia。

式(1.1)表述的是在 60℉($d_{60/60}$)条件下组分相对密度与 API 重度的关系:

$$\text{API} = \frac{141.5}{d_{60/60}} - 131.5 \quad (2.75)$$

得到组分的临界温度和临界压力后,可以通过经验公式进一步计算出偏心因子。如 Kesler 和 Lee 在 1976 年提出的经验公式:

$$\omega = \frac{\ln p_{Br} - 5.92714 + \dfrac{6.09649}{T_{Br}} + 1.28862 \ln T_{Br} - 0.169347 T_{Br}^6}{15.2518 - \dfrac{15.6875}{T_{Br}} - 13.4721 \ln T_{Br} + 0.43577 T_{Br}^6} \quad (T_{Br} < 0.8) \quad (2.76)$$

$$\omega = -7.904 + 0.1352 K_W - 0.007465 K_W^2 + 8.359 T_{Br} + \frac{1.408 - 0.01063 K_W}{T_{Br}} \quad (T_{Br} > 0.8)$$

$$(2.77)$$

式中, $T_{Br} = T_B / T_c$;$p_{Br} = p_{atm} / p_c$; K_W 为 Watson 特性因子,由 $K_W = T_B^{1/3} / d_{60/60}$ 求出;T_B 采用的是兰氏温度。

得到临界温度、临界压力和偏心因子后即可通过状态方程进行最简单的流体描述。

对于 C_{20+} 拟组分,因为表 2.1 中没有列出其临界温度、临界压力和偏心因子,只能通过计算间接得到,即从实验测定的脱气油性质(API 重度和摩尔质量)减去除了 C_{20+} 拟组分之外其他所有组分的性质。C_{20+} 拟组分的平均沸点也可以通过数值解法对式(2.72)进行求解得到。通过式(2.73)至式(2.77)可以得到准确度较高的临界温度 T_c、临界压力 p_c 和偏心因子 ω 初始估计值。

显然，表2.1中列出的组分基本性质并不准确。而且对于不同的油气流体，这些基本性质的取值并不是固定不变的。一个值得注意的有趣现象是，与近似的正链烷烃相比，如果馏分的芳香烃含量越高，密度就会越大，摩尔质量就会越低。例如，尽管苯的摩尔质量小于正己烷，但其密度却大于正己烷。图2.5清楚地显示了密度的这种变化规律。

利用状态方程预测流体组分的性质会存在误差。这种预测误差会给相平衡热力学计算带来不确定性。鉴于 C_{20+} 拟组分所有的基本性质（包括摩尔分数）都是通过做减法而间接计算得到的，有理由认为最大的不确定性在于对合并后重质组分的描述不够准确，因为测试过程中这个重质组分甚至还没有从色谱柱上分离。根据经验可知，随着摩尔质量的增加，重质组分的临界温度和偏心因子会呈现出增加的趋势，而临界压力则呈现出降低的趋势。为了拟合 PVT 分析的实验数据，必须对这些基本性质的初始估计值进行调整。从直觉上来说，为了与连续闪蒸实验得到的 PVT 性质相吻合，C_{20+} 拟组分的临界性质、体积偏移（后文会进行讨论）以及二元交互作用系数都在可调参数之列。

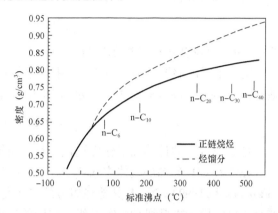

图2.5 正链烷烃的密度与 $60\,^\circ\!\mathrm{F}$ 条件下通过蒸馏得到的烃馏分（虚拟组分）的密度对比

图片改编自 Firoozabadi, A. ,1999. Thermodynamics of Hydrocarbon Reservoirs. McGraw Hill , New York

通过 Cavett 经验公式，基于表2.1中列出的组分基本性质，可计算不同摩尔质量对应的临界温度和临界压力。图2.6和图2.7分别给出了临界温度和临界压力随着组分摩尔质量的变化趋势。公开的研究文献中还提出了许多不同的经验公式，均可基于基本性质对临界性质和偏心因子进行计算。Naji 在 2010 年对这些经验公式进行了深入对比。Firoozabadi 在 1999 年通过作图对其他经验公式的计算结果与一些实验结果进行了对比。

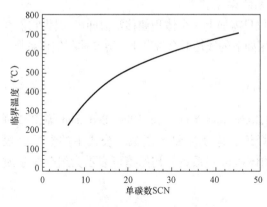

图2.6 基于表2.1中列出的基本性质，通过 Cavett 经验公式计算得到临界温度与单碳数的关系

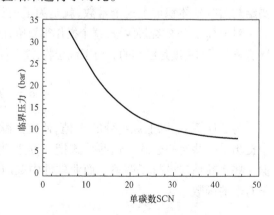

图2.7 基于表2.1中列出的基本性质，通过 Cavett 经验公式计算得到临界压力与单碳数的关系

除了上述 C_{20+} 拟组分的可调参数之外,也可以对状态方程的其他参数进行调整。随着烃组分摩尔质量的增加,分子极性增强,导致分子间的排斥力增加,使得甲烷与其他烃组分之间的二元交互作用系数 $k_{C_1-C_n}$ 也随之增加。尽管与重质组分相比,甲烷与其他烃类之间的排斥力仍然相对较小,但这个趋势一直成立。$k_{C_1-C_n}$ 的取值必须与这个趋势保持一致。通常情况下,$k_{C_1-C_n}$ 与烃组分摩尔质量存在线性关系:

$$k_{C_1-C_n} = A + BM_{C_n} \tag{2.78}$$

式中,M_{C_n} 为烃组分 C_n 的摩尔质量。

对于不同的储层流体,式(2.78)中的常数项需要取不同的数值。为了计算 $k_{C_1-C_n}$ 的初始估计值,Arbabi 和 Firoozabadi 在 1995 年提出了如下的经验公式:

$$k_{C_1-C_n} = 0.0289 + 0.0001633M_{C_n} \tag{2.79}$$

把式(2.79)的计算结果作为迭代过程的初始估计值,有助于对 PR 状态方程进行求解。

在含有 CO_2 的储层流体中,CO_2 与甲烷的二元交互作用系数($k_{CO_2-C_1}$)在 0.15 左右变化(Firoozabadi,1999),CO_2 与其他烃组分的二元交互作用系数随着烃组分的摩尔质量的增加而减小。可利用下式得到 CO_2 与烃组分之间的二元交互作用系数的初始估计值:

$$k_{CO_2-C_n} = 0.1515 - 0.0002M_{C_n} \tag{2.80}$$

Peneloux 等最初在 1982 年提出,在利用状态方程对实验数据进行拟合的过程中,可调整体积偏移系数的大小。这是一个非常有趣的可调参数。它的调整对状态方程的预测结果影响较大。这些作者注意到,在计算室温下液态纯烃组分的密度时,立方型状态方程会产生系统误差。他们提出一个求和型常数用于解释该系统误差。该常数往往随着烃组分摩尔质量的增加而增加。其表达式如下:

$$v_{i.\,cor} = v_{i.\,EOS} + c_i \quad (i = 1, \cdots, nc) \tag{2.81}$$

式中,$v_{i.\,EOS}$ 为状态方程初次迭代计算得到的摩尔体积;c_i 为纯组分 i 的体积偏移系数。之所以要给初始摩尔体积加上这个常数,就是为了消除系统误差。

对于 C_6 以下的纯烃组分,这个操作很简单,仅仅只需加上一个体积偏移常数即可,因为它们在环境条件下的密度是已知的。对于混合物,需要使用如下的线性混合规则来计算其体积偏移系数:

$$c = \sum_{i=1}^{nc} x_i \, c_i \tag{2.82}$$

为了计算 C_6 以上烃组分的 c_i 值,研究文献(Jhaveriand Youngren,1984;Pedersen 等,2014)中提出了一些经验公式。这些公式把 c_i 值视为烃组分摩尔质量的函数。公式中的参数已根据一些实际情况进行了调整。商业软件中取用的体积偏移系数的初始值可表示为组分摩尔质量对数的函数:

$$\frac{c_i}{b_i} = 0.0887\ln M_i - 0.4668 \quad (i = 1, \cdots, nc) \tag{2.83}$$

式中,b_i 的定义参见与 PR 状态方程[式(2.53)]。

　　需要强调的重要一点是 Peneloux 提出的体积偏移系数不会改变饱和压力或平衡状态下汽液相的组分组成,而只会改变汽液相所占据的体积(Peneloux 等,1982;Zabaloyand Brignole,1997)。体积偏移系数是一项重要的参数,有助于准确地预测与体积相关的流体性质(比如岩石孔隙内的流体饱和度)甚至准确设计地面设备。

　　如果杂质组分如 CO_2、N_2 或 H_2S 的浓度较高,这些组分的体积偏移系数或者它们与烃组分之间的二元交互作用系数可能就会显得非常重要。当 CO_2 处于低压(不超过 250bar)时,其体积偏移系数取 0.2569 可以准确计算 CO_2 的密度。在更高的压力下,CO_2 的体积偏移取 -0.0718 可得到更高的计算精度。

　　在有些情况下,可能需要对 C_{20+} 拟组分进行辟分或者对其他拟组分进行合并,这时候就需改变回归拟合的变量数目。对于注水油藏,如果压力高于泡点压力,则注入水并不会改变原油中的组分组成。这种情况下,只需要根据合适的初始估计值对 C_{20+} 拟组分的临界温度、临界压力和二元交互作用系数进行调整,就可以在数值模拟过程中准确地预测流体的热力学特性。然而,如果采用注气开发方式,注入气会改变储层流体的组分组成,从而使之趋近于临界流体甚或转变成为凝析气或湿气。在注气井的近井地带,微量的重质组分就会影响流体的某些性质,比如露点压力和凝析液密度等。在这种情况下,需要按照实际的注气浓度进行注气膨胀试验。在进行数值回归时需要把该试验结果作为拟合目标函数之一。在溶解了注入气后,膨胀流体的饱和压力从泡点压力逐渐转变为露点压力。正是因为这种在临界点附近的相态转变增加了注气膨胀试验的复杂性。换句话说,在相态模拟中,当压力远高于实际的露点压力时,摩尔质量刚刚高于 C_{20} 的一些组分就会凝析成液。实际上,如果没有注气,这些组分本来会长时间以气态的形式存在。而它们能够转为液相,只是因为在合并组分时把它们归属为碳数更高的重质组分。这样就会使计算出的凝析液偏多。鉴于此,有必要对 C_{20+} 拟组分先进行辟分,然后再进一步把碳数更高的重质组分进行合并。文献中可以找到多种组分合并及辟分方法,它们的应用效果都差不多(例如,Whitson,1983;Shibata 等,1987;Pedersen 等,2014)。下文将列举两个真实案例,包括一个注水案例和一个注气案例。在注气案例中,将详细介绍 Shibata 等在 1987 年提出的组分辟分/合并方法。Rochocz 等在 1997 年对该方法进行了优化,Espósito 等在 2000 年进行了实例应用。

2.6　例 2.1:对表 2.2 中所列储层流体的差异分离实验进行拟合

　　获得表 2.2 中所列储层流体的基本性质后,可以通过相关公式,例如式(2.73)至式(2.77)或者 Naji(2010)综述文献中的其他任何公式,计算出表 2.2 中所列出的 C_6—C_{19} 组分的临界性质和偏心因子。为了计算 C_{20+} 拟组分的初始估计值,需要从表 2.2 中查到该组分的摩尔质量和 API 重度 $d_{60/60}$:分别为 573g/mol 和 0.9709。通过式(2.72)可以计算得到 C_{20+} 拟组分的沸点值,即 1481.9R = 549.9K。然后利用式(2.73)至式(2.77)进一步计算得到 C_{20+} 拟组分的临界温度 T_c、临界压力 p_c 和偏心因子 ω。

　　表 2.1 中列出的是各组分的平均性质。这些性质的大小均较为确定。相对来说,由于具有更强的芳香族或石蜡族组分特性,所以拟组分的基本性质具有较高的不确定性。这些不确定性全部集中在 C_{20+} 拟组分上。鉴于此,需要把上述通过相关公式计算得到的 C_{20+} 拟组分的临界性质的数值作为初始估计值,然后通过数值回归拟合确定其最终的临界性质。与此同时,

可通过相关公式,如文献 Arbabi 和 Firoozabadi(1995)中提出的公式,计算得到甲烷与其他拟组分之间的二元交互作用系数作为基准值,在此基础上再进行调整。此外,还可以对由式(2.83)估算得到的体积偏移系数与上述的其他参数一起进行优化。

图 2.8 至图 2.10 对比显示了回归拟合前后的一些 PVT 特性结果。状态方程预测的均是与体积相关的性质,而黏度与体积无关。因此,只需在对状态方程中与体积相关的参数进行拟合之后,再对适用经验关系式中的参数进行调整,从而实现对黏度的拟合。文献 Pedersen 等(2014)评述了用于计算黏度的两个常用关系式,即 Lohrenz – Bray – Clark(LBC)和 Corresponding States Principle(CSP)。LBC 公式如式(2.84)至式(2.87)所示。CSP 公式如式(2.88)所示。LBC 和 CSP 的函数形式都很长。相对来说,前者的可调参数(包括临界体积)比后者更多一些。正因为这个原因,在描述流体黏度时,人们更愿意采用 LBC 公式,尽管 LBC 的经验性更强而 CSP 的理论性更强。考虑到在利用达西定律计算流动速度过程(详见第 4 章)中黏度所具有的重要性,建议读者在进行计算机编程时仔细阅读 Pedersen 等(2014)所著书籍的第 10.1节。由于组分基本性质计算和黏度计算均需用到组分的临界性质,强烈建议首先进行状态方程拟合,然后再进行黏度拟合。这里利用 CSP 公式对例 2.1 中所述流体的黏度进行回归,其结果如图 2.11 所示。

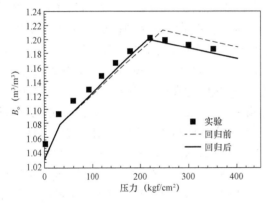

图 2.8 对例 2.1 中所述流体的原油体积系数 B_o 进行回归前后的对比

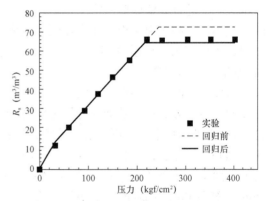

图 2.9 对例 2.1 中所述流体的溶解气油比 R_s 进行回归前后的对比

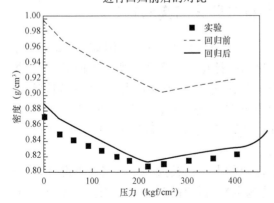

图 2.10 对例 2.1 中所述流体的原油密度 进行回归前后的对比

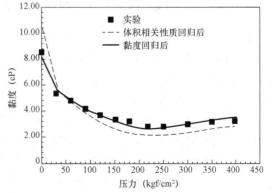

图 2.11 对例 2.1 中所述流体的黏度进行回归前后的对比(对体积相关性质进行优化后再进行黏度回归)

$$\left[(\mu - \mu^0)\varepsilon + 10^{-4}\right]^{0.25} = a_0 + a_1\rho_r + a_2\rho_r^2 + a_3\rho_r^3 + a_4\rho_r^4 \tag{2.84}$$

$$\rho_r = \frac{\rho}{\rho_c} = \frac{v_c}{v}\left[v_c = \left(\sum_{i=1}^{nc} x_i v_{c,i}^\alpha\right)^{1/\alpha}\right] \tag{2.85}$$

$$\varepsilon = \frac{T_c^{1/6}}{M^{1/2}p_c^{2/3}}, \mu^0 = \frac{34 \times 10^{-8} T_r^{0.94}}{\varepsilon} \quad (T_r < 1.5) \tag{2.86}$$

$$\mu^0 = \frac{17.78 \times 10^{-8}(4.58T_r - 1.67)^{5/8}}{\varepsilon} \quad (T_r > 1.5) \tag{2.87}$$

$$\mu^{mix}(T,p) = \left(\frac{T_c^{mix}}{T_{c0}}\right)^{-1/6}\left(\frac{p_c^{mix}}{p_{c0}}\right)^{2/3}\left(\frac{M^{mix}}{M_0}\right)^{1/2}\left(\frac{\alpha^{mix}}{\alpha_0}\right)\mu_0(T_0,p_0) \tag{2.88}$$

式中,上标 mix 指的是混合物,其他参数详见 Pedersen 等(2014)的研究文献。

2.7 例 2.2:根据注气膨胀试验进行 PVT 分析

在油藏开发过程中,通过向储层内回注能够与原油形成混相的气体,可以使油气混合物在模拟区域的某一点处达到其临界点。一次接触混相指的是注入气体以任意比例与储层原油混合后均可形成单一流体相。在多次接触混相过程中,注入气的浓度较高无法在注气井的近井地带形成混相,但是传质现象的存在会使油气混合物在注采井间的某一点处达到其临界点,从而使得汽液之间的相界面消失,形成混相。达到混相状态后,汽液相间的界面张力趋近于 0。理论上,这种状态下的原油采收率会更高。在实际的模拟过程中,注入气在储层中的波及范围有限,对临界点附近流体性质的预测存在数值误差,流体相对渗透率曲线存在较大的不准确性。这些因素均会对模拟结果造成影响。通过注气膨胀试验可以测定不同注气比例下油气混合物在 PVT 筒中的体积变化。鉴于此,需要通过数值回归对注气膨胀试验结果进行拟合。注气膨胀试验、恒质膨胀试验以及差异分离试验并不能精确模拟多孔介质中的油气流动,因为试验过程中 PVT 筒里不同位置处的流体具有相同的组分组成。而在三维的实际储层中,流体的组分组成随位置而变化,与 PVT 筒内的流体存在很大差异。尽管如此,如果通过相态拟合可以再现封闭 PVT 筒中的注气膨胀试验结果,那么可以认为拟合后的状态方程确实能够很好地描述流体体积随压力、温度和组分组成的动态变化。

表 2.3 列出了某种储层流体样品的组分组成范围。很可能是因为其中的 CO_2 含量很高,所以该储层流体被认为属于挥发油。这里采用立方型状态方程对注气膨胀试验中从泡点压力向露点压力转变的这一过程进行拟合。但是在临界点附近的拟合精度会降低。可能的最好方法是,只要回归过程涉及气体,就对 C_{20+} 拟组分进行辟分。这样做的目的是为了更好地表征当压力趋近于露点压力时那些会凝析成液的组分。在这个算例中,从 C_{20} 开始,烃组分的摩尔分数呈指数衰减,如文献 Shibata 等(1987)所述:

$$F(I) = Ce^{-DI} \tag{2.89}$$

式中,I 为分布变量,即单碳数(这种方法认为单碳数是连续分布变量);C 为归一化的常数;D 为表征衰减强度的另一个常数,其值大小取决于 I 的分布均值。对于 C_{20+} 拟组分,参数 D 反过来与其平均摩尔质量有关。

表 2.3 为本例中注气膨胀试验所用储层流体和注入气体的近似组分组成。C_{20+} 拟组分的摩尔质量和密度分别为:$559g/mol$ 和 $0.9512g/cm^3$。设置上下两个积分节点,采用文献 Shibata 等(1987)的方法对组分进行辟分。

表 2.3 储层流体和注入气体的近似组分组成

虚拟组分	摩尔质量 M(g/mol)	组分组成范围[%(摩尔分数)]	
		储层流体	注入气体
CO_2	44	35～39	43～46
N_2—CH_4	16	34～38	42～45
C_2—nC_5	45	10～13	9～11
C_6—C_{12}	121	4～8	0
C_{13}—C_{19}	215	2～4	0
$QC_{28.9}$	490	2～4	0
$QC_{62.7}$	780	1～2	0

注:通过闪蒸试验得到的气油比 GOR 和 API 重度分别为 $442m^3/m^3$ 和 $27°API$。

小数形式的碳数(28.9 和 62.7)指的是 C_{20+} 拟组分进一步膨胀后得到的虚拟组分,将在后文予以详述。

根据变量分布的定义,单碳数在 I 和 $I+DI$ 之间的组分所占的摩尔分数可通过式(2.90)计算得到:

$$X(I) = \frac{Ce^{-DI}dI}{\int_\eta^\phi Ce^{-DI}dI} \tag{2.90}$$

式中,ϕ 为单碳数分布的最大值(该值大小取决于分析人员的解释,将在本例后面讨论);η 为单碳数分布的最小值,即分布区间的起点,此处 $\eta=20$。

常数 C 可以通过归一化单碳数分布区间得以确定。常数 D 可以通过计算单碳数在分布区间内的平均值(也即,平均单碳数)得以确定。平均单碳数可进一步通过下式根据拟组分的摩尔质量(在本例中摩尔质量为 $559g/mol$)进行计算得到(Katz 和 Firoozabadi,1978;Espósto 等,2000):

$$\bar{I} = \frac{\bar{M}+4}{14} \tag{2.91}$$

如此则可以得到:

$$\int_\eta^\phi Ce^{-DI}dI = 1 \tag{2.92}$$

以及

$$\int_\eta^\phi ICe^{-DI}dI = \bar{I} \tag{2.93}$$

对于一些超稠油来说,存在沥青质缔合结构的馏分可能含有多达 200 个碳原子(Pedersen 等,2014)。如果不存在缔合结构,沥青质分子中会含有较少的碳原子数。如果原油中不含有沥青质,并且以重质正构烷烃分子为主,碳原子数可能进一步降低,比如 100。有些文献中作者甚至用无穷大作为单碳数的积分上限。这种做法存在一个明显的缺陷。在模拟的某个阶段,需要对分布范围进行离散化,因为不可能对无限多个组分进行积分。离散化过程中产生的某些拟组分具有远远超出正常取值范围的物理性质。这些正常的取值范围可以通过本章前述内容所引用的主要经验公式计算得出(Shibata 等,1987)。该方法的主要优点在于采用了 Gauss - Laguerre(高斯 - 勒让德)积分法。这种积分计算方法采用的是服从指数递减的权重函数。文献中已经以表格的形式给出了积分节点和权重(即积分系数),能够使离散化过程更加方便。

Shibata 等(1987)通过统计发现,碳原子数超过 70 的组分在大多数原油样品中并不常见。Pedersen 等(2014)则建议把 80 作为积分上限。在积分上限取有限值的情况下,Shibata 等(1987)提出了分布函数的离散化过程,即"广义 Gauss - Laguerre(高斯 - 勒让德)积分公式"。对式(2.92)直接积分可以得到:

$$C = \frac{D}{e^{-D\eta} - e^{-D\phi}} \tag{2.94}$$

为了确定常数 D,需要定义新变量(z 和 Δ)(Espósito 等,2000)来求解式(2.93):

$$z = D(I - 20) \tag{2.95}$$

$$\Delta = D(\phi - 20) \tag{2.96}$$

如此可得:

$$\frac{\bar{I} - \eta}{\phi - \eta} = \frac{1}{\Delta} - \frac{e^{-\Delta}}{1 - e^{-\Delta}} \tag{2.97}$$

如果 C_{20+} 组分的摩尔质量已知,则通过方程(2.91)可求出平均单碳数。可根据单碳数分布的积分上下限通过式(2.97)进一步求得 Δ。最后可通过式(2.96)求得常数 D。

确定常数 C 和 D 后,就可以通过 Gauss 积分节点和权重系数来构造积分公式,对分布函数进行离散化,从而生成新的拟组分。

对任意函数 $g(z)$ 乘以权重函数(此处为 e^{-z})进行加权后积分,其结果可近似为 $g(z)$ 在积分节点上的函数值的加权和(Carnahan 等,1969;Shibata 等,1987):

$$\int_0^\Delta e^{-z}g(z)\,dz = \sum_{i=1}^n w_i g(z_i) \tag{2.98}$$

式中,n 为积分节点的数量;z_i 为积分节点的数值;$g(z_i)$ 为积分节点上的函数值;w_i 为权重系数。用户任意指定积分节点数量 n 后,可以使 $g(z)$ 依次取 $g(z) = z^0 = 1$,$g(z) = z^1$,$\cdots$,$g(z) = z^{2n-1}$,然后代入式(2.98)(即 Gauss 型积分公式)使之精确成立,从而计算 z_i 和 w_i 的数值(Carnahan 等,1969;Shibata 等,1987)。

鉴于此,一旦 n 得以确定,可以假设 $g(z)$ 为 $g(z) = z^j$(其中 $j = 0,1,\cdots,2n-1$)这种类型

的多项式,然后求取式(2.98)左边部分的精确解析解,从而进一步确定 z_i 和 w_i 的数值。例如,假设 $n=2$,我们就可以建立 4 个方程,构成一个封闭方程组,从而求解 w_1、w_2、z_1 和 z_2:

$$\int_0^\Delta \mathrm{e}^{-z} z^0 \mathrm{d}z = 1 - \mathrm{e}^{-\Delta} = \sum_{i=1}^2 w_i z_i^0 = w_1 + w_2 \tag{2.99}$$

$$\int_0^\Delta \mathrm{e}^{-z} z^1 \mathrm{d}z = 1 - (\Delta + 1) \mathrm{e}^{-\Delta} = \sum_{i=1}^2 w_i z_i^1 = w_1 z_1 + w_2 z_2 \tag{2.100}$$

$$\int_0^\Delta \mathrm{e}^{-z} z^2 \mathrm{d}z = 2 - [\Delta^2 + 2(\Delta + 1)] \mathrm{e}^{-\Delta} = \sum_{i=1}^2 w_i z_i^2 = w_1 z_1^2 + w_2 z_2^2 \tag{2.101}$$

$$\int_0^\Delta \mathrm{e}^{-z} z^3 \mathrm{d}z = 6 - [\Delta^3 + 3\Delta^2 + 6(\Delta + 1)] \mathrm{e}^{-\Delta} = \sum_{i=1}^2 w_i z_i^3 = w_1 z_1^3 + w_2 z_2^3 \tag{2.102}$$

文献 Shibata 等(1987)给出了在多个 Δ 取值下对应的 w_1、w_2、z_1 和 z_2,还通过完全类似的方法计算出了三个积分节点(即 $n=3$)时的节点和权重系数 z_1、z_2 和 z_3 以及 w_1、w_2 和 w_3 的数值。这些计算结果分别列于表2.4 和表2.5 中。如果计算出的 Δ 值与表格中的 Δ 值不存在对应关系,则可根据积分节点的数量选择对应表格中的相邻两行数值进行插值从而确定节点和权重系数的数值。

表2.4 选用两个积分节点时式(2.99)至式(2.102)中系数的数值

(二节点 Gauss – Laguerre 积分公式的节点和权重系数)

Δ	z_1	z_2	w_1	w_2
0.3	0.0615	0.2347	0.5324	0.4676
0.4	0.0795	0.3101	0.5353	0.4647
0.5	0.0977	0.3857	0.5431	0.4569
0.6	0.1155	0.4607	0.5518	0.4482
0.7	0.1326	0.5347	0.5601	0.4399
0.8	0.1492	0.6082	0.5685	0.4315
0.9	0.1652	0.6807	0.5767	0.4233
1.0	0.1808	0.7524	0.5849	0.4151
1.1	0.1959	0.8233	0.5932	0.4068
1.2	0.2104	0.8933	0.6011	0.3989
1.3	0.2245	0.9625	0.6091	0.3909
1.4	0.2381	1.0307	0.6169	0.3831
1.5	0.2512	1.0980	0.6245	0.3755
1.6	0.2639	1.1644	0.6321	0.3679
1.7	0.2763	1.2299	0.6395	0.3605
1.8	0.2881	1.2944	0.6468	0.3532
1.9	0.2996	1.3579	0.6539	0.3461
2.0	0.3107	1.4204	0.6610	0.3390

Δ	z_1	z_2	w_1	w_2
2.1	0.3215	1.4819	0.6678	0.3322
2.2	0.3318	1.5424	0.6745	0.3255
2.3	0.3418	1.6018	0.6810	0.3190
2.4	0.3515	1.6602	0.6874	0.3216
2.5	0.3608	1.7175	0.6937	0.3063
2.6	0.3699	1.7738	0.6997	0.3003
2.7	0.3786	1.8289	0.7056	0.2944
2.8	0.3870	1.8830	0.7114	0.2886
2.9	0.3951	1.9360	0.7170	0.2830
3.0	0.4029	1.9878	0.7224	0.2776
3.1	0.4104	2.0386	0.7277	0.2723
3.2	0.4177	2.0882	0.7328	0.2672
3.3	0.4247	2.1367	0.7378	0.2622
3.4	0.4315	2.1840	0.7426	0.2574
3.5	0.4380	2.2303	0.7472	0.2528
3.6	0.4443	2.2754	0.7517	0.2483
3.7	0.4504	2.3193	0.7561	0.2439
3.8	0.4562	2.3621	0.7603	0.2397
3.9	0.4618	2.4038	0.7644	0.2356
4.0	0.4672	2.4444	0.7683	0.2317
4.1	0.4724	2.4838	0.7721	0.2279
4.2	0.4775	2.5221	0.7757	0.2243
4.3	0.4823	2.5593	0.7792	0.2208
4.4	0.4869	2.5954	0.7826	0.2174
4.5	0.4914	2.6304	0.7558	0.2142
4.6	0.4957	2.6643	0.7890	0.2110
4.7	0.4998	2.6971	0.7920	0.2080
4.8	0.5038	2.7289	0.7949	0.2051
4.9	0.5076	2.7596	0.7977	0.2023
5.0	0.5112	2.7893	0.8003	0.1997
5.1	0.5148	2.8179	0.8029	0.1971
5.2	0.5181	2.8456	0.8054	0.1946
5.3	0.5214	2.8722	0.8077	0.1923
5.4	0.5245	2.8979	0.8100	0.1900
5.5	0.5274	2.9226	0.8121	0.1879
5.6	0.5303	2.9464	0.8142	0.1858

续表

Δ	z_1	z_2	w_1	w_2
5.7	0.5330	2.9693	0.8162	0.1838
5.8	0.5356	2.9913	0.8181	0.1819
5.9	0.5381	3.0124	0.8199	0.1801
6.0	0.5405	3.0327	0.8216	0.1784
6.2	0.5450	3.0707	0.8248	0.1752
6.4	0.5491	3.1056	0.8278	0.1722
6.6	0.5528	3.1375	0.8305	0.1695
6.8	0.5562	3.1666	0.8329	0.1671
7.0	0.5593	3.1930	0.8351	0.1649
7.4	0.5621	3.2170	0.8371	0.1629
7.7	0.5646	3.2388	0.8389	0.1611
8.1	0.5680	3.2674	0.8413	0.1587
8.5	0.5717	3.2992	0.8439	0.1561
9.0	0.5748	3.3247	0.8460	0.1540
10.0	0.5777	3.3494	0.8480	0.1520
11.0	0.5816	3.3811	0.8507	0.1493
12.0	0.5836	3.3978	0.8521	0.1479
14.0	0.5847	3.4063	0.8529	0.1471
16.0	0.5856	3.4125	0.8534	0.1466
18.0	0.5857	3.4139	0.8535	0.1465
20.0	0.5858	3.4141	0.8536	0.1464
25.0	0.5858	3.4142	0.8536	0.1464
30.0	0.5858	3.4142	0.8536	0.1464
40.0	0.5858	3.4142	0.8536	0.1464
60.0	0.5858	3.4142	0.8536	0.1464
100.0	0.5858	3.4142	0.8536	0.1464
∞	0.5858	3.4142	0.8536	0.1464

资料来源:Shibata, S. K., Sandler, S. I. and Behrens, R. A., Phase equilibrium calculations for continuous and semicontinuous mixtures, Chem. Eng. Sci. ,42,8,第1977 – 1988 页,1987。

表2.5　Shibata 等(1987)确定的三节点 Gauss – Laguerre 积分公式的节点和权重系数数值

Δ	z_1	z_2	z_3	w_1	w_2	w_3
1.0000	0.0982	0.4613	0.8706	0.4	0.4401	0.2072
1.1000	0.1096	0.5113	0.9593	0.4	0.4365	0.1956
1.2000	0.1186	0.5551	1.0453	0.4	0.4348	0.1882
1.3000	0.1264	0.5948	1.1290	0.4	0.4334	0.1831

Δ	z_1	z_2	z_3	w_1	w_2	w_3
1.4000	0.1338	0.6337	1.2124	0.4	0.4324	0.1778
1.5000	0.1404	0.6697	1.2942	0.4	0.4319	0.1735
1.6000	0.1486	0.7109	1.3787	0.4	0.4297	0.1666
1.7000	0.1557	0.7484	1.4611	0.4	0.4282	0.1612
1.8000	0.1628	0.7855	1.5432	0.4	0.4265	0.1558
1.9000	0.1699	0.8229	1.6254	0.4	0.4245	0.1503
2.0000	0.1766	0.8587	1.7067	0.4	0.4227	0.1451
2.1000	0.1834	0.8949	1.7881	0.4	0.4206	0.1398
2.2000	0.1898	0.9297	1.8685	0.4	0.4186	0.1348
2.3000	0.1962	0.9641	1.9487	0.5	0.4165	0.1299
2.4000	0.2025	0.9983	2.0286	0.5	0.4142	0.1251
2.5000	0.2085	1.0313	2.1076	0.5	0.4121	0.1205
2.6000	0.2144	1.0638	2.1863	0.5	0.4098	0.1161
2.7000	0.2200	1.0954	2.2642	0.5	0.4076	0.1119
2.8000	0.2257	1.1270	2.3420	0.5	0.4053	0.1706
2.9000	0.2312	1.1576	2.4190	0.5	0.4029	0.1036
3.0000	0.2365	1.1878	2.4955	0.5	0.4006	0.0997
3.1000	0.2416	1.2171	2.5713	0.5	0.3983	0.0959
3.2000	0.2467	1.2460	2.6467	0.5	0.3959	0.0924
3.3000	0.2516	1.2743	2.7214	0.5	0.3935	0.0889
3.4000	0.2564	1.3020	2.7954	0.5	0.3911	0.0856
3.5000	0.2611	1.3293	2.8690	0.5	0.3887	0.0823
3.6000	0.2656	1.3557	2.9418	0.5	0.3863	0.0793
3.7000	0.2700	1.3818	3.0140	0.5	0.3840	0.0762
3.8000	0.2744	1.4074	3.0856	0.5	0.3815	0.0734
3.9000	0.2786	1.4323	3.1565	0.6	0.3792	0.0706
4.0000	0.2827	1.4566	3.2266	0.6	0.3768	0.0681
4.1000	0.2867	1.4805	3.2961	0.6	0.3745	0.0655
4.2000	0.2906	1.5038	3.3649	0.6	0.3722	0.0630
4.3000	0.2944	1.5266	3.4329	0.6	0.3699	0.0607
4.4000	0.2981	1.5490	3.5003	0.6	0.3676	0.0585
4.5000	0.3017	1.5707	3.5668	0.6	0.3653	0.0564
4.6000	0.3052	1.5920	3.6326	0.6	0.3631	0.0544
4.7000	0.3086	1.6128	3.6976	0.6	0.3609	0.0524
4.8000	0.3119	1.6332	3.7619	0.6	0.3587	0.0505
4.9000	0.3152	1.6530	3.8254	0.6	0.3566	0.0487

Δ	z_1	z_2	z_3	w_1	w_2	w_3
5.0000	0.3183	1.6724	3.8880	0.6	0.3545	0.0470
5.1000	0.3214	1.6914	3.9499	0.6	0.3524	0.0453
5.2000	0.3244	1.7099	4.0110	0.6	0.3503	0.0438
5.3000	0.3273	1.7279	4.0712	0.6	0.3483	0.0423
5.4000	0.3301	1.7455	4.1305	0.6	0.3463	0.0409
5.5000	0.3329	1.7627	4.1890	0.6	0.3444	0.0394
5.6000	0.3355	1.7795	4.2467	0.6	0.3425	0.0381
5.7000	0.3382	1.7959	4.3035	0.6	0.3406	0.0369
5.8000	0.3407	1.8118	4.3594	0.6	0.3387	0.0357
5.9000	0.3432	1.8273	4.4143	0.6	0.3369	0.0346
6.0000	0.3456	1.8425	4.4685	0.6	0.3351	0.0335
6.2000	0.3502	1.8717	4.5740	0.6	0.3317	0.0314
6.4000	0.3545	1.8993	4.6758	0.6	0.3284	0.0295
6.6000	0.3586	1.9255	4.7740	0.6	0.3252	0.0278
6.8000	0.3625	1.9504	4.8685	0.7	0.3222	0.0263
7.0000	0.3662	1.9739	4.9591	0.7	0.3194	0.0248
7.2000	0.3697	1.9961	5.0460	0.7	0.3166	0.0236
7.4000	0.3729	2.0171	5.1292	0.7	0.3141	0.0223
7.7000	0.3775	2.0464	5.2469	0.7	0.3104	0.0208
8.1000	0.3829	2.0816	5.3907	0.7	0.3060	0.0190
8.5000	0.3877	2.1126	5.5200	0.7	0.3021	0.0174
9.0000	0.3928	2.1462	5.6619	0.7	0.2978	0.0160
10.0000	0.4009	2.1982	5.8853	0.7	0.2912	0.0137
11.0000	0.4064	2.2341	6.0400	0.7	0.2865	0.0124
12.0000	0.4100	2.2578	6.1415	0.7	0.2834	0.0116
14.0000	0.4138	2.2822	6.2429	0.7	0.2802	0.0107
16.0000	0.4152	2.2907	6.2767	0.7	0.2790	0.0105
18.0000	0.4156	2.2933	6.2865	0.7	0.2787	0.0104
20.0000	0.4157	2.2940	6.2891	0.7	0.2786	0.0103
25.0000	0.4158	2.2943	6.2899	0.7	0.2785	0.0104
30.0000	0.4158	2.2943	6.2899	0.7	0.2785	0.0104
40.0000	0.4158	2.2943	6.2899	0.7	0.2785	0.0104
60.0000	0.4158	2.2943	6.2899	0.7	0.2785	0.0104
100.0000	0.4158	2.2943	6.2899	0.7	0.2785	0.0104
∞	0.4158	2.2943	6.2899	0.7	0.2785	0.0104

使用二节点 Gauss 型积分方法(即用两个拟组分来代表 C_{20+} 馏分)的优点在于,可以很方便地计算出同一油田其他油样中两个拟组分的摩尔分数。一般认为在同一油田不同位置采集到的油样也需要基于已有的 PVT 分析结果对状态方程参数进行拟合回归,甚至基于新油样的 PVT 分析结果对回归后的最佳参数进行验证。根据实验测定的新油样中 C_{20+} 馏分的摩尔质量,基于物质平衡原理,通过下式可以求取两个拟组分各自的摩尔分数:

$$x_1 M_1 + (1 - x_1) M_2 = M_{C_{20+}} \tag{2.103}$$

式中,x_1 和 $x_2 = 1 - x_1$ 为两个拟组分的摩尔分数;M_1 和 M_2 分别为两个拟组分的摩尔质量,在前面已经予以确定;两个拟组分分别对应着第一个积分节点和第二个积分节点。

显然,初始油样能够自动满足式(2.103)代表的物质平衡限制条件。基于原始油样的组分组成,通过广义高斯型积分法就可以生成代表 C_{20+} 馏分的两个拟组分。

在本例中,油样的摩尔质量为 559g/mol,单碳数分布函数积分的上下限分别是 80 和 20。通过求解式(2.97)可以得到 $\Delta = 2.055$。查阅表 2.4(二节点积分法),进行线性插值可以得到:积分节点为 $z_1 = 0.3167$ 和 $z_2 = 1.4546$,权重系数(摩尔分数)为 $w_1 = 0.6648$ 和 $w_2 = 0.3352$。计算出的常数 C 和 D 分别为 0.0745 和 0.0337。原始油样中 C_{20+} 馏分的总摩尔分数等于 4.74%。通过 $I_1 = \dfrac{0.3167}{0.0337} + 20 = 28.90$ 和 $I_2 = \dfrac{1.4546}{0.0337} + 20 = 62.70$ 可以得到两个拟组分的单碳数。两个拟组分的总体摩尔分数占比分别等于 $0.6648 \times 4.74 = 3.15\%$ 和 $0.3352 \times 4.74 = 1.59\%$。按照文献 Pedersen 等(2014)提出的函数形式对拟组分的密度分布进行整理,则为 $\rho = 0.4871 + 0.1256 \ln(I)$。式中的两个常数能够保证 C_{20+} 馏分与较轻的 C_{19} 组分的密度分布保持连续性。也即,基于 C_{19} 组分的单碳数和密度 $\rho(19) = 0.857$,以及 C_{20+} 馏分的平均单碳数 $\bar{I} = \dfrac{559 + 4}{14} = 40.2$ 和平均密度 $\rho(\bar{I}) = 0.9512$,利用待定系数法,可以求得这两个常数。其中 $\bar{I} = 40.2$ 是 $F(I) = 0.0745 \, e^{-0.0337I}$ 分布的平均单碳数。确定两个重质拟组分的摩尔质量和密度后,就可以通过求解式(2.72)得到沸点 T_B。最后,可通过 Cavett 关系式[式(2.73)和式(2.74)]分别计算临界温度 T_c 和临界压力 p_c。然后可以进一步通过相关关系式计算偏心因子,例如 Lee - Kesler 方程[式(2.76)和式(2.77)]。

为了减少油藏数值模拟计算中涉及的拟组分数目,还需要对除了 C_{20+} 外的其他馏分($< C_{19}$)和其他组分($< C_5$)进行合并处理。是否选择组分合并具有很大的主观性,当然也与提高采收率(EOR)机理相关。考虑到对于提高采收率的重要性,CO_2 必须作为独立的一个组分,即不能与其他组分合并。是否对 N_2 进行组分合并则取决于 N_2 含量。在低浓度下,可以把 N_2 与甲烷合并,几乎不影响原油采收率的提高。至于乙烷,考虑到在标准条件下具有非凝析性,因此经常作为独立的一个组分。为了表征某些精炼馏分,可以把 C_3 和 C_4 合并为一个组分来模拟液化石油气 LPG;C_5—C_{12} 组分可以表征所谓的直馏粗汽油,即多种汽油成分中的一种。C_{13}—C_{19} 可以模拟煤油。"柴油+"馏分,包括蒸馏残余物,需要通过代表 C_{20+} 馏分的拟组分(本例中有两个这样的拟组分)进行完全表征。考虑到理论塔板上各相之间存在热力学平衡,这样就导致每一种馏分中均含有来自不同合并组分中的其他组分,而且并非微量。鉴于此,可认为这样的组分合并标准,如同其他任何合并标准一样,都是近似而非精确的。在把甲烷作为

独立的一个组分(或者将其与 N_2 合并为一个组分)后,一些用户倾向于把所有预定义的组分(C_2—C_5)合并为一个组分。每一个原始组分的临界属性都已经列于表格中,可以通过一些混合规则来计算合并后组分的临界温度 T_c 和临界压力 p_c 。对于 C_6 以后的馏分,其临界性质的计算都需要用到经验公式(比如 Cavett's 公式)。

在得到合并组分和拟组分的临界属性初始估计值以及 CO_2 和甲烷的二元相互作用系数(唯一的非零值)初始估计值后,就可以基于 PVT 分析和注气膨胀试验结果进行非线性参数回归。通过文献 Shibata 等(1987)的方法可以计算拟组分的摩尔质量。拟组分的摩尔质量,可以与其临界属性(通过 Cavett 关系式计算得到)以及体积偏移系数[例如,通过式(2.83)计算得到]一起作为回归过程的初始估计值。如果采用经过拟合后最终确定下来的拟组分摩尔质量以及摩尔分数数值[通过式(2.103)计算得到]来反推 C_{20} + 馏分的总摩尔质量,该值可能会与原始值(559g/mol,从表2.3中查到)产生 5% ~ 10% 的偏差。脱气油的摩尔质量一般采用冰点降低法测量得到。该偏差可能就来自于这种测定方法的实验误差。

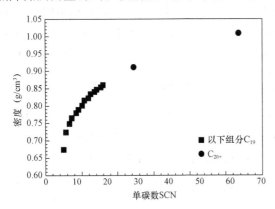

图 2.12 C_{20} + 虚拟组分的密度与 C_{19} 以下组分的密度对比

图 2.12 显示的是两个 C_{20} + 虚拟组分以及 C_{19} 以下组分的密度对比。前者的密度通过积分法获得,后者的密度数值来自 Katz 和 Firoozabadi(1978)。从图中可以看出,组分密度具有较好的连续性,表明油样中的石蜡和芳香烃含量均与表 2.1 中所列的平均值保持一致。因此,Cavett 公式所需的输入参数值具有较高的品质。

图 2.13 至图 2.16 依次显示了 90℃ 条件下差异分离过程中原油体积系数 B_o 、溶解气油比 R_s 、密度和黏度的实验值和模拟值之间的比较。尽管当压力高于饱和压力 p_{sat} 时, B_o 和 R_s 都存在相对较高的系统误差(可能是受选用的热力学模型以及内部优化算法所限),但整体趋势与实验数据一致。

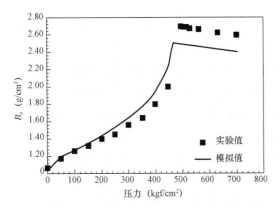

图 2.13 90℃条件下差异分离过程中的原油体积系数(B_o)变化

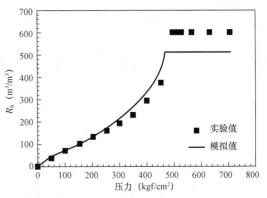

图 2.14 90℃条件下差异分离过程中的溶解气油比(R_s)变化

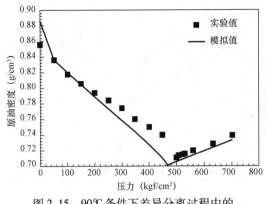

图 2.15　90℃条件下差异分离过程中的
原油密度变化

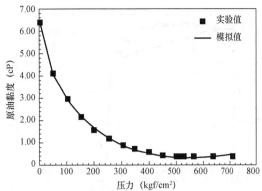

图 2.16　90℃条件下差异分离过程中的
原油黏度变化

首先通过 PR 状态方程回归对体积相关属性进行调整,然后
再次通过 Jossi – Stiel – Thodos 关系式进行拟合得到原油黏度
的模拟值(Pedersen 等,2014)

在回归过程中考虑温度对轻质组分体积偏移系数的影响,以及在利用积分法计算 C_{20+} 馏分的属性时设置更多的积分节点,都可能会减小系统误差,但是会增加模拟复杂度以及计算成本,也会影响回归过程的收敛性。到底怎么做完全取决于用户的容忍度。值得强调的是,经过回归拟合得到的这组参数(原文未给出取值)较为精确地模拟出了注气膨胀的试验过程以及临界相变现象(即饱和压力从泡点压力转变为露点压力,如图 2.17 至图 2.21 所示)。选用传统的立方型状态方程很难模拟这一现象。换句话说,目前

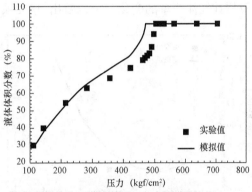

图 2.17　90℃条件下恒质膨胀过程中的
液体体积分数变化(注入气含量为 0)

很可能已经达到了 PR 状态方程通过参数调整所能达到的精度极限。PR 状态方程能够很好地表征流体相态模拟中的主要现象和趋势,然而在某些属性的拟合上还存在 7% 左右的系统误差。

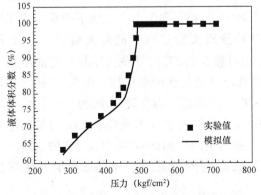

图 2.18　90℃条件下恒质膨胀过程中的
液体体积分数变化(注入气含量为 5%)

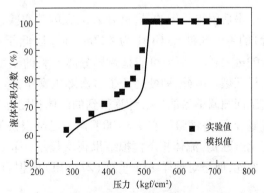

图 2.19　90℃条件下恒质膨胀过程中的
液体体积分数变化(注入气含量为 10%)

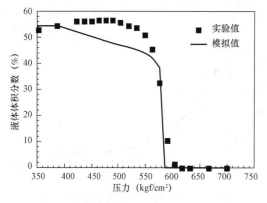

图2.20　90℃条件下恒质膨胀过程中析出液的
体积分数变化(注入气含量为25%)

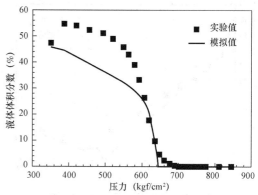

图2.21　90℃条件下恒质膨胀过程中析出液的
体积分数变化(注入气含量为35%)

图2.22和图2.23还显示了90℃条件下定容衰竭过程中气体压缩因子、液体体积百分比以及累计气体产率的变化。可以看出,这几项参数的计算值与实验值存在较好的一致性。

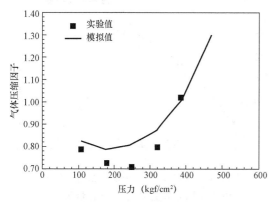

图2.22　90℃下定容衰竭过程中的
气体压缩因子

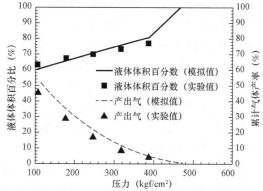

图2.23　90℃条件下定容衰竭过程中的
液体体积百分比和累计气体产率

最后值得强调的是,见表2.3,在闪蒸实验过程中(在40℃和1个大气压下的单次脱气实验)的生产气油比GOR为442m³/m³,远低于差异分离实验过程中的最大溶解气油比R_s(603m³/m³)。原因可能是差异分离实验的温度相对较高(90℃),导致流体相态更加接近于临界区域。因此,即使经历了多次降压操作,但是逸出气量仍然明显增加。图2.24显示的是基于回归调整后的参数计算得到的流体相图($p-T$)。虽然临界温度较高,约为300℃,但临界区域较宽,等液量线在$T=100$℃附近已经很密集(垂直虚线表示90℃条件下PVT分析的压力变化过程)。流体相态模拟结果再次显示,闪蒸过程的生产气油比GOR存在7%的误差。尽管如此,但是对油样API重度(27°API)的拟合度较高,表明重质组分的体积偏移系数取值适当。

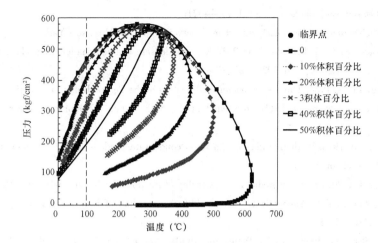

图 2.24 例 2.2 中基于回归调整后的参数模拟计算得到的流体相包络图
虚线表示 90℃条件下 PVT 分析的压力变化过程

2.8 习题

习题 1 从式(2.47)开始,利用偏摩尔体积的定义,推导 PR 状态方程[式(2.56)]中的逸度系数表达式。

习题 2 纯组分的临界点是一种亚稳定平衡状态。也就是说,在临界状态下,不仅亥姆霍兹能相对于体积的一阶偏导数等于 0,而且其二阶和三阶偏导数也都为 0。可通过下式表示:

$$\left(\frac{\partial p}{\partial V}\right)_{T_c} = \left(\frac{\partial^2 p}{\partial V^2}\right)_{T_c} = 0$$

请给出上式的推导过程,并在此基础上推导 PR 状态方程中 a_i 和 b_i 的表达式。此外,请根据这些方程证明在临界条件下任意纯组分的压缩因子 Z_c 值均等于 0.303。

习题 3 参考文献 Zabaloy 和 Brignole(1997)中的研究,证明体积偏移系数只改变与体积相关的属性而不能改变平衡状态下各相的组分组成。请以 PR 状态方程为例进行证明。

习题 4 改变式(2.96)中的积分变量,然后对式(2.93)进行积分,推导出式(2.97)。

参 考 文 献

Arbabi S, Firoozabadi A. 1995. Near – critical phase behavior of reservoir fluids using equations of state. SPE Adv. Technol. Ser. 3,1.

Callen H B. 1985. Thermodynamics and an Introduction to Thermostatistics, second ed John Wiley and sons.

Carnahan B, Luther H A, Wilkes J O. 1969. Applied Numerical Methods. New York. John Wiley and Sons.

Cavett R H. 1962. Physical data for distillation calculations – vapor – liquid equilibrium. Proc. 27th Meeting. API, San Francisco, 351 – 366.

Danesh A. 1998. PVT and Phase Behavior of Petroleum Reservoir Fluids. Amsterdam, Elsevier Science & Technology Books.

Espósito, R O, Castier M, Tavares F W. 2000. Phase equilibrium calculations for semicontinuous mixtures subject do gravitational fields. Ind. Eng. Chem. Res. 39,4415 – 4421.

Firoozabadi A. 1999. Thermodynamics of Hydrocarbon Reservoirs. McGraw Hill,New York.

Folsta K C B M,Camargo G M,Espósito R O. 2010. Gas condensate characterization from chromatogram areas and retention times. Fluid Phase Equilib. 292 (12),87 – 95.

Jhaveri B S,Youngren G K. 1984. Three – parameter modification of the Peng – Robinson equation of state to improve volumetric predictions. SPE paper 13118,presented at the 59th Annual Technical Conference and Exhibition, Houston,Texas.

Katz D L,Firoozabadi A. 1978. Predicting phase behavior of condensate/crude – oil systems using methane interaction coefficients. J. Pet. Technol. 30,11.

Kesler M G. ,Lee,B I. 1976. Improved prediction of enthalpy of fractions. Hydrocarbon Process. 153 – 158,March.

Kontogeorgis G M,Voutsas E C,Yacoumis I V,et al. 1996. An equation of state for associating fluids. Ind. Eng. Chem. Res. 35,4310 – 4318.

McCain Jr,W D. 1990. The Properties of Petroleum Fluids,2nd edition,Tulsa,Oklahoma. Pennwell Publishing Company.

Naji H S. 2010. Characterizing pure and undefined petroleum components. Int. J. Eng. Tech. (IJET – IJENS) 10 (2), 28 – 48.

Pedersen K S,Christensen P L,Shaikh J A. 2014. Phase Behavior of Petroleum Reservoir Fluids,2nd edition,Boca Raton,FL. CRC Press.

Peneloux A,Rauzy E,Freze R. 1982. A consistent correction for RedlichKwongSoave volumes. Fluid Phase Equilib. 8, 7 – 23.

Peng D Y,Robinson D B. 1976. A simple two – constant equation of state. Ind. Eng. Chem. Fundam. 15 (1),59 – 64.

Rachford H H,Rice J D. 1952. Procedure for use of electronic digital computers in calculating flash vaporization hydrocarbon equilibrium. J. Pet. Technol. 4 (10),section 1,p. 19,October.

Riazi M R,Daubert T E. 1987. Characterizing parameters for petroleum fractions. Ind. Eng. Chem. Res. 26 (24), 755 – 759.

Rochocz G L,Castier M,Sandler S I. 1997. Critical point calculations for semicontinuous mixtures. Fluid Phase Equilib. 139,137.

Shibata S K,Sandler S I,Behrens R A. 1987. Phase equilibrium calculations for continuous and semicontinuous mixtures. Chem. Eng. Sci. 42 (8),1977 – 1988.

Whitson C H. 1983. Characterizing hydrocarbon plus fractions. SPE 12233 – PA,SPE J. 23 (4),683.

Wilson G M. 1969. A modified Redlich – Kwong equation of state, application to general physical data calculation. *Paper No. 15C Presented at the 1969 AIChE 65th National Meeting*,Cleveland,OH.

Zabaloy M S,Brignole E A. 1997. On volume translations in equations of state. Fluid Phase Equilib. 140,87 – 95.

3 重力场影响下的相平衡

如果一个热力学系统具有较大的纵向高度,那么达到热力学平衡所需的条件就会受到重力场的影响。本章研究重力场的这种影响。为了达到热力学相平衡,在系统总体积和总质量确定的前提下仍然需要满足熵最大化(或能量最小化)的条件,所不同的是在此类热力学系统总能量的内能项中包含了一个势能项。在后文中可以看到,尽管温度相等这个条件保持不变,但考虑到重力场附加在系统上的液柱静压,每个高度水平的测压管水头也需要保持相等。这样一来,为了达到重力场影响下的相平衡,就需要在化学势和逸度相等的条件中引入一个新项。在进行简要的文献回顾之后,本章将讨论重力影响下的相平衡在等温油藏组分组成分异中的应用。这些案例均来自已有公开文献。

3.1 热力学相平衡的新条件

对于一个受外部场(特别是重力场)影响的系统,其热力学相平衡条件仍然为自由能最小化或熵值最大化(对于独立系统)。其内部能量(U)的表达式中必须增加一个相对于任意参考水平的势能项(E_{pot})。因此,如果继续忽略其动能大小,一个静态封闭系统的总能量就可以定义为:

$$E = U + E_{pot} \tag{3.1}$$

重新考虑图 2.1(图 3.1)所示的流体系统。图中已按照密度大小(从底部到顶部密度逐渐减小)对该系统中的各相进行排序。每一相的质量中心都对应着一个高度值 Z_j。显然,这些高度系列值是离散型数值。

图 3.1 在重力作用下处于平衡状态的封闭系统 流体相的密度从底到顶逐渐减小

对于一个等温的流体系统,在重力场作用下,其中最重的那些组分将会分离到容器底部。对图 3.1 中所示的相分离行为进行一般化推广可知,受重力影响,即使在单一相内其组分组成也会随着高度而发生变化。从理论上讲,这改变了通常的"相"概念。所谓"相",就是系统中物理性质和化学性质完全相同的均匀部分,相与相之间存在明显的相界面。如果组分随着高度而变化,系统的每一个点都可以被认为是一个新的虚拟相,因为该深度点处的组分组成(及组分性质)不同于其他的离散深度点。因此,如果系统的深度是连续分布的,则其中可能存在无限多个相。这种情况下就不太可能对系统的热力学相平衡进行模拟。重新绘制图 3.1 并加以修改,假设该系统处于受重力影响下的汽—液平衡状态。图 3.2 所示就是这样的一个系统,其高度可以被划分为任意多个离散的高度水平。这里划分为 7 个高度水平。无论属于哪一个相,每一个高度水平内的流体都有着独特的组分组成。然而,如果没有重力场的作用,该种情况是不会发生的。

已知势能可由下式决定:

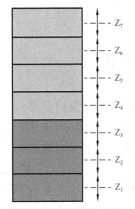

图 3.2   重力影响下的汽—液平衡状态
（液体在底部，汽相在顶部）

整个系统从底到顶随意划分为 77 单元。每一个单元内的组分组成均与其他任意一个单元不同，因此均可视为一个虚拟流体相。通过这种处理方式，本示意图展示了三个液相单元(深色)和四个汽相单元(浅色)

$$E_{\text{pot}} = \sum_{i=1}^{nc} m_i gz \qquad (3.2)$$

式中，m_i 为组分 i 的质量；g 为重力加速度；z 为相对于任意参考水平 $z_0 = 0$ 的高度。

对式(3.1)进行微分，并利用内能的基本关系式，可以得到：

$$dE = TdS - pdV + \sum_{i=1}^{nc} \mu_i dn_i + \sum_{i=1}^{nc} m_i gdz + \sum_{i=1}^{nc} gzd\, m_i \qquad (3.3)$$

在一维系统中，体积微分与高度微分之间存在如下关系：

$$dV = Adz \qquad (3.4)$$

式中，A 为 z 轴的横截面积。

将式(3.4)代入式(3.3)中势能微分的第一项，并且把 dS 单独提取出来放在方程左侧，可得到：

$$dS = \frac{1}{T}dU + \left(\frac{p}{T} + \frac{\sum_{i=1}^{nc} m_i g}{AT} \right)dV - \sum_{i=1}^{nc} \frac{\mu_i + M_i gz}{T}dn_i \qquad (3.5)$$

式中，M_i 为组分 i 的摩尔质量，与其物质的量（n_i）之间存在如下关系：

$$d\, m_i = M_i dn_i \quad (i = 1, \cdots, nc) \qquad (3.6)$$

在这种情况下，对于所有的 np 个虚拟组分，系统的总内能以及每种组分的体积和物质的量都是可以累加的。由此可得：

$$dS = \sum_{j=1}^{np} \frac{dU_j}{T_j} + \sum_{j=1}^{np} \left(\frac{p_j}{T_j} + \frac{\sum_{i=1}^{nc} m_{ij} g\, z_j}{A_j T_j z_j} \right)dV_j - \sum_{j=1}^{np} \sum_{i=1}^{nc} \frac{\mu_{ij} + M_i g\, z_j}{T}dn_{ij} \qquad (3.7)$$

需要注意的是，在式(3.7)中，对体积微分的第二项的分子和分母同乘以高度 z_j。在公式推导过程中，这一步非常重要。它表明了在平衡状态下，在整个系统内测压管水头(不再是传统的压力概念)恒定不变。这将在后面的章节中进一步予以讨论。

继续推导过程可以看出，并非式(3.7)右边所有的微分变量都是相互独立的。刚性壁封闭系统遵守物质平衡和能量平衡，这是热力学相平衡计算的两个限制条件。通过这两个限制条件可以把各相各组分的内能 U_j、体积 V_j 和物质的量 n_{ij} 以下列方式关联起来：

$$U = U_1 + U_2 + \cdots + U_{np} = 常数 \qquad (3.8)$$

$$dU = dU_1 + dU_2 + \cdots + dU_{np} = 0 \qquad (3.9)$$

$$V = V_1 + V_2 + \cdots + V_{np} = \text{constant} \tag{3.10}$$

$$dV = dV_1 + dV_2 + \cdots + dV_{np} = 0 \tag{3.11}$$

$$n_i = n_{i1} + n_{i2} + \cdots + n_{i,np} = \text{constant} \quad (i = 1, \cdots, nc) \tag{3.12}$$

$$dn_i = dn_{i1} + dn_{i2} + \cdots + dn_{i,np} = 0 \quad (i = 1, \cdots, nc) \tag{3.13}$$

从式(3.9)、式(3.11)和式(3.13)中可以看出,任一虚拟相(随意选择一个虚拟相)的属性均可以表示为其他所有虚拟相的属性之差,即:

$$dU_J = -\sum_{\substack{j=1 \\ j \neq J}}^{np} dU_j \tag{3.14}$$

$$dV_J = -\sum_{\substack{j=1 \\ j \neq J}}^{np} dV_j \tag{3.15}$$

$$dn_{iJ} = -\sum_{\substack{j=1 \\ j \neq J}}^{np} dn_{ij} \tag{3.16}$$

其中,J 代表任意虚拟相的编号索引,该任意相的属性可表示为其他所有相的属性之差。重新整理式(3.7),将与编号索引 J 相关的项从求和项中提取来,可得到:

$$dS = \sum_{\substack{j=1 \\ j \neq J}}^{np} \frac{dU_j}{T_j} + \frac{dU_J}{T_J} + \sum_{\substack{j=1 \\ j \neq J}}^{np} \left(\frac{p_j}{T_j} + \frac{\sum_{i=1}^{nc} m_{ij}g\,z_j}{A_j T_j z_j} \right) dV_j + \left(\frac{p_J}{T_J} + \frac{\sum_{i=1}^{nc} m_{iJ}g\,z_J}{A_J T_J z_J} \right) dV_J -$$
$$\sum_{\substack{j=1 \\ j \neq J}}^{np} \sum_{i=1}^{nc} \frac{\mu_{ij} + M_i g\,z_j}{T_j} dn_{ij} - \frac{\mu_{iJ} + M_i g\,z_J}{T_J} dn_{ij} \tag{3.17}$$

将式(3.14)至式(3.16)代入式(3.17)中,可得到:

$$dS = \sum_{\substack{j=1 \\ j \neq J}}^{np} \left(\frac{1}{T_j} - \frac{1}{T_J} \right) dU_j + \sum_{\substack{j=1 \\ j \neq J}}^{np} \left[\left(\frac{p_j}{T_j} + \frac{\sum_{i=1}^{nc} m_{ij}g\,z_j}{A_j T_j z_j} \right) - \left(\frac{p_J}{T_J} + \frac{\sum_{i=1}^{nc} m_{iJ}g\,z_J}{A_J T_J z_J} \right) \right] dV_j -$$
$$\sum_{\substack{j=1 \\ j \neq J}}^{np} \sum_{i=1}^{nc} \left(\frac{\mu_{ij} + M_i g\,z_j}{T_j} - \frac{\mu_{iJ} + M_i g\,z_J}{T_J} \right) dn_{ij} \tag{3.18}$$

到这里,式(3.18)的所有微分变量都是独立的,并且由假设可知这些变量不能同时为零。因此,使 dS 等于0从而确保系统达到平衡的唯一方法就是,对于所有相,三个微分变量(dU_j 、dV_j 、dn_{ij})前面括号内的项都必须等于0。首先可以得到:

$$T_j = T_J \quad (j = 1, \cdots, np) \tag{3.19}$$

式(3.19)描述的是通过内能微分变量得到的热平衡条件。如果一个系统处于热平衡状态,则其温度场处处均匀。

虚拟相 j 的密度可以表示为 $\rho_j = \dfrac{\sum\limits_{i=1}^{nc} m_{ij}}{A_j z_j}$。根据力学平衡条件,系统内部的测压管水头处处相等。这样又可以得到:

$$p_j + \rho_j g z_j = p_J + \rho_J g z_J \quad (j = 1, \cdots, np) \tag{3.20}$$

最后,考虑到处于平衡状态的系统中各虚拟相之间也不存在质量传递(忽略可能的化学反应),还可以得到:

$$\mu_{ij} + M_i g z_j = \mu_{iJ} + M_i g z_J \quad (i = 1, \cdots, nc \text{ 且 } j = 1, \cdots, np) \tag{3.21}$$

3.2 文献回顾

对于如图 3.1 和图 3.2 所示的在重力场影响下的封闭系统,如果把压力、温度和总体组分组成作为已知变量,会给其闪蒸计算带来很大的不便。原因在于,流体密度随高度而变,液柱静压随密度而变,这就使得压力 p 随着高度连续发生变化。在传统的闪蒸计算中,采用吉布斯自由能最小化原则,把温度 T、压力 p 和组分物质的量 N 作为已知变量。与此不同的是,如果系统受到重力场的影响,则需要采用亥姆霍兹自由能最小化原则,把系统总体积 V、温度 T 和组分物质的量 N 作为已知变量。Espósito 等(2000a,2000b)提出了闪蒸问题的数学模型,在 T、V 和 N 已知的前提下,通过如下公式描述受重力场影响的亥姆霍兹自由能(A^*)和化学势($\mu_i{}^*$):

$$A^* = A + E_{\text{pot}} = A + \sum_{i=1}^{nc} m_i g z \tag{3.22}$$

$$\mu_i{}^* = \mu_i + M_i g z \quad (i = 1, \cdots, nc) \tag{3.23}$$

Espósito 等(2000a,2000b)使用的计算方法基于这样的思路:通过把式(3.22)表征的亥姆霍兹自由能最小化作为目标函数,得到每一个虚拟相中各组分的最优物质的量,同时精确定位各常规概念相之间的界面位置,把式(3.23)作为约束条件从而得到系统内的静压分布剖面。

$$F_{\text{OBJ}} = A^*(\boldsymbol{n}) \tag{3.24}$$

其中,$\boldsymbol{n} = \begin{bmatrix} n_{11} & \cdots & n_{1np} \\ \vdots & \ddots & \vdots \\ n_{nc1} & \cdots & n_{ncnp} \end{bmatrix}$ 是一个矩阵,其中的元素代表任一个虚拟相 j 中任一个组分 i 的物质的量(n_{ij})。

受重力影响的闪蒸计算包含内外两层循环。每一次外部优化循环都需要更新一次相界面的高度(石油工业中常用 contact 而非 interface 来表征相界面)。内部循环则保证受重力影响的亥姆霍兹自由能最小化。每一次内部循环都需要重新计算各虚拟相(对应着不同的高度水平)中各组分的物质的量。该闪蒸问题的详细计算过程超出了本书范围。感兴趣的读者可以自行参考 Espósito(1999)和 Espósito 等(2000a)的文献。

从此以后,又有多人沿着同样的计算思路(即把 T、V、N 作为已知变量)开发出新的求解方法(例如,Nichita 等,2002;Mikyska 和 Firoozabadi,2012;Castier,2014),并应用于过程模拟软件和油藏模拟软件中。这种把体积而不是压力作为已知参数的做法具有一个很大的优势,即可以直接求解表述形式为 $p = p(T,V,N)$ 的立方型状态方程,从而减小了平衡计算中每一个迭代步的计算量。

组分组成分异计算的目的在于确定油气储层中的组分组成和系统压力沿深度的分布。对于这种计算,如果继续沿用基于亥姆霍兹自由能最小化的算法就会带来很大的不便,因为无法确定各组分的总体组成在这个巨系统(油气储层)中的先验分布情况。在计算之前只能通过PVT测试得到为数不多的采样点处的组分组成分布。鉴于此,必须对受重力场影响的闪蒸问题重新进行表述。考虑到等温系统的温度已知,而且特定深度对应的压力水平和组分组成也已知,这样就可以基于式(3.23)表征的平衡条件计算得到任意深度的压力水平和组分物质的量。对式(3.23)进行微分可得:

$$\mathrm{d}\mu_i = M_i g \mathrm{d}z \quad (i = 1,\cdots,nc) \tag{3.25}$$

利用化学势和逸度之间的关系可以得到:

$$\mathrm{d}\mu_i = RT \mathrm{dln}\,\widehat{f}_i \quad (i = 1,\cdots,nc) \tag{3.26}$$

将式(3.26)代入式(3.25),化为指数形式,可得到:

$$\widehat{f}_i(T,p^z,x^z) = \widehat{f}_i^{\,\mathrm{ref}} \exp\left[\frac{M_i g(z - z_{\mathrm{ref}})}{RT}\right] \quad (i = 1,\cdots,nc) \tag{3.27}$$

参考高度 z_{ref} 处的压力水平和组分组成可以通过测试予以确定。一个组分对应一个式(3.27)。因此,nc 个组分对应着 nc 个方程,构成一个方程组。该方程组包含 nc 个未知数,包括目标高度 z 的压力水平和 $(nc-1)$ 个彼此独立的摩尔分数。需要注意的是,该闪蒸计算问题看起来类似于(但并不等同于)饱和压力的求解问题,但这种相似性仅仅限于二者都把逸度相等作为平衡条件,而后者并不要求物质守恒。此外,还应该注意的是,通过求解状态方程可以得到每一个高度水平上的逸度大小,因此由此计算得到的虚拟相密度必然自动满足式(3.20)描述的测压管水头相等的条件。

具体的计算过程如下。首先,根据参考高度的组分组成和压力水平可以计算出参考高度之上或之下紧邻高度 z 的压力水平 p^z 和组分组成 x^z。这一步不涉及其他高度水平。显然,对于如图3.2所示的液汽平衡问题,需要对汽液界面附近的网格加密程度(一个垂向网格对应着一个离散化的高度水平,因此网格加密意味着增加离散化高度水平的数量)进行稳定性测试。汽液界面是自下而上的最后一个虚拟液相和第一个虚拟汽相之间的界面。为了精确定位该界面的位置,在求解式(3.27)的过程中有时候需要采取网格加密措施重新设定各个离散化高度水平的厚度值。至少对最后一个虚拟液相和第一个虚拟汽相之间的区域应该对网格进行加密。

关于重力场对相平衡的影响的研究最早可追溯至 1906 年 Gibbs 的研究。后来,Muskat(1930)、Sage 和 Lacey(1939)分别针对气体和理想混合物对式(3.25)进行了简化,这是关于相对简单系统中重力分异计算的第一批结果。在石油工业中,Schulte(1980)通过立方型状态方程计算得到式(3.27)中的逸度,首次定量地研究了储层中组分组成分异现象。该作者以任意一个高度水平的压力和组分组成作为初始值,然后通过式(3.27)计算烃类混合物(类似于真实的储层流体,比如 Brent 原油)中各组分的逸度,模拟结果参见文献 Schulte(1980)。在这篇文献中,作者认为模拟结果对状态方程的参数很敏感,比如二元交互作用系数,但是文中并未给出调整后的参数值和实际实验值。

除了重力之外,热力学系统还可能会受到多种外部作用力的影响,比如电场和磁场、表面现象和固液相互作用等。文献 Sychev(1981)建立了受任意外部作用力影响的广义热力学平衡模型。该模型不仅适用于石油工业领域,还可用于更多的领域。根据这位作者的观点,重力对热力学系统所处状态的影响首先体现为系统压力随高度的变化而变化。对于高度不太大的系统,与容器内的绝对压力相比,系统压力的这种变化一般都可以忽略不计。因此,在大多数工业过程中均忽略了重力的影响。然而,对于可压缩性很强的物质,沿高度方向上即使压力稍有变化也会导致其密度和其他热力学性质发生明显改变。这是近临界系统的共同特点。在临界点条件下,系统组分的等温压缩系数为无穷大:

$$\lim_{\substack{T \to T_c \\ p \to p_c}} \frac{1}{v} \left(\frac{\partial v}{\partial p} \right)_T = \infty \tag{3.28}$$

换句话说,由于可压缩性的显著增加,越接近于临界点,系统的重力分异越会加剧。

基于垂向厚度为 1mm 的网格(一个网格对应于一个离散化的高度水平),针对非常接近于临界点的系统,Chang 等(1983)使用 Leung 和 Griffiths(1973)提出的状态方程计算出了系统内部流体密度和组分组成的垂向分布剖面。根据这些作者的观点,对于处于临界温度下的纯组分来说,如果一个网格内流体的总体密度接近于临界密度,则可以计算出该网格内某个高度水平的流体密度作为其临界密度。当温度稍稍低于临界温度时,系统首先在该网格的这个高度水平上形成弯液面(液汽界面)。根据作者的观测结果,对于纯组分系统,垂向密度剖面相对于这个高度水平呈反对称分布。混合物系统中也可形成弯液面。在弯液面处流体温度和静压分别等于临界温度和临界压力。由于组分组成也会随着系统高度发生变化,所以弯液面处的临界温度和临界压力取决于该高度水平上的组分组成。

把话题再次拉回到石油工业。Creek 和 Schrader(1985)通过立方型状态方程对地面复配油样的 PVT 性质进行了拟合调参,在此基础上模拟计算了位于怀俄明州(美国)East Painter 储层的组分组成分异现象。作为首次对实际储层的组分组成分异进行定量分析并将分析结果与现场结果进行对比的文献之一,虽然这篇文献没有给出相关的模拟参数,但是并不妨碍其成为组分组成研究领域的一篇经典参考文献。

Wheaton(1991)提出了一个更加完整的方法,用于模拟计算组分组成分异,包括油气界面、油水界面以及各自的过渡区。需要补充说明的是,毛细管效应决定着过渡区的高度。本书内容没有考虑毛细管效应。

文献 Lira - Galeana 等(1994)是另外一篇经典参考文献。在该文献中,作者尝试用半连续混合物的热力学理论模拟了 Creek 和 Schrader(1985)的研究结果。该文献还对组分组成分异领域的相关研究进行了全面的论述,感兴趣的读者可作参考。

本章内容还涵盖了 Espósito(1999)、Espósito 等(2000a,2000b)的研究成果。Espósito 等(2000a,2000b)同样以半连续混合物的热力学理论为基础,把 Shibata 等(1987)提出的方法推广到积分节点超过 3 个的情况,并给出了存在烃类混合物组分组成分异现象的几个算例。

下文将要论述的是来自于参考文献的一些算例(包括经典算例和半定量算例)。这些算例中采用的计算方法有助于读者理解下一章中将要讨论的实际案例。

3.3 近临界纯 CO_2 流体系统中的重力分异

CO_2 用于提高原油采收率的潜力很大,是石油工业中一类重要的驱替剂。本例假想了一个高度为 1cm 的容器。容器内的纯 CO_2 流体位于其临界点(304.2K 和 73.805bar)附近。通过热力学模型计算流体相态以及模拟重力分异现象。在本例中,CO_2 的体积偏移系数设为 0.455,临界密度设为 468.7kg/m³ 左右(Poling 等,2001)。根据 Chang 等(1983)的研究,对于处于临界温度下的纯组分流体来说,如果给定的流体密度接近于临界密度,则其纵向的密度剖面遵循反对称分布。反对称点所在高度对应的密度即为其临界密度。由于纵向上的温度变化,当流体中出现汽液两相分离时,就会在这个反对称点高度处形成一个弯液面(汽液相界面)。弯液面所在的高度水平并不固定,会随着总体密度设定值的变化而变化。针对本例中的问题,有两种表述和求解方式。感兴趣的读者可以自行尝试。第一种方式要求流体系统的温度保持在 304.2K,还要求给定 CO_2 在某个参考高度上的临界压力水平,这样就可以通过求解式(3.27)得到其他高度水平对应的流体密度。第二种方式预先设定相同温度下 CO_2 流体的总体密度(在 468kg/m³ 左右),然后基于重力作用下亥姆霍兹自由能最小化原理[式(3.22)],通过 Espósito(1999)提出的算法[该算法在 Espósito 等(2000)的研究里也有描述]进行求解。两种方法得到的计算结果应该是等效的。图 3.3 给出了模拟计算得到的总体密度分布剖面,从下往上这三条曲线依次为 468.0kg/m³、468.6kg/m³ 和 470.2kg/m³。值得注意的是,随着总体密度的增加,反对称点所在的位置逐渐向容器顶部移动。可以用合理的原因对这样的模拟结果进行解释:随着密度的增加,发生汽液两相分离时流体系统中的液体含量逐渐升高。如图 3.4 所示为该容器内的纵向压力分布剖面。由于容器的高度很小(仅为 1cm),所以压力仅仅在以临界压力为中心的很小范围内变化,但是纵向上的密度变化却相当明显。

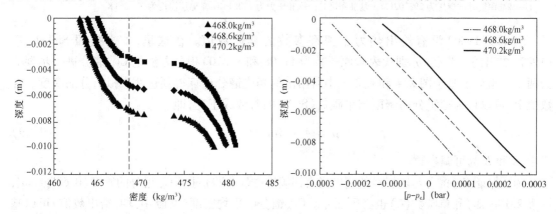

图 3.3 在 304.2K 温度下,纯 CO_2 流体的密度随深度的变化
预先设定的三个总体密度值均接近于临界密度。虚线垂直线表示临界密度 ρ_c = 468.7kg/m³

图 3.4 在 304.2K 温度下,近临界纯 CO_2 流体的临界压力与流体压力的差值在纵向上的分布剖面
预先设定的三个总体密度值均接近于临界密度

3.4 处于汽—液平衡状态下的储层

关于重力场对储层流体汽液相平衡的影响,Schulte(1980)是最早研究该领域的先驱者之一。作者在其研究中,针对假想的烃类混合物流体,采用 PR 状态方程对式(3.27)进行求解。其目的不仅仅在于证实各组分在垂向上确实存在重力分异现象,而且还要对相平衡状态下的相界面进行定位,或者分析流体在临界点附近的相态变化(如同 3.3 节中纯 CO_2 流体的相态变化)。

下文讲述的算例针对的是文献 Schulte(1980)表 3 中所示的流体。在基准深度处流体的组分组成见表 3.1。

表 3.1 文献 Schulte(1980)表 3 中所示流体在基准深度处的组分组成

组分	基准深度处的组分组成[%(摩尔分数)]	摩尔质量(g/mol)
CO_2	0.12	44.01
N_2	0.13	28.00
C_1	54.98	16.00
C_2	5.44	30.00
C_3	4.88	44.00
iC_4	1.88	58.00
nC_4	2.48	58.00
iC_5	1.45	72.00
nC_5	1.30	72.00
nC_6	1.91	86.00
C_{7+}	25.43	271.49
总体	100.00	69.04

注:基准深度处的静压为 293.02bar。基准深度处的饱和压力为 290.14bar。储层温度为 $T=361K$。

Schulte(1980)没有给出热力学模型参数的具体数值。在这里,本书按照 Shibata 等(1987)提出的二节点(分别代表碳原子数为 11.08 和 33.10)积分方法把 C_{7+} 馏分进一步划分为两个拟组分。基于图 2.4 和表 2.1 中所给出的相应馏分计算得到这两个拟组分的密度。在数值上,可以认为拟组分的密度与单碳数(SCN)的对数成正比,即:

$$\rho = A + B\ln(SCN) \tag{3.29}$$

式中,A 和 B 为可调参数。

为了保证 C_{7+} 馏分与较轻烃的密度具有连续性,式(3.29)对于 C_6 组分的密度($0.685g/cm^3$,由表 2.1 查知)和单碳数(6)也必须成立。C_{7+} 馏分的平均密度(文献中没有给出数值)可以基于摩尔质量(197.50g/mol)进行插值得到或者通过 Shibata 等(1987)提出的方法基于平均单碳数进行计算得到 $I=14.39 \rightarrow d_{60/60}=0.8267$。把 C_6 组分和 C_{7+} 馏分的密度和单碳数代入式(3.29)即可求出常数的 A 和 B 数值。接下来就可以利用式(3.29)分别计算出两个拟组分的密度。这两个拟组分的基本性质列于表 3.2 中。利用 Cavett(1962)提出的经验公式——式(2.73)和式(2.74)——计算其临界性质初始值,利用 Kesler 和 Lee(1976)提出的经验公式——式(2.76)和式(2.77)——计算其偏心因子初始值,利用式(2.79)计算甲烷的二元交互作用系数(唯一的非零值)初始值。然后通过回归拟合对这些参数(以及摩尔分数)的数值进行调整。最后通过相态模拟精确计算出基准深度处的饱和压力。进行相态模拟所需的全部状态方程参数列于表 3.3 和表 3.4。

表 3.2 按照 Shibata 等(1987)提出的二节点积分方法计算得到的拟组分基本性质(碳原子数分别为 11.08 和 33.10)

虚拟组分	基准深度处的组分组成[%(摩尔分数)]	M(g/mol)	$d_{60/60}$
$QC_{11.08}$	21.53	151.16	0.7840
$QC_{33.10}$	3.90	459.34	0.9606

表 3.3 文献 Schulte(1980)表 3 中所示流体的 PR 状态方程参数

组分	基准深度处的组分组成[%(摩尔分数)]	临界压力 p_c(bar)	临界温度 T_c(K)	偏心因子 ω	摩尔质量 M(g/mol)	体积偏移系数
CO_2	0.12	73.76	304.20	0.2250	44.01	−0.0718
N_2	0.13	33.94	126.20	0.0400	28.01	0.0000
C_1	54.98	46.00	190.60	0.0080	16.04	−0.2209
C_2	5.44	48.84	305.40	0.0980	30.07	−0.1649
C_3	4.88	42.46	369.80	0.1520	44.10	−0.1309
iC_4	1.88	36.48	408.10	0.1760	58.12	−0.1064
nC_4	2.48	38.00	425.20	0.1930	58.12	−0.1064
iC_5	1.45	33.84	460.40	0.2270	72.15	−0.0873
nC_5	1.30	33.74	469.60	0.2510	72.15	−0.0873
nC_6	1.91	26.69	507.40	0.2960	86.18	−0.0715
$QC_{11.08}$	21.80	23.43	642.51	0.4882	151.16	−0.0217
$QC_{33.10}$	3.63	9.90	929.34	1.0854	459.34	0.0769

表 3.4 Peng – Robinson 状态方程中甲烷的二元交互作用系数($k_{C_1-C_n}$)

组分	$k_{C_1-C_n}$	组分	$k_{C_1-C_n}$
C_2	0.0256	nC_5	0.0298
C_3	0.0270	nC_6	0.0312
iC_4	0.0284	$QC_{11.08}$	0.0486
nC_4	0.0284	$QC_{33.10}$	0.0791
iC_5	0.0298		

图 3.5 至图 3.7 所示为本书的组分组成分异计算结果与文献 Schulte(1980)给出的计算结果之间的对比。从图中可以看出,二者具有很高的拟合度。这里要强调的是,除了基准深度

处的饱和压力外,没有其他参数可以用于拟合回归。正因为如此,作为组分组成分异研究先驱的文献 Schulte(1980),虽然用于解释问题很方便,但是只能算作半定量化的研究成果。

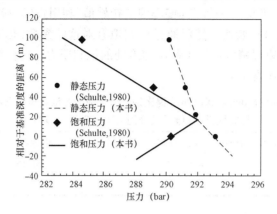

图 3.5　文献 Schulte(1980)中表 3 所示流体的饱和压力和静态压力垂向分布剖面

根据模拟结果,油气界面在基准深度以上 18.75m 处

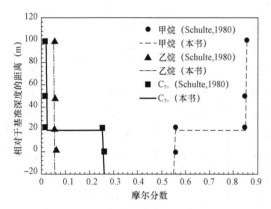

图 3.6　文献 Schulte(1980)中表 3 所示
流体主要组分的摩尔分数垂向分布剖面

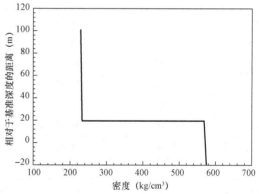

图 3.7　文献 Schulte(1980)中表 3 所示流体的
密度与储层深度的关系曲线

该文献没有提供密度数据。

与前两个图结合起来分析,该系统的汽液界面

在基准深度以上 18.75m 处

3.5　存在临界相变的储层

本章的第二个例子研究的是由六个正链烷烃组分构成的混合物。文献 Schulte(1980)也曾对该混合物进行过研究。在基准深度处的组分组成信息列于表 3.5 中。表 3.5 中还列出了各个组分的临界性质、偏心因子以及摩尔质量。文献 Schulte(1980)没有给出甲烷的二元交互作用系数以及体积偏移系数。需要说明的是,在该案例中,仅有甲烷组分的二元交互作用系数为非零值,通过式(2.79)计算得到,列于表 3.6 中。体积偏移系数通过式(2.83)计算得到。

表 3.5　文献 Schulte(1980)表 4 所示正链烷烃混合物中各组分的性质

组分	基准深度处的组分 组成[%(摩尔分数)]	临界压力 p_c(bar)	临界温度 T_c(K)	偏心因子 ω	摩尔质量 M(g/mol)	体积偏移系数
C_1	80.97	46.00	190.6	0.008	16.04	−0.2209
C_2	5.66	48.84	305.4	0.098	30.07	−0.1649
C_3	3.06	42.46	369.8	0.152	44.10	−0.1309
nC_5	4.57	33.74	469.6	0.251	72.15	−0.0873
nC_7	3.30	27.36	540.2	0.351	100.21	−0.0581
nC_{10}	2.44	21.08	617.6	0.490	142.29	−0.0270

注:该文献选用的是 PR 状态方程。

表 3.6　文献 Schulte(1980)表 4 所示混合物中甲烷组分的二元交互作用系数

组分	$k_{C_1 - C_n}$	组分	$k_{C_1 - C_n}$
C_2	0.0256	nC_7	0.0326
C_3	0.0270	nC_{10}	0.0368
nC_5	0.0298		

注:该文献选用的是 PR 状态方程。

　　储层温度设定在 275K,基准深度处的压力为 275bar。对式(3.27)进行求解,模拟结果如图 3.8 至图 3.11 所示。可以看出,关于甲烷(图 3.8)、乙烷和正癸烷(图 3.9)的摩尔分数分布,本研究与 Schulte(1980)的模拟结果高度一致。图 3.10 给出了流体密度随储层深度的变化情况。需要说明的是,Schulte(1980)没有提供与密度相关的任何测试数据或计算结果。

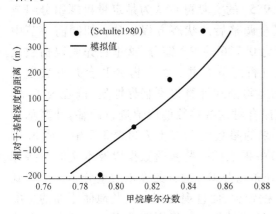

图 3.8　文献 Schulte(1980)表 4 所示混合物中
甲烷摩尔分数的垂向分布

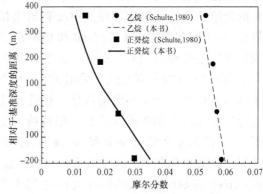

图 3.9　文献 Schulte(1980)表 4 所示正链烷烃
混合物中乙烷和正癸烷摩尔分数的垂向分布

从图 3.11 中可以看出,该储层中确实存在临界相变。图中的饱和压力曲线与静压曲线没有交汇,在非常接近基准深度的深度水平处饱和压力达到最大值,该处流体在此处最接近由其特定组分组成决定的临界点。需要指出的是,对于该混合物,其组分组成随着深度而变化,只有在储层温度等于由其特定组分组成决定的临界温度时,才会在某个深度处形成弯液面。换句话说,尽管流体密度分布曲线保持反对称形态,但是其反对称中心点的流体密度并不一定与其临界密度重合。

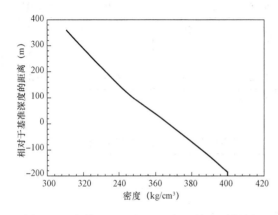

图 3.10 文献 Schulte(1980)表 4 所示正链烷烃混合物密度的垂向分布

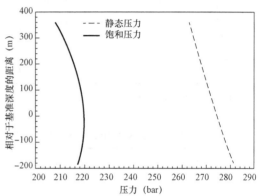

图 3.11 文献 Schulte(1980)表 4 所示流体静压和饱和压力的垂向分布

3.6 East Painter 储层

East Painter 储层位于怀俄明逆掩断层带上,属于挥发性油藏或凝析气藏。文献 Creek 和 Schrader(1985)通过状态方程对该储层流体的 PVT 分析结果进行了拟合。井 42－7A 有多个流体测样点。这些作者从中选择了射孔层段的中间位置(－4255m)作为基准深度,然后在此基础上采用 PR 状态方程(首先进行拟合调参)对式(3.27)进行求解,并模拟组分组成和其他性质的垂向分布。Creek 和 Schrader(1985)的文献可被认为是定量再现组分组成分异的最早研究。但是作者在文中没有给出拟合调整后的状态方程参数。如同前一节中的做法,对于摩尔质量为 158g/mol 和相对密度为 0.796 的 C_{7+} 馏分,这里首先假定指数衰减规律进行组分劈分,然后采取二节点积分法进行组分合并。组分劈分和合并方法参见 Shibata 等(1987)的研究文献。采用 3.5 节中的经验公式计算得到临界性质、偏心因子、体积偏移系数以及二元交互作用系数。然后通过拟合对这些参数的取值进行调整,计算基准深度处的饱和压力和生产气油比。最终确定下来的参数列于表 3.7 和表 3.8 中。图 3.12 至图 3.14 给出了文献(Creek 和 Schrader,1985)中提供的一些实验数据以及本文的一些计算结果。比如甲烷和 C_{7+} 馏分的垂向摩尔分数分布以及 C_{7+} 馏分的摩尔质量分布。考虑到文献(Creek 和 Schrader,1985)中提供的 PVT 数据较少,而且现场测试以及地面原油的复配过程中存在不确定性,可以认为重力分异模拟的计算结果与现场实测数据之间具有很高的拟合程度。

表 3.7　PR 状态方程参数：以 42 –7A 井射孔层段 4179 ~ 4337m 中间位置为基准深度（Creek and Schrader,1985）

组分	临界压力 p_c（bar）	临界温度 T_c（K）	偏心因子 ω	摩尔质量 M（g/mol）	体积偏移系数
CO_2	73.76	304.20	0.2250	44.01	− 0.0718
N_2	33.94	126.20	0.0400	28.01	0.0000
C_1	46.00	190.60	0.0080	16.04	− 0.2206
C_2	48.84	305.40	0.0980	30.07	− 0.1649
C_3	42.46	369.80	0.1520	44.10	− 0.1309
iC_4	36.48	408.10	0.1760	58.12	− 0.1604
nC_4	38.00	425.20	0.1930	58.12	− 0.1604
iC_5	33.84	460.40	0.2270	72.15	− 0.0873
nC_5	33.74	469.60	0.2510	72.15	− 0.0873
C_6	32.89	507.50	0.2750	86.00	− 0.0717
$QC_{9.48}$	25.57	618.61	0.4283	128.69	− 0.0340
$QC_{23.85}$	12.17	863.04	0.8012	329.91	0.0437

表 3.8　PR 状态方程的非零二元交互作用系数（Creek and Schrader,1985）：以 42 –7A 井射孔层段 4179 ~ 4337m 中间位置为基准深度

组分	$k_{C_1-C_n}$	组分	$k_{C_1-C_n}$
C_2	0.00509	nC_5	0.00930
C_3	0.00649	C_6	0.01068
iC_4	0.00789	$QC_{9.48}$	0.01495
nC_4	0.00789	$QC_{23.85}$	0.03507
iC_5	0.00930		

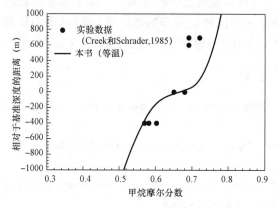

图 3.12　East Painter 储层中甲烷
摩尔分数的垂向分布

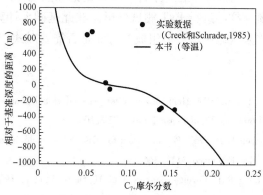

图 3.13　East Painter 储层中 C_{7+}
摩尔分数的垂向分布

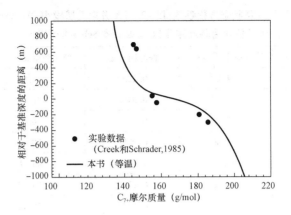

图 3.14　East Painter 储层中 C_{7+} 摩尔质量的垂向分布

3.7　习题

习题1　一维等温流体柱内的混合物由 nc 个组分组成。试证明在重力场的作用下,组分 j 的垂向分布规律满足下式:

$$\sum_{j=1}^{nc-1} \frac{\partial \mu_i}{\partial x_j} \frac{\mathrm{d}x_j}{\mathrm{d}z} = (\rho \bar{v}_i - M_i)g \quad (i = 1,\cdots,nc-1)$$

习题2　以矩阵形式重新表述习题1中的等式。在此基础上讨论如何使组分 j 在垂向上的组分组成分异更加明显。请给出两个原因。建议:参阅文献 Firoozabadi(1999)(Thermodynamics of hydrocarbon reservoirs,第 59－60 页,McGraw Hill,1999)。

习题3　使用3.4节中提出的热力学模型(Creek 和 Schrader,1985),写出矩阵 $\frac{\partial \mu_i}{\partial x_j}$ 沿深度变化的行列式。试讨论它的相态变化行为。

习题4　油气界面(GOC)是饱和黑油储层中气顶与油层之间的界面。在某个深度点获取流体样品进行 PVT 测试分析。在此基础上计算是否可以确定某等温储层中 GOC 的确切位置以及气区中的组分组成? 为此是否需要对式(3.27)中进行修正? 为什么?

参 考 文 献

Castier M. 2014. Helmholtz function – based global phase stability test and its link to the isothermal – isochoric flash problem. Fluid Phase Equilib. 379,104 – 111.

Cavett R H. 1962. Physical Data for Distillation Calculations—Vapor – Liquid Equilibrium,Proc. 27th Meeting,API, San Francisco,351 – 366.

Chang R F,Levelt – Sengers J M H,Doirn T,et al. 1983. Gravity – induced density and concentration profiles in binary mixtures near gas – liquid critical lines. J. Chem. Phys. 79 6,3058 – 3066.

Creek J L,Schrader M L. 1986. *East Painter Reservoir:An Example of a Compositional Gradient from a Gravitational Field*,SPE 14411,60th Annual Technical Conference and Exhibition,Las Vegas – NV.

Espósito R O. 1999. Cálculo de equilíbrio termodinâmico em sistemas sob a influência de campos gravitacionais,Tese de Mestrado, Escola de Química—UFRJ.

Espósito R O, Castier M, Tavares F W. 2000a. Calculations of thermodynamic equilibrium in systems subject to gravitational fields. Chem. Eng. Sci. 55, 3495 – 3504.

Espósito R O, Castier M, Tavares F W. 2000b. Phase equilibrium calculations for semicontinuous mixtures subject do gravitational fields. Ind. Eng. Chem. Res. 39, 4415 – 4421.

Firoozabadi A. 1999. Thermodynamics of Hydrocarbon Reservoirs. McGraw Hill, New York, NY.

Gibbs J W. 1906. The Scientific Papers, Vol. 1 Thermodynamics, Longmans, Green and Cia.

Kesler M G, Lee B I. 1976. Improved Prediction of Enthalpy of Fractions. Hydrocarbon Process. 153 – 158.

Leung S S, Griffiths R B. 1973. Thermodynamic properties near the liquid – vapor critical line in mixtures of He3 and He4. Phys. Rev A8, 2760 – 2683.

Lira – Galeana C, Firoozabadi A, Prausnitz J M. 1994. Computation of compositional grading in hydrocarbon reservoirs. Applications of continuous thermodynamics. Fluid Phase Equilib. 102, 143 – 158.

Mikyska J, Firoozabadi A. 2012. Investigation of mixture stability at given volume, temperature, and number of moles. Fluid Phase Equilib. 321, 1 – 9.

Muskat M. 1930. Distribution of non – reacting fluids in the gravitational field. Phys. Rev. 35, 1384 – 1393.

Nichita D V, Valencia C A D, Gomez S. 2002. Isochoric Phase Stability Analysis and Flash Calculations, AIChE Spring Meeting, Paper 142c, New Orleans.

Poling B E, Prausnitz J M, O' Connell J P. 2001. The Properties of Gases and Liquids, 5th Edition McGraw Hill, New York, NY.

Sage B H, Lacey W N. 1939. Gravitational concentration gradients in static columns of hydrocarbon fluids. Trans. AIME 132, 120 – 131.

Schulte A M. 1980. Compositional variations within a hydrocarbon column due to gravity, SPE 9235. Dallas – Texas 21 – 24.

Shibata S K, Sandler S I, Behrens R A. 1987. Phase equilibrium calculations for continuous and semicontinuous mixtures. Chem. Eng. Sci. 42 (8), 1977 – 1988.

Sychev V V. 1981. Complex Thermodynamic Systems. Mir Publishers, Moscow.

Wheaton R. 1991. Treatment of variations of composition with depth in gas – condensate reservoirs. SPE Res. Eng. 239 – 244.

拓 展 阅 读

Sage B H, Lacey W N. 1936. Phase equilibria in hydrocarbon systems. Ind. Eng. Chem. 28(2), 249 – 255.

4　不可逆热力学及其在油藏工程中的应用

从地核到地表存在着自发的热流动。这种热流动不仅取决于地核到地壳之间温度梯度的大小,其本身还受到岩性(地下储层的岩石类型)的影响。鉴于此,严格来说,没有任何一个储层处于热力学平衡状态。受热传导的影响,系统的熵不断增加,储层内各相各组分的化学势相等这一平衡条件不再成立。对于如图3.2所示的一维封闭系统,熵的产生带来了非常明显的影响——改变了流体的地下分布,使之不再遵循式(3.27)所描述的分布规律。即使该流体系统保持静止,即各部分之间不存在流体流动,但如果仅仅考虑重力的影响也不能保证系统内各点的组分在不同的相态之间一定具有相等的逸度。其原因在于,受温度、压力和组分组成的影响,一些组分倾向于向储层高温区域扩散,而另外一些组分则可能倾向于向低温区域扩散。这种现象称作"Soret效应",即温度差异会引起流体流动(质量传递)。本章的目的在于推导出储层流体中组分流动的控制方程,不仅考虑重力场的影响,而且还要考虑地温梯度的影响。在二者的共同影响下,等逸度方程不再成立。本章基于不可逆热力学理论对这些流动流率进行计算,也即通过求解另一种类型的非线性方程对瞬态系统和稳态系统中的组分组成分布进行模拟。

4.1　引言

考虑一个二元(两个组分)一维系统,如图4.1(a)所示。初始条件下该系统处于热力学平衡状态。在重力场的分异作用下,重质组分的分子集中在容器的底部,而轻质组分的分子则倾向于集中在容器顶部。Soret效应能够通过热扩散方式改变流体的组分组成分布。这种改变体现在它既有可能加剧[图4.1(b)]也有可能减弱图[4.1(c)]重力分异作用。

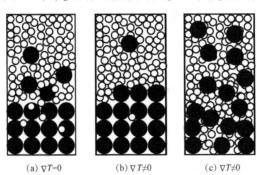

(a) $\nabla T=0$　　(b) $\nabla T\neq0$　　(c) $\nabla T\neq0$

图4.1　(a)处于热力学平衡初始状态的二元系统示意图。在重力场的分异作用下,重质组分的分子集中在容器的底部;(b)温度梯度的存在加剧了重力分异,因为热扩散引起的组分流动方向与重力分异方向一致;(c)温度梯度的存在减弱了重力分异,因为热扩散引起的组分流动方向与重力分异方向相反

现在考虑混合物在任意尺寸多孔介质中发生的流动。多孔介质内部存在压力梯度、温度梯度和组分组成梯度。

假定组分 i 相对于固定坐标轴的速度为 (v_i)，则单位时间单位面积内流过的组分 i 的质量流率 N_i 为：

$$N_i = \rho_i v_i \quad (i = 1, \cdots, nc) \tag{4.1}$$

式中，ρ_i 为组分 i 的密度（或称"质量浓度"，国际标准单位是 kg/m^3）。

因此，相对于同一固定坐标轴，混合物中所有组分的总质量流率 (N_t) 为：

$$N_t = \sum_{i=1}^{nc} \rho_i v_i = \rho v \tag{4.2}$$

式中，ρ 为整体质量浓度；v 为混合物质心处的速度：

$$v = \sum_{i=1}^{nc} w_i v_i \tag{4.3}$$

式中，w_i 为组分 i 的质量分数：

$$w_i = \frac{\rho_i}{\rho} \quad (i = 1, \cdots, nc) \tag{4.4}$$

此外，还可以相对于移动坐标轴为组分 i 定义一个新的参数，即单个组分的流率与混合物的总流率之差。这个流率差 j_i 称为组分 i 的扩散流率，可用于表征组分 i 相对于混合物整体的流动方向。由此可得：

$$j_i = \rho_i (v_i - v) \quad (i = 1, \cdots, nc) \tag{4.5}$$

将所有组分的扩散流率求和，很容易注意到 $\sum\limits_{i=1}^{nc} j_i = 0$。

对式(4.5)进行调整可以得到：

$$\rho_i v_i = j_i + \rho_i v \quad (i = 1, \cdots, nc) \tag{4.6}$$

把 $v = \dfrac{1}{\rho} N_t$ 代入式(4.6)中，可以得到：

$$N_i = \rho_i v_i = j_i + \omega_i N_t \quad (i = 1, \cdots, nc) \tag{4.7}$$

这意味着组分 i 相对于固定坐标轴的总质量流率由两部分组成。第一部分即相对于移动轴的扩散流率 j_i。扩散流率表征的是单个组分相对于混合物整体的相对流动。第二部分表征的是组分 i 在混合物总流率 $(w_i N_t)$ 中所占的比例，也称为组分 i 的对流流率。

该储层中单组分的物质平衡可以表示为：组分 i 在任意体积元中的累计流量等于单位时间内通过该体积元所有表面的净流量。必要的时候，还需要在等式右边加上源/汇项。注入井和生产井的投产均会带来该体积元内组分质量的变化（注入井对应着流体注入，生产井对应着流体产出），这种情况下源汇项不等于0。

$$\int_V \frac{\partial (\phi \rho_i)}{\partial t} dV = - \int_A \phi \rho_i v_i \boldsymbol{n} dA + \int_V q_i dV \quad (i = 1, \cdots, nc) \tag{4.8}$$

式中，ϕ 为孔隙度；q_i 为单位体积岩石内组分 i 的注入/产出速率。

将高斯定理应用于式(4.8)中的体积元表面积分，并对被积函数进行整理，可以得到：

$$\frac{\partial(\phi \rho_i)}{\partial t} = - \nabla(\phi \rho_i \boldsymbol{v}_i) + q_i \quad (i = 1, \cdots, nc) \tag{4.9}$$

将式(4.7)代入式(4.9)中，可得：

$$\frac{\partial(\phi \rho_i)}{\partial t} = - \nabla[\phi(\boldsymbol{j}_i + w_i \rho \boldsymbol{v})] + q_i \quad (i = 1, \cdots, nc) \tag{4.10}$$

除了质量流率，还可以定义混合物的总摩尔流率为：

$$\boldsymbol{v}_{\mathrm{mol}} = \sum_{i=1}^{nc} x_i \boldsymbol{v}_i \tag{4.11}$$

组分 i 的扩散摩尔流率与混合物的总摩尔流率之间的关系如下：

$$\boldsymbol{J}_i = c_i(\boldsymbol{v}_i - \boldsymbol{v}_{\mathrm{mol}}) \quad (i = 1, \cdots, nc) \tag{4.12}$$

式中，c_i 为单位体积岩石内组分 i 的物质的量浓度。

与质量流率类似，各组分的摩尔流率也存在这样的关系：$\sum_{i=1}^{nc} \boldsymbol{J}_i = 0$。

如果下标不标注摩尔索引(mol)，可以通过与式(4.10)完全对等的类比得到摩尔平衡方程：

$$\frac{\partial(\phi c_i)}{\partial t} = - \nabla[\phi(\boldsymbol{J}_i + x_i c \boldsymbol{v})] + q_i \quad (i = 1, \cdots, nc) \tag{4.13}$$

式中，q_i 的单位为 mol/(岩石体积·时间)。

式(4.10)和式(4.13)的各项中均没有考虑毛细管效应(该效应存在于两相流体的流动中，与此处的主题不太相关)。这两个方程主要用于预测油田产量，即地面原油的连续产量(方程中的源项)。油田产量是流体性质和岩石物性的函数。这些性质一般出现在表征扩散流率和对流流率的辅助方程里。在式(4.10)和式(4.13)右端散度符号内的那一项针对的是所有相。如果模拟过程中达到相平衡，那么对于每一相都必须对该项进行表述。为了计算各组分在各相中的分配系数以及油、气、水产量随时间的变化，必须对上述物质平衡方程、等逸度方程和闪蒸物质平衡方程同时进行求解。如何进行数值模拟以便满足油气田开发方案优化和产量预测的需要，超出了本书的研究范围。更多相关信息，请参阅文献 Coats(1969)或 Ertekin 等(2001)。

关于物质平衡方程，这里讨论的主要是把取样参考点作为已知条件，计算整个研究区域内的流体组分组成。组分分异预测将为待开采油气田的数值模拟提供更加精确的初始化流体分布，包括现有各相之间相界面(如果存在多相)的定位以及使系统无法达到稳态的源/汇点的定位。这些计算结果将会对油田开发方案决策产生影响，比如生产井和注入井的井位部署等。

一般情况下，式(4.10)和式(4.13)中的源项不存在。对于 nc 个组分，取这两个方程中的其中之一即可组成一个包括 nc 个微分方程的方程组。该方程组有 nc 个未知数，包括 $nc-1$ 个彼此独立的组分摩尔分数,以及压力。可直接把参考点流样的组分组成作为该问题的初始条件;同时考虑到模拟区域的不渗透边界,其边界条件基本上为第二类边界条件(Neumann 边界)。

根据达西定律可知,多孔介质中流体的对流流率为:

$$v^{\alpha} = -\frac{KK_r^{\alpha}}{\mu^{\alpha}}(\nabla p + \rho^{\alpha} g) \tag{4.14}$$

式中,K 为多孔介质的绝对渗透率;K_r^{α}、μ^{α} 和 ρ^{α} 分别为相 α 的相对渗透率、黏度和密度。

对于同样在体相中定义的扩散流率,也需要给出一个合适的表达式。

一般来说,扩散流率和热流率都可以表示为各自驱动力(即化学势梯度和温度梯度)的函数,如不可逆热力学研究文献所述(De Groot 和 Mazur,1962;Fitts,1962;Haase,1969)。附录 A 中给出了以下方程式的完整推导过程:

热流率为:

$$q = L_{00} \nabla(1/T) + \sum_{i=1}^{nc-1} L_{0i}\Big[-\frac{1}{T} \nabla_T(\tilde{\mu}_i - \tilde{\mu}_{nc}) \Big] \tag{4.15}$$

组分 i 的扩散流率为:

$$j_i = L_{0i} \nabla(1/T) + \sum_{i=1}^{nc-1} L_{ik}\Big[-\frac{1}{T} \nabla_T(\tilde{\mu}_i - \tilde{\mu}_{nc}) \Big] \quad (i = 1,\cdots,nc-1) \tag{4.16}$$

式中,系数 L_{00}、L_{ik} 和 L_{0i} 称为昂萨格(Onsager)唯象系数,即各流率与其驱动力之间的比例因子。系数 L_{0i} 表示 Soret 效应引起的那部分扩散流率,即由温度梯度引起的质量流率,以及 Dufour 效应引起的那部分热流率,即由化学势梯度引起的热流率。这两种效应属于交叉现象。L_{00} 和 L_{ik} 代表的效应属于直接现象,这两个比例因子分别代表由温度梯度引起的热流率和由化学势梯度引起的质量流率。$\tilde{\mu}_i$ 是以质量单位为基础的组分 i 的化学势,其国际标准单位是 J/kg。混合物组分的化学势也是温度、压力和组分组成的复杂函数。附录 A 还给出了式(4.15)和式(4.16)所需要的全部代数运算。这些运算均由文献 Ghorayeb 和 Firoozabadi (2000)提出,其目的在于把扩散流率方便地表示为 ∇w 或 ∇x,∇T 以及 ∇p 的函数,从而可以代入到式(4.10)或式(4.13)中。

$$J_i = -c \left(\begin{bmatrix} \sum_{i=1}^{nc-1} D_{il}^M \frac{\partial x_l}{\partial x} \\ \sum_{i=1}^{nc-1} D_{il}^M \frac{\partial x_l}{\partial y} \\ \sum_{i=1}^{nc-1} D_{il}^M \frac{\partial x_l}{\partial z} \end{bmatrix} + D_i^{T,M} \begin{bmatrix} \frac{\partial T}{\partial x} \\ \frac{\partial T}{\partial y} \\ \frac{\partial T}{\partial z} \end{bmatrix} + D_i^{p,M} \begin{bmatrix} \frac{\partial p}{\partial x} \\ \frac{\partial p}{\partial y} \\ \frac{\partial p}{\partial z} \end{bmatrix} \right) \quad (i = 1,\cdots,nc-1) \tag{4.17a}$$

或者

$$j_i = -\rho \left(\left[\begin{matrix} \sum\limits_{i=1}^{nc-1} D_{il}^m \dfrac{\partial w_l}{\partial x} \\[2mm] \sum\limits_{i=1}^{nc-1} D_{il}^m \dfrac{\partial w_l}{\partial y} \\[2mm] \sum\limits_{i=1}^{nc-1} D_{il}^m \dfrac{\partial w_l}{\partial z} \end{matrix} \right] + D_i^{T,m} \left[\begin{matrix} \dfrac{\partial T}{\partial x} \\[2mm] \dfrac{\partial T}{\partial y} \\[2mm] \dfrac{\partial T}{\partial z} \end{matrix} \right] + D_i^{p,m} \left[\begin{matrix} \dfrac{\partial p}{\partial x} \\[2mm] \dfrac{\partial p}{\partial y} \\[2mm] \dfrac{\partial p}{\partial z} \end{matrix} \right] \right) \quad (i = 1, \cdots, nc-1) \qquad (4.17\text{b})$$

其中，D_{il}^M 和 D_{il}^m 表示在浓度梯度 l 下组分 i 的分子扩散系数(分别相对于摩尔整体速度坐标轴和质量整体速度坐标轴)；D_i^T 和 D_i^p 分别是组分 i 的温度和压力热扩散系数。分子扩散系数、温度扩散系数和压力扩散系数均是与 T、p 以及 x 或 w 有关的复杂函数。在 T 和 p 保持恒定的系统中，系数中其他的剩余项均满足菲克定律。通过以下关系式，可以根据相对于质量整体速度的质量扩散流率 j_i 得到相对于摩尔整体速度的摩尔扩散流率 J_i(见附录 A)：

$$j_i = \sum_{k=1}^{nc-1} J_k M_k \left[\delta_{ik} + \frac{w_i}{w_k} \left(-w_k + w_{nc} \frac{x_k}{x_{nc}} \right) \right] \quad (i = 1, \cdots, nc-1) \qquad (4.18)$$

式中，δ_{ik} 为克罗内克(Kronecker Delta)函数。

根据文献 Bolton 和 Firoozabadi(2014)、Firoozabadi(2015)中的研究，把质量扩散流率转换为摩尔扩散流率的过程不仅仅是一个单位换算过程——只需要把组分 i 的质量扩散流率除以其分子质量。通过这种简单相除可以得到参数 $J_i^* \equiv \dfrac{j_i}{M_i}$，如果将之用于守恒方程中会导致混乱。一个有意思的现象是 $J_i \neq J_i^* = \dfrac{j_i}{M_i}$。尽管 J_i^* 的国际标准单位是 kmol/$(\text{m}^2 \cdot \text{s})$，但它仍然是以质量整体速度作为参考轴，而式(4.13)和式(4.17a)均以摩尔整体速度作为参考轴。如果把 J_i^* 用于这两个方程中，会导致概念上的混乱。再者，很容易注意到 $\sum\limits_{i=1}^{nc} J_i^* \neq 0$。

根据下式(参见附录 A)可从相对于质量整体速度轴的分子扩散系数 D_{il}^m($i,l = 1, \cdots, nc-1$)得到相对于摩尔整体速度轴的分子扩散系数：

$$\boldsymbol{D}^m = \boldsymbol{KWX}^{-1} \boldsymbol{D}^M \boldsymbol{XW}^{-1} \qquad (4.19)$$

其中

$$K_{ik} = \delta_{ik} + \frac{w_i}{w_k} \left(-w_k + w_{nc} \frac{x_k}{x_{nc}} \right) \quad (i,k = 1, \cdots, nc-1) \qquad (4.20)$$

$\boldsymbol{W}$ 和 $\boldsymbol{X}$ 分别是质量分数和摩尔分数的对角矩阵：

$$\boldsymbol{W} = \begin{bmatrix} w_1 & \cdots & 0 \\ \vdots & \ddots & \vdots \\ 0 & \cdots & w_{nc-1} \end{bmatrix} ; \boldsymbol{X} = \begin{bmatrix} x_1 & \cdots & 0 \\ \vdots & \ddots & \vdots \\ 0 & \cdots & x_{nc-1} \end{bmatrix} \qquad (4.21)$$

从公开发表的文献中可以找到这些系数的计算方法。接下来本章将对这些文献的研究结果进行综合论述。无论这些计算方法是基于经验公式还是经过推导得到的更加复杂的表达式,都需要在拟合调参的前提下对状态方程进行求解。另外,本章还给出了一些经典问题的数学表述,同时讨论了基本假设条件以及针对式(4.10)和式(4.13)的一些必要简化。通过前述流率方程可对这些经典问题进行求解。

4.2 文献综述和本构方程

Shukla 和 Firoozabadi 在 1998 年提出了计算二元混合物热扩散系数的简化模型。后来,Ghorayeb 和 Firoozabadi(2000)把这个模型推广到了多组分混合物,借助于一些不可逆热力学工具提出了前述三个扩散系数的本构方程。附录 A 中给出了这些本构方程的完整推导过程。本章仅介绍这些流率方程的最终形式,它们可以直接代入到式(4.10)和式(4.13)中。这里定义一个新的矩阵 $\boldsymbol{j}$,其包含的元素为相对于质量平均速度坐标轴的扩散流率在各个方向 (x, y, z) 上的分量。该矩阵包含了 $nc - 1$ 列,对应于组分 $i = 1, \cdots, nc - 1$。

$$\boldsymbol{j} = \begin{bmatrix} j_{1,x} & \cdots & j_{nc-1,x} \\ j_{1,y} & \ddots & j_{nc-1,y} \\ j_{1,z} & \cdots & j_{nc-1,z} \end{bmatrix} \tag{4.22}$$

Ghorayeb 和 Firoozabadi(2000)提出的公式为:

$$\boldsymbol{j}^t = -\rho \left[\boldsymbol{DMLWF}(\nabla \boldsymbol{w}^t)^t + \frac{w_{nc}}{RT^2} \boldsymbol{DML}\widehat{\boldsymbol{Q}}^{*,m}(\nabla T)^t + \boldsymbol{DMLV}(\nabla p)^t \right] \tag{4.23}$$

其中

$$\boldsymbol{D}^m = \begin{bmatrix} D_{11}^m & \cdots & D_{1,nc-1}^m \\ \vdots & \ddots & \vdots \\ D_{nc-1,1}^m & \cdots & D_{nc-1,nc-1}^m \end{bmatrix} = \boldsymbol{DMLWF} \tag{4.24}$$

$$\boldsymbol{D}^{T,m} = \begin{bmatrix} D_1^T \\ D_2^T \\ \vdots \\ D_{nc-1}^T \end{bmatrix} = \frac{w_{nc}}{RT^2} \boldsymbol{DML}\,\widehat{\boldsymbol{Q}}^{*,m} \tag{4.25}$$

$$\boldsymbol{D}^{P,m} = \begin{bmatrix} D_1^P \\ D_2^P \\ \vdots \\ D_{nc-1}^P \end{bmatrix} = \boldsymbol{DMLV} \tag{4.26}$$

其中 *D*、*M*、*W*、*F* 和 *V* 是作者定义的辅助矩阵和向量；*L* 是 Onsager 唯象系数矩阵,通过直接效应对分子扩散产生影响:

$$L = \begin{bmatrix} L_{11} & \cdots & L_{1,nc-1} \\ \vdots & \ddots & \vdots \\ L_{nc-1,1} & \cdots & L_{nc-1,nc-1} \end{bmatrix} \qquad (4.27)$$

式中, $\widehat{Q}^{*,m}$ 为相对于质量平均速度坐标轴的净传输热向量矩阵,与组分 $i = 1, \cdots, nc - 1$ 一一对应:

$$\widehat{Q}^{*,m} = \begin{bmatrix} Q_1^{*,m} - Q_{nc}^{*,m} \\ Q_2^{*,m} - Q_{nc}^{*,m} \\ \cdots \\ Q_{nc-1}^{*,m} - Q_{nc}^{*,m} \end{bmatrix} \qquad (4.28)$$

将式(4.24)至式(4.28)代入式(4.23)中可求出质量扩散流率,然后进一步可代入到式(4.10)中,或者通过转换为相对于摩尔平均速度坐标轴的摩尔扩散流率,进一步代入到式(4.13)中。在所有辅助矩阵和向量中,只有 *L* 和 $\widehat{Q}^{*,m}$ 无法通过状态方程进行计算,其他矩阵和向量都已经包含在状态方程的各项中,因此还需要一些基本的动态属性(或非平衡量)辅以计算。接下来将继续讲述这些变量的计算过程,计算细节见附录 A。

4.2.1 传输热

传输热指的是在等温扩散过程中单位截面积上每一个组分携带的能量速率。这个参数是不可逆热力学中主要的传输特性之一。在等温介质中不存在传导流动,因此只有这个参数可以表征热传输过程。对于一个等温系统(详见附录 A),传输热可以表示为:

$$q = \sum_{i=1}^{nc-1} \widehat{Q}_i^{*,m} j_i \quad (\nabla T = 0) \qquad (4.29)$$

基于 Glasstone 等(1941)、Dougherty 和 Drickamer(1955)的半经验动力黏度理论,Shukla 和 Firoozabadi 在 1998 年提出了适用于二元混合物的传输热本构方程。2000 年, Ghorayeb 和 Firoozabadi 将这个本构方程推广到了多组分混合物:

$$Q^{*,M} = -\frac{\overline{U}_i}{\tau_i} + \left(\sum_{j=1}^{nc} x_j \frac{\overline{U}_j}{\tau_j}\right) \frac{\overline{V}_i}{\sum_{j=1}^{nc} x_j \overline{V}_j} \quad (i = 1, \cdots, nc) \qquad (4.30)$$

式中, $Q_i^{*,M}$ 为组分 i 相对于摩尔平均速度轴的净传输热量(用上标 *M* 表示摩尔的概念); $\overline{U}_i$ 为偏摩尔内能; $\overline{V}_i$ 为组分 i 的偏摩尔体积(两者都可以根据状态方程求得)。 $\tau_i = \frac{\Delta U_i^{vap}}{\Delta U_i^{vis}}$ 。其中 ΔU_i^{vap} 和 ΔU_i^{vis} 分别是纯组分 i 的汽化内能和黏性流动能(Glasstone 等,1941)。通常认为

τ_i 是模型的可调参数。对于碳氢化合物,文献(Firoozabadi 等,2000)中推荐的估计值为 $\tau_i = 4.0$。式(4.30)的完整推导过程见附录 B。需要注意的是,式(4.30)表示的净传输热 $(Q_i^{*,M})$ 是以摩尔单位为基础的;因此,在代入式(4.28)进行计算之前,需要将其转换为 $(Q_i^{*,m})$ 以质量单位为基础的净传输热。这个转换过程类似于式(4.18)的做法。传输热量的大小与传输热计算所选用的坐标轴无关。因此,$Q_i^{*,m}$ 等价于 J_i 与 $Q_i^{*,M}$ 的乘积(参考本章末尾的习题4)。

Leahy–Dios 和 Firoozabadi 在 2007 年也提出了一项重要的经验公式,把分子扩散系数矩阵 $\boldsymbol{D}^m$ 作为 T、p 和 x 的函数直接进行计算。该经验公式见附录 C。

计算出 $\boldsymbol{D}^m$ 后,可通过式(4.24)求得矩阵 $\boldsymbol{L}$:

$$\boldsymbol{L} = (\boldsymbol{DM})^{-1} \boldsymbol{D}^m (\boldsymbol{WF})^{-1} \tag{4.31}$$

然后可通过式(4.26)直接计算出压力扩散系数 $D^{p,m}$(或 $D^{p,M}$)的向量矩阵。通过状态方程对 τ_i 的参数值进行拟合调整后,可计算得到向量矩阵 $\widehat{\boldsymbol{Q}}_i^{*,m}$(或 $\widehat{\boldsymbol{Q}}_i^{*,M}$),进而可直接通过式(4.25)计算出热扩散系数向量矩阵 $\boldsymbol{D}^{T,m}$(或 $\boldsymbol{D}^{T,M}$)。在此基础上,最后可以计算得到总扩散流率。

继续沿着这个研究方向评述文献。文献(Firoozabadi 等,2000)还对三元混合物中各组分热扩散系数的模拟值与实验实测值进行了对比。文献中,模拟值的计算以传输热这个参数为基础。作者对存在自然对流的一些真实案例进行了模拟。在这些真实案例中,侧向温度梯度的存在导致流体组分组成在平面方向上的分布存在变异。在这个研究方向上最引人注目的一个案例是日本的 Yufutsu 油田(Ghorayeb 等,2000)。在这个油田的储层中,热扩散效应对流体组分组成的影响明显与重力场的影响相反,而且影响程度巨大,使得系统达到平衡状态时液相油出现在气体之上。对于这个案例来说,显然需要重新估计 τ_i 参数的数值,具体细节将在第 5 章进行论述。

2006 年,Hoteit 和 Firoozabadi 对前述这些物质平衡方程重新进行了表述,通过所谓的压力方程,采用混合有限元与克里金不连续相耦合的方法,求解了恒温裂缝性油藏的注采问题。需要指出的是,在压力方程中,压力作为变量出现在瞬变项中。对于尺寸相等的均匀网格系统,这种耦合数值解法极大地提高了计算精度,相对于有限差分法。不同解法之间的详细对比超出了本书的讲述范围。

2007 年,Artola 和 Rousseau 提出了一个针对二元混合物 Soret 系数(S_T)的微观模型,采用 Lennard Jones 势能进行模拟。鉴于 S_T 对组分组成存在依赖性,该文献的目的在于研究所谓的化学效应对这种依赖性的影响规律。作者还将他们的分子模拟结果与 Shukla 和 Firoozabadi (1998)得到的结果进行了比较,认为式(4.30)所示的宏观半经验模型具有良好的性能。

Yan 等(2008)和 Abbasi 等(2009,2010,2011)提出了估算式(4.30)中 τ_i 参数值的新方法。然而,这些新方法看起来并不适用于所有热扩散问题。换句话说,对于不同的案例,均需要对文献 Abbasi(2009)中的相关参数重新进行估值。

2013 年,Moortgat 研究了碳酸盐岩岩心柱中的 CO_2 注入过程。该岩心柱饱和的是巴西原油。研究发现流体系统中的扩散现象确实会影响到油气采收率和气体突破。在这个研究方向上的最新文献是 Bolton 和 Firoozabadi(2014)。这项研究把扩散现象从岩心尺度扩展到油藏尺度。目标油藏中初始存在油气两相,而且由于流体运移发生了充注和泄漏现象。作者在求解能量方程的同时,对模拟过程中的温度分布进行更新。这种做法不但影响了最终的组分组成分异,而且还影响到整个油藏范围内的油气界面位置。

Abbas Firoozabadi 教授引领了上述的研究方向,与此平行的还有另外一种研究方向。基于 Haase(1969)提出的不可逆热力学概念,Pedersen 和 Lindeloff(2003)提出了计算传输热的另外一种方法。这些作者把一维非等温储层中的组分组成分异问题简化为一个等逸度方程。这个等逸度方程不仅考虑了来自重力场的影响,如式(3.27)所示,而且还额外引入了一个与温度相关的项。该方程的可调参数为各个纯组分在理想气体参考状态下的热焓。自从这些文献发表后,可以通过状态方程的残余热焓表达式计算出偏摩尔热焓。为了计算等逸度方程中最后的修正项,必须提供这些热焓值。

$$\hat{f}_{i,z} = \hat{f}_{i,z_{\text{ref}}} \exp\left[\frac{-M_i g(z - z_{\text{ref}})}{RT}\right] \exp\left[\frac{1}{RT} \int_{T_{z_{\text{ref}}}}^{T_z} M_i\left(\frac{\overline{H}_i}{M_i} - \frac{\overline{H}}{M}\right)\frac{\mathrm{d}T}{T}\right] \quad (i = 1, \cdots, nc) \quad (4.32)$$

与式(3.27)一样,与组分 $i = 1, \cdots, nc$ 对应的 nc 个式(4.32)组成了一个非线性方程组。考虑到参考高度水平 z_{ref} 处的 T、p 和 x 以及沿高度方向的一维温度梯度均为已知数,该方程组仅有 nc 个未知数,包括对应于高度水平 z 的压力以及 $(nc - 1)$ 个彼此独立的组分摩尔分数。文献(Pedersen 和 Lindeloff,2003)建议,首先针对高度水平 z_{ref} 和 z 之间的平均温度和压力通过式(4.32)计算出对应的热焓,这样就可以把热焓从积分符号中提取出来,从而有助于求解这个非线性方程组:

$$\hat{f}_{i,z} = \hat{f}_{i,z_{\text{ref}}} \exp\left[\frac{-M_i g(z - z_{\text{ref}})}{RT}\right] \exp\left[\frac{M_i\left(\frac{\overline{H}_i}{M_i} - \frac{\overline{H}}{M}\right)}{RT} \ln\left(\frac{T_z}{T_{z_{\text{ref}}}}\right)\right] \quad (i = 1, \cdots, nc) \quad (4.33)$$

附录 D 中给出了式(4.33)的完整推导过程。用该方程替代式(3.27)的优点在于,其形式类似于等温系统的等逸度方程。其缺点来自于与组分一一对应的 nc 个可调参数,即参考热焓对于不同的流体系统需要取不同的数值,而且无法把这个方程组从一维系统推广到二维或三维系统。

2006 年,Pedersen 和 Hjermstad 对 Pedersen 和 Lindeloff 在 2003 年提出的这种方法进行了更新。至少对于一维系统中的二元混合物,利用这种更新后的方法得到的计算结果会加剧等温系统中的组分分异现象(后者仅仅考虑重力场的影响)。Pedersen 和其合作者的研究捍卫了这种认知,对于含有重质馏分比如芳香烃和沥青质等的储层,高温下的热扩散效应使得这些重质馏分与中间的正链烷烃组分不同,前者往往会运移到温度较高的部位(储层底部),从而加剧组分组成分异。对于挥发油和较轻的正链烷烃凝析气储层流体,其中不含有这些重质馏分,热扩散总是倾向于减弱组分组成分异。通过实验可以观察到,如果地温梯度足够大,这些正链烷烃组分中较重的组分倾向于运移至温度较低的部位(储层顶部)。

Blanco 等在 2008 年观察到,对于由等摩尔比的多种正链烷烃组成的混合物,正链烷烃组分中较重的组分倾向于集中在温度较低的一端。然而,当这些正链烷烃组分与芳香烃组分(例如苯)组成二元混合物时,这些较重的正链烷烃组分的相态行为可能会发生反转。在这种情况下,这些较重的正链烷烃组分倾向于运移到温度较高的一端,而支链烷烃将保持其正常行为,集中在温度较低的一端。目前还没有太多的文献对复杂混合物在重力和热扩散双重影响下沿深度的组分分布进行研究。Hashmi 等在 2016 年的文献中给出了一些更重要的实验数据,其研究对象为多环芳香烃二元混合物中的 Soret 效应。

本书将对前述的两种方法进行对比,即 Firoozabadi(Ghorayeb 和 Firoozabadi,2000a,b)和 Pedersen(Pedersen 和 Lindeloff,2003;Pedersen 和 Hjermstad,2006)的研究方法。第 5 章将这两种计算方法同时应用于一些基本案例,并对比二者计算结果的差异,同时为第 6 章中的研究案例设定研究模式。在进行这些工作之前,需要对一些经典问题进行数学表述,确定其背后的计算原理,以便指导计算机编程计算。通过对文献(Ghorayeb 和 Firoozabadi,2000a,b)中一维系统的方程式进行简化,以及对二维系统中的流率方程进行离散化,建立求解这些离散化方程的方法,即所谓的 IMPEC(隐式压力显式组分组成)方法。

4.3　经典问题的数学表述

这里以一个一维储层为例,如同第 3 章中的一维储层。不同之处在于,该一维储层中的地温梯度不为零,即 $(\mathrm{d}T/\mathrm{d}z) \neq 0$。如果不考虑源项,稳定状态下组分 i 的物质平衡方程[式(4.10)]可简化为:

$$\frac{\mathrm{d}}{\mathrm{d}z}\left[\phi(\boldsymbol{j}_i + w_i\rho\boldsymbol{v})\right] = 0 \quad (i = 1,\cdots,nc) \tag{4.34}$$

对于非流动边界储层,其边界条件可以表示为:

$$\boldsymbol{j}_i = 0 \quad (i = 1,\cdots,nc) \tag{4.35a}$$

$$w_i\rho\boldsymbol{v} = 0 \quad (i = 1,\cdots,nc-1) \tag{4.35b}$$

由式(4.34)可知,扩散流率和对流流率的空间导数均为零,因此在储层中其他位置,这两项导数也均为零。

根据达西定律[式(4.14)],如果 $\boldsymbol{v} = 0$,则可以得到:

$$\nabla p = \frac{\mathrm{d}p}{\mathrm{d}z} = -\rho\boldsymbol{g} \tag{4.36}$$

到这里,式(4.35a)和式(4.36)联合组成了一个 nc 维非线性方程组。其包含 n 个未知数,即 $nc-1$ 个彼此独立的组分质量分数和 1 个压力。

对于这种特殊情况,对式(4.23)进行分析可以发现,矩阵 $\boldsymbol{D}$、$\boldsymbol{M}$ 和 $\boldsymbol{L}$ 被消掉了;流率表达式(等于零)则简化为:

$$\boldsymbol{DF}\,\nabla\boldsymbol{x} + \frac{w_{nc}}{RT^2}\widehat{\boldsymbol{Q}}^{*,m}\,\nabla T + \boldsymbol{V}\,\nabla p = 0 \tag{4.37}$$

鉴于参考水平处的压力、温度和组分组成以及温度梯度(通常认为是常数)均为已知数,因此接下来可以沿着深度对式(4.37)进行积分,从而得到 $nc-1$ 个彼此独立的质量分数:

$$\sum_{j=1}^{nc-1}\sum_{k=1}^{nc-1}W_{ik}F_{kj}\frac{\mathrm{d}w_j}{\mathrm{d}z} + \frac{w_{nc}}{RT^2}\widehat{Q}_i^{*,m}\frac{\mathrm{d}T}{\mathrm{d}z} - \rho g V_i = 0 \quad (i = 1,\cdots,nc-1) \tag{4.38}$$

式中已代入静水柱压力关系式 $\dfrac{\mathrm{d}p}{\mathrm{d}z} = -\rho g$。

通过有限差分法对式(4.38)中的导数项进行近似处理,可以得到:

$$F_i = \sum_{j=1}^{nc-1} \sum_{k=1}^{nc-1} W_{ik} F_{kj} (w_j^m - w_j^{m-1}) + \frac{w_{nc}}{RT^2} \widehat{Q}_i^{*,m} (T_j^m - T_j^{m-1}) - \rho g V_i (z_j^m - z_j^{m-1})$$

$$= 0 \quad (i = 1, \cdots, nc - 1) \tag{4.39}$$

如果第 $m-1$ 个深度水平的压力已知,则可以通过式(4.40)求得第 m 个深度水平的压力:

$$p^m = p^{m-1} - \rho^m g (z^m - z^{m-1}) \tag{4.40}$$

可基于第 m 个深度水平处组分组成的初始估计值,通过进一步计算得到 ρ^m。但是当迭代计算完成后需要反过来对 ρ^m 进行更新。通过牛顿—拉尔森法求解式(4.39):

$$\boldsymbol{w}^{nr+1} = \boldsymbol{w}^{nr} - [\boldsymbol{Jac}(\boldsymbol{w}^{nr})]^{-1} \boldsymbol{F}(\boldsymbol{w}^{nr}) \tag{4.41}$$

式中,nr 为牛顿迭代的次数索引;$\boldsymbol{Jac}(\boldsymbol{w}^{nr})$ 为在第 nr 次迭代得到的雅可比矩阵:

$$(Jac)_{ij} = \frac{\partial F_i}{\partial w_j} \quad (i, j = 1, \cdots, nc - 1) \tag{4.42}$$

$\boldsymbol{w}$ 是一个向量矩阵,其元素为彼此独立的质量分数:

$$\boldsymbol{w} = \begin{bmatrix} w_1 \\ w_2 \\ \cdots \\ w_{nc-1} \end{bmatrix} \tag{4.43}$$

在每一步牛顿迭代中,为了更新矩阵 $\boldsymbol{W}$ 和 $\boldsymbol{F}$ 以及向量 $\boldsymbol{V}$ 中源自状态方程的雅可比矩阵项,必修首先通过式(4.40)对压力进行更新。

针对一维储层中受到重力场和热扩散效应双重影响的烃类混合物,本书第 5 章将基于 Ghorayeb 和 Firoozabadi(2000)以及 Pedersen 和 Lindeloff(2003)两种方法进行模拟计算,并对计算结果进行对比。

如前所述,对于此类储层,首先需要假设处于稳定状态。鉴于此,如果热力学模型的参数值已经得到了拟合优化,那么一维流体柱内组分组成分布剖面的模拟值与实验测试值之间存在的任何偏差可能来自以下原因:源项的存在(流体泄漏或产出),化学反应的发生,在流体充注后储层尚未经历足够长的地质时间达到稳定状态,或者在数学模型中没有考虑到其他问题。

对于存在温度梯度的 2D 或 3D 系统,高低温区域之间的流体密度差异会导致区域压力的微小不平衡,从而引发流体的自然对流。自然对流的速度符合达西定律。可以通过式(4.10)或式(4.13)中的瞬态项对自然对流现象进行模拟。对于油气储层,模拟时间尺度需要达到成藏地质时间的数量级直到储层内部所有点的流体性质都不再发生变化,这样就意味着达到了稳定状态。对于实验室测试,比如在重力场和热扩散效应双重作用下流体柱中的组分组成分布实验(例如,参见 Blanco 等,2000),模拟实验的时间数量级也必须足够大直到系统达到稳定状态。表 4.1 中给出了待求解的方程组类型。不同的方程组适用于不同的温度梯度以及模拟区域维度。

表 4.1　待求解的方程组类型

情况	求解方程组
等温[①]($\nabla T = 0$)	$\widehat{f}_i(T, p^z, \boldsymbol{x}^z) = \widehat{f}_i^{\,z\text{ref}} \exp\left[\dfrac{-M_i g(z - z_{\text{ref}})}{RT} \right], i = 1, \cdots, nc$
非等温[②]($\nabla T \neq 0$),1D	$\boldsymbol{j}_i = 0, i = 1, \cdots, nc$ $\nabla p = -\rho g$ (Ghorayeb 和 Firoozabadi,2000)
非等温[③]($\nabla T \neq 0$),1D、2D 或 3D	$\dfrac{\partial(\phi \rho_i)}{\partial t} + \nabla \cdot \left[\phi(\boldsymbol{j}_{ni} + w_i \rho \boldsymbol{v}) \right] = 0, i = 1, \cdots, nc$

[①] 假定系统处于热力学平衡初始状态;
[②] 假定系统处于稳定的初始状态;
[③] 对瞬态系统进行模拟直到达到稳态。
不同的方程组适用于不同温度梯度以及模拟区域维度

现在,考虑一个存在自然对流的 2D 储层。储层流体为二元二相混合物。用一个 2D 区域($x - z$ 平面)来表征该储层。例如图 4.2 中描绘的笛卡尔 4×4 网格系统。

针对该案例,可以构建出一个 nc 维的物质平衡方程组。其未知数也为 nc 个,包括 $nc - 1$ 个彼此独立的质量分数和压力。这个方程组可以由两个单组分物质平衡方程组成,也可以由一个单组分物质平衡方程以及总物质平衡方程组成。总物质平衡方程为两个单组分物质平衡方程之

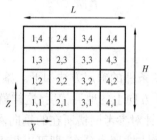

图 4.2　模拟自然对流问题的二维 4×4 网格系统

和。后一种表述方式更便于计算,因为通过求和消掉了扩散流率,从而降低了离散项的复杂度。如果给定参考点的测试条件,就可以根据预定的边界条件和初始条件标准对储层进行初始化,然后进行模拟计算得到模拟区域内所有网格中各组分的质量分数以及压力随时间的变化,直至这些参数不再变化为止。

如果不考虑其中的源项,式(4.10)可表示为:

$$\frac{\partial(\phi \rho_k)}{\partial t} + \nabla \cdot \left[\phi(\boldsymbol{j}_k + w_k \rho \boldsymbol{v}) \right] = 0 \quad (k = 1, \cdots, nc) \tag{4.44}$$

对所有组分的物质平衡方程进行相加,可以得到:

$$\frac{\partial(\phi \rho)}{\partial t} + \nabla \cdot \left[\phi(\rho \boldsymbol{v}) \right] = 0 \tag{4.45}$$

根据达西定律[式(4.14)]可求出整体速度。单相条件下的整体速度可简化为:

$$v = -\frac{K}{\mu}(\nabla P + \rho \, \mathbf{g}) \qquad (4.46)$$

最后,根据 x 和 z 两个方向上的温度梯度,可以通过式(4.23)计算出质量扩散流率。

这里可以采用 Dirichlet(第一类)边界条件,其特征在于,在参考网格处设定压力和组分组成。此外,也可以采用 Neumann 条件(第二类无流动边界条件),即

$$\boldsymbol{j}_k \cdot \boldsymbol{n} = 0 \quad (k = 1,\cdots,nc) \qquad (4.47)$$

$$\boldsymbol{v} \cdot \boldsymbol{n} = 0 \qquad (4.48)$$

即

$$\sum_{l=1}^{nc-1} D_{kl}^m \frac{\partial w_l}{\partial x} + D_k^{T,m} \frac{\partial T}{\partial x} + D_k^{p,M} \frac{\partial p}{\partial x} = 0 \quad (k = 1,\cdots,nc-1) \qquad (4.49)$$

$$v_x = 0 \left(\text{或}\frac{\partial p}{\partial x} = 0\right) \quad (z = 0 \text{ 且 } z = H) \qquad (4.50)$$

并且

$$\sum_{l=1}^{nc-1} D_{kl}^m \frac{\partial w_l}{\partial z} + D_k^{T,m} \frac{\partial T}{\partial z} + D_k^{p,M} \frac{\partial p}{\partial z} = 0 \quad (k = 1,\cdots,nc-1) \qquad (4.51)$$

$$v_z = 0 \left(\text{或}\frac{\partial p}{\partial z} = -\rho g\right) \quad (x = 0 \text{ 且 } x = L) \qquad (4.52)$$

初始条件的确定方法如下。鉴于参考网格处的温度、压力和组分组成均为已知,再加上 x 和 z 两个方向上的地温梯度,这样就可以确定整个模拟区域内的温度场分布。温度场初始化完成后,针对参考网格所在的垂向网格列,通过 1D 算法($\boldsymbol{j}_i = 0$,其中 $i = 1,\cdots,nc$),同时考虑垂向的静水柱压力分布,即可以得到不同高度水平上的组分组成。在其他垂向网格列上重复进行该操作直至得到所有网格的组分组成。这个过程称作 1D 初始化。还可以通过另外一种方法完成 1D 初始化。把参考列中底层网格的压力依次赋给相邻的其他底层网格。鉴于温度场已知,可以通过同样的 1D 算法($\boldsymbol{j}_i = 0$,其中 $i = 1,\cdots,nc$)计算得到所有底层网格的组分组成。然后,以每一个底层网格为基础,自底层至顶层通过 1D 算法计算得到所有网格的组分组成和压力。这种初始化过程称作无对流初始化,也是文献中最常用的方法。不同初始化方法的具体细节参见文献(Bolton 和 Firoozabadi,2014)。

在边界条件得以确定和初始化过程得以完成后,接下来开始问题求解过程。

通过有限差分法对式(4.34)进行离散化。其中的时间导数项可以离散为:

$$\frac{\partial(\phi\rho_k)}{\partial t} \approx \frac{(\phi\rho_k)_{i,j}^{n+1} - (\phi\rho_k)_{i,j}^{n}}{t^{n+1} - t^n} \quad (k = 1,\cdots,nc) \qquad (4.53)$$

其中,n 为时间步长的次数索引;i、j 分别为离散网格在 x、z 方向的序号索引,序号索引指向网格块的中心(而非边界)。

流率散度的差分形式可以表述为:

$$\nabla \cdot (\phi w_k \rho \boldsymbol{v}) = \frac{\partial (\phi w_k \rho \boldsymbol{v})}{\partial x} + \frac{\partial (\phi w_k \rho \boldsymbol{v})}{\partial z} \approx \frac{(\phi w_k \rho \boldsymbol{v})_{i+\frac{1}{2},j}^{n,n+1} - (\phi w_k \rho \boldsymbol{v})_{i-\frac{1}{2},j}^{n,n+1}}{x_{i+\frac{1}{2}} - x_{i-\frac{1}{2}}} +$$

$$\frac{(\phi w_k \rho \boldsymbol{v})_{i,j+\frac{1}{2}}^{n,n+1} - (\phi w_k \rho \boldsymbol{v})_{i,j-\frac{1}{2}}^{n,n+1}}{z_{j+\frac{1}{2}} - z_{j-\frac{1}{2}}} \quad (k = 1, \cdots, nc) \tag{4.54}$$

其中,索引号 $i + \frac{1}{2}$、$i - \frac{1}{2}$、$j + \frac{1}{2}$、$j - \frac{1}{2}$ 分别为与块中心网格 i、j 相邻的四个边界界面。关于时间步长的次数索引,主要变量(即组分组成,在该案例中指的是 w_k)将在前一个时间步(第 n 个时间步)中进行计算,而压力需要在当前时间步(第 $n+1$ 个时间步)中进行计算更新。在数值法求解方程组的过程中,变量更新时机(时间步)的这种方法称作 IMPEC(隐式压力显式组分组成)法。下文将对该方法进行详细介绍。

把达西公式代入方程中的速度项,可以得到:

$$\nabla \cdot (\phi w_k \rho \boldsymbol{v}) \approx \frac{\left[\phi w_k \rho \dfrac{-K}{\mu} \nabla(p + \rho gz)\right]_{i+\frac{1}{2},j}^{n,n+1} - \left[\phi w_k \rho \dfrac{-K}{\mu} \nabla(p + \rho gz)\right]_{i-\frac{1}{2},j}^{n,n+1}}{x_{i+\frac{1}{2}} - x_{i-\frac{1}{2}}} +$$

$$\frac{\left[\phi w_k \rho \dfrac{-K}{\mu} \nabla(p + \rho gz)\right]_{i,j+\frac{1}{2}}^{n,n+1} - \left[\phi w_k \rho \dfrac{-K}{\mu} \nabla(p + \rho gz)\right]_{i,j-\frac{1}{2}}^{n,n+1}}{z_{j+\frac{1}{2}} - z_{j-\frac{1}{2}}}$$

$$(k = 1, \cdots, nc) \tag{4.55}$$

再次利用有限差分法对测压管压力进行离散。考虑到 x 方向网格块所处的深度相等,则可以抵消掉静水柱压力项 ρgz 。由此可得:

$$\nabla(p + \rho gz)_{i+1/2} = \frac{p_{i+1} - p_i}{x_{i+1} - x_i} \tag{4.56}$$

$$\nabla(p + \rho gz)_{i+1/2} = \frac{(p + pgz)_{j+1} - (p + pgz)_j}{z_{j+1} - z_j} \tag{4.57}$$

如果采用的是尺寸均匀的网格系统,将式(4.56)和式(4.57)代入式(4.55)中,即可以得到:

$$\nabla \cdot (\phi w_k \rho \boldsymbol{v}) \approx \frac{\left[\phi w_k \rho \dfrac{-K}{\mu}\right]_{i+\frac{1}{2},j}^{n,n+1} (p_{i+1} - p_i)^{n+1} - \left[\phi w_k \rho \dfrac{-K}{\mu}\right]_{i-\frac{1}{2},j}^{n,n+1} (p_i - p_{i-1})^{n+1}}{(\Delta x)^2} +$$

$$\frac{\left[\phi w_k \rho \dfrac{-K}{\mu}\right]_{i,j+\frac{1}{2}}^{n,n+1} \left[(p + \rho gz)_{j+1} - (p + \rho gz)_j\right]^{n+1} - \left[\phi w_k \rho \dfrac{-K}{\mu}\right]_{i,j-\frac{1}{2}}^{n,n+1} \left[(p + \rho gz)_j - (p + \rho gz)_{j-1}\right]^{n+1}}{(\Delta z)^2}$$

$$(k = 1, \cdots, nc) \tag{4.58}$$

网格界面 $i + \frac{1}{2}$、$i - \frac{1}{2}$、$j + \frac{1}{2}$、$j - \frac{1}{2}$ 处的其他性质均基于迎风技术进行计算。所谓迎风技术,即某一个界面的所有性质可以取被该界面分隔开的两个网格块对应性质的平均值,或者取具有更高压力的相邻网格块的性质。其他的赋值方法参见文献(Ertekin 等,2001)。

扩散流率的散度可近似离散为:

$$\nabla \cdot \boldsymbol{j}_k = \frac{\partial j_{k,i}}{\partial x} + \frac{\partial j_{k,j}}{\partial z} \approx \frac{j_{k_{i+\frac{1}{2},j}} - j_{k_{i-\frac{1}{2},j}}}{\Delta x} + \frac{j_{k_{i,j+\frac{1}{2}}} - j_{k_{i,j-\frac{1}{2}}}}{\Delta z} \quad (k = 1, \cdots, nc) \tag{4.59}$$

其中

$$j_{k_{i+\frac{1}{2},j}} = -\rho \Big[\sum_{l=1}^{nc-1} (D_{kl}^m)_{i+\frac{1}{2},j} \frac{w_{l_{i+1,j}} - w_{l_{i,j}}}{\Delta x} + (D_k^{T,m})_{i+\frac{1}{2},j} \frac{T_{i+1,j} - T_{i,j}}{\Delta x} + (D_k^{p,m})_{i+\frac{1}{2},j} \frac{p_{i+1,j} - p_{i,j}}{\Delta x} \Big]$$

$$(k = 1, \cdots, nc) \tag{4.60a}$$

$$\nabla \cdot \boldsymbol{j}_k = \frac{\partial j_{k,i}}{\partial x} + \frac{\partial j_{k,j}}{\partial z} \approx \frac{j_{k_{i+\frac{1}{2},j}} - j_{k_{i-\frac{1}{2},j}}}{\Delta x} + \frac{j_{k_{i,j+\frac{1}{2}}} - j_{k_{i,j-\frac{1}{2}}}}{\Delta z} \quad (k = 1, \cdots, nc) \tag{4.60b}$$

$$j_{k_{i,j+\frac{1}{2}}} = -\rho \Big[\sum_{l=1}^{nc-1} (D_{kl}^m)_{i,j+\frac{1}{2}} \frac{w_{l_{i,j+1}} - w_{l_{i,j}}}{\Delta x} + (D_k^{T,m})_{i,j+\frac{1}{2}} \frac{T_{i,j+1} - T_{i,j}}{\Delta x} + (D_k^{p,m})_{i,j+\frac{1}{2}} \frac{p_{i,j+1} - p_{i,j}}{\Delta x} \Big]$$

$$(k = 1, \cdots, nc) \tag{4.60c}$$

$$j_{k_{i,j-\frac{1}{2}}} = -\rho \Big[\sum_{l=1}^{nc-1} (D_{kl}^m)_{i,j-\frac{1}{2}} \frac{w_{l_{i,j}} - w_{l_{i,j-1}}}{\Delta x} + (D_k^{T,m})_{i,j-\frac{1}{2}} \frac{T_{i,j} - T_{i,j-1}}{\Delta x} + (D_k^{p,m})_{i,j-\frac{1}{2}} \frac{p_{i,j} - p_{i,j-1}}{\Delta x} \Big]$$

$$(k = 1, \cdots, nc) \tag{4.60d}$$

对于二元混合物,可以把压力项提取出来置于更显眼的位置,由此可以得到:

$$F_{1_{i,j}} = \frac{(\phi \rho_1)_{i,j}^{n+1} - (\phi \rho_1)_{i,j}^n}{t^{n+1} - t^n} + \frac{\left(-\phi w_1 \rho \dfrac{K}{\mu} - \rho D_1^p \right)_{i+1/2,j}^{w_1^n, p_{i,j}^{n+1}, p_{i+1,j}^{n+1}}}{(\Delta x)^2} p_{i+1,j}^{n+1} +$$

$$\frac{\left[-\phi w_1 \rho \dfrac{K}{\mu} - \rho D_1^p \right]_{i,j+1/2}^{w_1^n, p_{i,j}^{n+1}, p_{i+1,j}^{n+1}}}{(\Delta z)^2} p_{i,j+1}^{n+1} +$$

$$\left(\frac{\left(-\phi w_1 \rho \dfrac{K}{\mu} - \rho D_1^p \right)_{i+1/2,j}^{w_1^n, p_{i,j}^{n+1}, p_{i+1,j}^{n+1}}}{(\Delta x)^2} + \frac{\left(-\phi w_1 \rho \dfrac{K}{\mu} - \rho D_1^p \right)_{i-1/2,j}^{w_1^n, p_{i,j}^{n+1}, p_{i-1,j}^{n+1}}}{(\Delta x)^2} + \right.$$

$$\left. \frac{\left(-\phi w_1 \rho \dfrac{K}{\mu} - \rho D_1^p \right)_{i,j+1/2}^{w_1^n, p_{i,j}^{n+1}, p_{i,j+1}^{n+1}}}{(\Delta z)^2} + \frac{\left(-\phi w_1 \rho \dfrac{K}{\mu} - \rho D_1^p \right)_{i,j-1/2}^{w_1^n, p_{i,j}^{n+1}, p_{i,j-1}^{n+1}}}{(\Delta z)^2} \right) p_{i,j}^{n+1} +$$

$$\frac{\left(-\phi w_1 \rho \dfrac{K}{\mu} - \rho D_1^p \right)_{i-1/2,j}^{w_1^n, p_{i,j}^{n+1}, p_{i-1,j}^{n+1}}}{(\Delta x)^2} p_{i-1,j}^{n+1} + \frac{\left(-\phi w_1 \rho \dfrac{K}{\mu} - \rho D_1^p \right)_{i,j-1/2}^{w_1^n, p_{i,j}^{n+1}, p_{i,j-1}^{n+1}}}{(\Delta z)^2} p_{i,j-1}^{n+1} +$$

$$\xi(w_{1_{i+1,j}}^n, w_{1_{i,j}}^n, w_{1_{i-1,j}}^n, w_{1_{i,j+1}}^n, w_{1_{i,j}}^n, w_{1_{i,j-1}}^n, p_{i+1,j}^n, p_{i,j}^n + p_{i-1,j}^n, p_{i,j+1}^n, p_{i,j}^n, p_{i,j}^n - 1) = 0 \quad (4.61)$$

式中，$F_{1_{i,j}}$ 为块中心网格 i,j 中组分#1 的物质平衡函数；ξ 为单元格 i,j 相邻网格中所有主要变量的函数，其表达式很长。这些主要变量的数值计算已在前一个时间步中完成，因此均为已知数。式(4.61)中压力系数项的大小与压力自身有关（参见界面参数的上标），无论是否采用迎风技术。这也就决定了离散化得到的代数方程具有非线性，可以通过诸如牛顿 - 拉尔森方法（Newton - Raphson）进行求解。在继续求解之前，对整体物质平衡函数也进行同样的处理。由于该函数中不存在扩散流率项，所以其离散形式更加简单。

$$F_{G_{i,j}} = \frac{(\phi\rho)_{i,j}^{n+1} - (\phi\rho)_{i,j}^{n}}{\Delta t} + \frac{\left(-\phi\rho\frac{K}{\mu}\right)_{i+1/2,j}^{w_1^n, p_{i,j}^{n+1}, p_{i+1,j}^{n+1}}}{(\Delta x)^2} p_{i+1,j}^{n+1} +$$

$$\left[\frac{\left(\phi\rho\frac{K}{\mu}\right)_{i+1/2,j}^{w_1^n, p_{i,j}^{n+1}, p_{i+1,j}^{n+1}} + \left(\phi\rho\frac{K}{\mu}\right)_{i-1/2,j}^{w_1^n, p_{i,j}^{n+1}, p_{i-1,j}^{n+1}}}{(\Delta x)^2} + \frac{\left(\phi\rho\frac{K}{\mu}\right)_{i,j+1/2}^{w_1^n, p_{i,j+1}^{n+1}, p_{i,j}^{n+1}} + \left(\phi\rho\frac{K}{\mu}\right)_{i,j-1/2}^{w_1^n, p_{i,j}^{n+1}, p_{i,j-1}^{n+1}}}{(\Delta z)^2}\right] p_{i,j}^{n+1} +$$

$$\frac{\left(-\phi\rho\frac{K}{\mu}\right)_{i-1/2,j}^{w_1^n, p_{i,j}^{n+1}, p_{i-1,j}^{n+1}}}{(\Delta x)^2} p_{i-1,j}^{n+1} + \frac{\left(-\phi\rho\frac{K}{\mu}\right)_{i,j+1/2}^{w_1^n, p_{i,j}^{n+1}, p_{i,j+1}^{n+1}}}{(\Delta z)^2} p_{i,j+1}^{n+1} + \frac{\left(-\phi\rho\frac{K}{\mu}\right)_{i,j-1/2}^{w_1^n, p_{i,j}^{n+1}, p_{i,j-1}^{n+1}}}{(\Delta z)^2} p_{i,j-1}^{n+1} +$$

$$\xi_G(w_{1_{i,j}}^n, w_{1_{i,j-1}}^n, w_{1_{i,j+1}}^n, p_{i,j}^n, p_{i,j+1}^n, p_{i,j-1}^n) \quad (4.62)$$

其中

$$\xi_G(w_{1_{i,j}}^n, w_{1_{i,j-1}}^n, w_{1_{i,j+1}}^n, p_{i,j}^n, p_{i,j+1}^n, p_{i,j-1}^n) = \frac{\left(-\phi\rho\frac{K}{\mu}\right)_{i,j+1/2}^{w_1^n, p_{i,j}^n, p_{i,j+1}^n}}{(\Delta z)^2} (\rho g z)_{i,j+1}^n +$$

$$\left[\frac{\left(-\phi\rho\frac{K}{\mu}\right)_{i,j+1/2}^{w_1^n, p_{i,j}^n, p_{i,j+1}^n} + \left(-\phi\rho\frac{K}{\mu}\right)_{i,j-1/2}^{w_1^n, p_{i,j}^n, p_{i,j-1}^n}}{(\Delta z)^2}\right] (\rho g z)_{i,j}^n +$$

$$\frac{\left(-\phi\rho\frac{K}{\mu}\right)_{i,j-1/2}^{w_1^n, p_{i,j}^n, p_{i,j-1}^n}}{(\Delta z)^2} (\rho g z)_{i,j-1}^n \quad (4.63)$$

式中，$F_{G_{i,j}}$ 为块中心网格 i,j 的整体物质平衡函数。

　　图 4.2 所示的离散网格系统中包含 16 个网格。每一个网格对应着 2 个非线性方程，即 $F_{1_{i,j}}$ 和 $F_{G_{i,j}}$。其未知数也为 2 个，即 $w_{1_{i,j}}$ 和 $p_{i,j}$。这 32 个非线性方程就构成了一个封闭的方程组。采用牛顿—拉尔森法进行求解时，会得到一个三对角稀疏拉尔森矩阵，如图 4.3 所示。该矩阵中的非零元素意味着该元素代表的相邻网格块（或者网格块 i,j 本身）对网格块 i,j 的主要变量存在影响。例如，在拉尔森矩阵的第一和第二行[网格(1,1)的单组分物质平衡和整体物质平衡]中，在其时间项中，除了网格(1,1)自身的组分组成之外，只有网格(1,1)、网格(2,1)和网格(1,2)的压力属性对这两个物质平衡方程有影响，因此只有这三个位置具有非零

的空间导数,也即在拉尔森矩阵中只有与之对应的三个元素具有非零值。鉴于这些空间导数的原方程过于复杂,可以通过数值微分进行求解。求解过程中的增量大小由用户自行选择。需要注意的是,在每一个时间步中,均需要把前一个时间步计算出的组分组成数值代入式(4.24)至式(4.28)中进一步求解得到扩散系数,这样就可通过显式方法计算出流率,然后代入到式(4.61)的 ξ 项中。

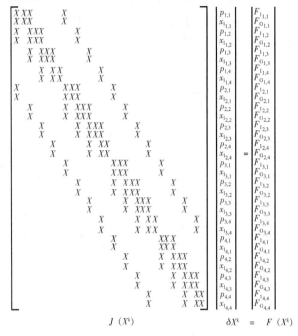

图 4.3　第 k 次牛顿—拉尔森迭代时稀疏雅可比矩阵的结构: $\delta \boldsymbol{X}^k = \boldsymbol{X}^{k+1} - \boldsymbol{X}^k$

IMPEC 求解方式最显著的特征在于,通过一些简单的初等运算,把主要变量的求解过程分开进行,也即先行求解压力,然后把得到的压力值直接代入剩余方程中进一步求解得到质量分数。在本例中,利用块中心网格 (i,j) 的其中一个方程可以消去另外一个方程中组分#1 的质量分数所对应的元素(使该位置的数值变为 0)。例如,利用第 2 行,通过一次简单的高斯消元运算,就可以使第 1 行的第 2 个元素的值消为 0(从此以后,质量分数的系数为 0,只有压力系数不为 0)。同样的消元运算可以在第 3 行和第 4 行之间进行,依此类推,直至最后一行。进行一次高斯消元运算后,雅可比矩阵的结构会变为如图 4.4 所示的形式。把经过消元的行提取出来,去掉其中的 0 元素,单独组成一个简化的雅可比矩阵,如图 4.5 所示。该矩阵的所有元素均为压力系数,进行求解即可以得到压力。为了求解这个方程组,需要把图 4.5 所示的简化雅可比矩阵转化为一个上三角矩阵。这个转化过程需要把矩阵下对角中的所有元素均消为 0。需要注意的是,只有第 1 行可用于消去第 2 行和第 5 行中的下对角元素。完成这一步运算后,第 5 行中第 2 个元素会具有一个新值(原本为 0)。接下来,可以利用被第 1 行修正后的新第 2 行对第 3 行、第 5 行和第 6 行进行消元运算。图 4.6 所示给出了上三角矩阵的最终形式。其中的零值元素和黑色菱形元素均为经过多次初等运算修改后的位置。通过回代,即可最先求得网格 (4,4) 的压力。

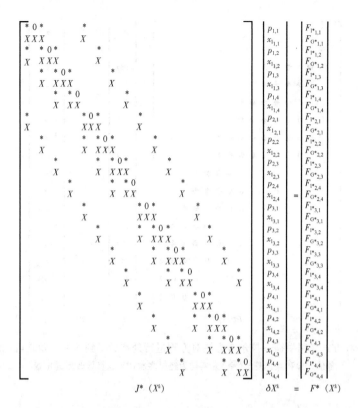

图 4.4　通过高斯消元法对雅可比矩阵奇数行中代表质量分数的位置进行消元

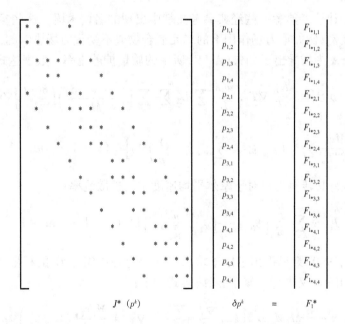

图 4.5　基于 IMPEC 方式采用牛顿－拉尔森方法对方程进行处理后得到的简化版雅可比矩阵(仅保留压力系数)

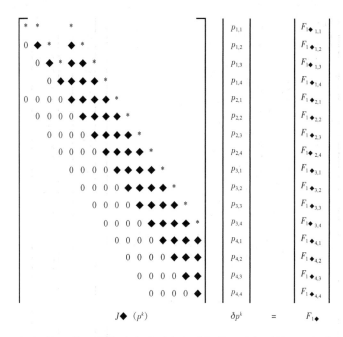

图 4.6   基于 IMPEC 方式采用牛顿—拉尔森方法对方程进行处理后得到的上三角雅可比矩阵的最终形式
零值元素和黑色菱形(◆)元素均为经过多次初等运算修改后的位置

4.4   习题

本节目的在于让读者熟悉一些经典参考文献中出现的名词术语。这些参考文献主要针对的是相对简单的案例,例如重力场作用下的二元混合物或不受重力场影响的二元混合物。

习题 1   附录 A 中推导出了如式(A.99)所示的质量扩散流率一般表达式:

$$j_i = -\rho D_{ic} a_{ic} \left[\frac{K_{Ti}}{T} \nabla T + \frac{w_i M}{L_{ii}} \sum_{k=1}^{nc-1} L_{ik} \sum_{j=1}^{nc-1} \sum_{l=1}^{nc-1} \left(\frac{w_j + w_{nc} \delta_{jk}}{M_j} \right) \left(\frac{\partial ln f_j}{\partial w_l} \right) \nabla w_l + \right.$$

$$\left. \frac{M w_i}{RTL_{ii}} \sum_{k=1}^{nc-1} L_{ik} \left(w_{nc} \tilde{v}_k + \sum_{j=1}^{nc-1} w_j \tilde{v}_j - \frac{1}{\rho} \right) \nabla p \right] \quad (i = 1, \cdots, nc-1) \qquad (A.99)$$

并通过式(A.125)将其转换为相对于摩尔平均速度轴的扩散流率:

$$J_i = \sum_{k=1}^{nc-1} \frac{j_k}{M_k} \left[\delta_{ik} - \frac{x_i}{x_k} \left(x_k - \frac{w_k}{w_{nc}} x_{nc} \right) \right] \quad (i = 1, \cdots, nc-1) \qquad (A.125)$$

文献(Bird 等,1960)最早提出了用于求取二元混合物中组分#1 的扩散流率表达式,后来文献(Firoozabadi,1999)又进行了修正,最终形式如下:

$$J_1 = -\frac{c^2}{\rho} M_1 M_2 D_{12}^* \left[k_{T,1} \frac{\nabla T}{T} + \frac{\partial ln f_1}{\partial ln x_1} \nabla x_1 + \frac{M_1 x_1}{RT} \left(\frac{\bar{v}_1}{M_1} - \frac{1}{\rho} \right) \nabla p \right]$$

式中,c 为物质的量浓度并且 $D_{12}^* = D_{12} \dfrac{M}{M_1 M_2}$。

请在式(A.99)和式(A.125)的基础上对上式进行推导。

习题2　对于同一个处于平衡状态的二元系统,即 $\nabla T = 0$,并且 $J_i = 0$,其中 $i = 1$ 或2,请证明习题1中扩散流率表达式可简化为第3章习题1中的等式。

习题3　对于同一个处于平衡状态的二元系统, $J_i = 0$,其中 $i = 1$ 或2,并且不受重力场($\nabla p = 0$)的影响,请推导出 Shukla 和 Firoozabadi(1998)提出的热扩散因系数表达式:理论系数(α)和实验系数($\alpha_{\exp}$):

$$\alpha_{\exp} = \frac{k_{T,1}}{x_1 x_2} \frac{\partial \ln x_1}{\partial \ln f_1} = \alpha \frac{\partial \ln x_1}{\partial \ln f_1}$$

其中

$$\alpha = \frac{k_{T,1}}{x_1 x_2}$$

$$\frac{\nabla x_1}{x_1 x_2} = \alpha_{\exp} \frac{\nabla T}{T} \rightarrow \alpha_{\exp} = \frac{\ln\left[(x_1/x_2)^{\mathrm{H}} (x_2/x_1)^{\mathrm{c}} \right]}{\ln\left(\dfrac{T^{\mathrm{H}}}{T^{\mathrm{C}}} \right)}$$

式中,上标 H 和 C 分别表示分离实验装置的高温侧和低温侧,实验装置不受重力场的影响。

试讨论在上述方程积分过程中的一些注意事项,以及文献(Shukla 和 Firoozabadi,1998)中使用的正负号转换。

习题4　对于同一个处于平衡状态的二元系统,式(A.168)开始(见附录 A)表征的是以质量单位为基础的扩散流率:

$$\underline{j}^t = -\rho\left[\boldsymbol{DMLWF}\,(\nabla w^t)^t + \frac{w_{nc}}{RT^2}\boldsymbol{DMLQ}^{*,m}\,(\nabla T)^t + \boldsymbol{DMLV}(\nabla p)^t \right] \quad (\mathrm{A.168})$$

式(A.125)可用于将质量扩散流率转换为摩尔扩散流率:

$$J_i = \sum_{k=1}^{nc-1} \frac{j_k}{M_k}\left[\delta_{ik} - \frac{x_i}{x_k}\left(x_k - \frac{w_k}{w_{nc}}x_{nc} \right) \right] \quad (i = 1, \cdots, nc-1) \quad (\mathrm{A.125})$$

通过下面这个公式可以把热扩散系数与相对于摩尔平均速度轴的净传输热 $Q_i^{*,M}$ 相互关联起来:

$$\alpha_{\exp} = \frac{Q_2^{*,M} - Q_1^{*,M}}{x_1 \dfrac{\partial \mu_1}{\partial x_1}}$$

式中, $Q_i^{*,M} = \dfrac{M_1 M_2}{M} Q_i^{*,m}$,并且 $\alpha = \alpha_{\exp} \dfrac{\partial \ln f_1}{\partial \ln x_1} = \dfrac{Q_2^{*,M} - Q_1^{*,M}}{RT}$ 。

请基于式(A.168)和式(A.125),对上面的公式进行推导。

习题5　对于一个定压稳态二元混合物,文献(Platten,2006)中提出 Soret 系数来表示热扩散系数(D^T)与分子扩散系数(D^m)之间的比值。稳态可以表示为: $\dfrac{\partial w_1}{\partial x} = -S_T w_1 w_2 \dfrac{\partial T}{\partial x}$,其中

$$S_T = \frac{D^T}{D^m} \text{。}$$

Soret 系数基于的质量扩散流率可以表示为：

$$j_1 = -\rho D^m \frac{\partial w_1}{\partial x} - \rho D^T w_1 w_2 \frac{\partial T}{\partial x}$$

将 Soret 系数表示为式(A. 111)和式(A. 112)中定义变量的函数(见附录 A)。以质量单位为基础重新推导习题 4 中定义的 α_{exp}，并建立该参数与 S_T 的关系。推导 S_T 与以质量单位为基础的净传输热 $Q_i^{*,m}$ 之间的关系式。

参 考 文 献

Abbasi A, Saghir M Z, Kawaji M. 2009. A new proposed approach to estimate the thermodiffusion coefficients for linear – chain hydrocarbon binary mixtures. J. Chem. Phys. 131, 014502.

Abbasi A, Saghir M Z, Kawaji M. 2010. Theoretical and experimental comparison of the Soret effect for binary mixtures of toluene and n – hexane, and benzene and n – heptane. J. Nonequilib. Thermodyn. 35, 1 – 14.

Abbasi A, Saghir M Z, Kawaji M. 2011. Study of thermodiffusion of carbon dioxide in binary mixtures of n – butane & carbon dioxide and n – dodecane & carbon dioxide in porous media. Int. J. Therm. Sci. 50, 124 – 132.

Artola P A, Rousseau B. 2007. Microscopic interpretation of a pure chemical contribution of the Soret effect. Phys. Rev. Lett. 98, 125901.

Bird R B, Stewart W E, Lightfoot E N. 1960. Transport Phenomena. John Wiley and Sons, Inc, New York.

Bolton E W, Firoozabadi A. 2014. Numerical modeling of temperature and species distributions in hydrocarbon reservoirs. J. Geophys. Res. : Solid Earth 119, 18 – 31.

Coats K H. 1969. Elements of Reservoir Simulation. University of Texas.

De Groot S R, Mazur P. 1962. Nonequilibrium Thermodynamics. North – Holland Publishing Co. , Amsterdam.

Dougherty E L, Drickamer H G. 1955. A theory of thermal diffusion in liquids. J. Chem. Phys. 23 (2).

Ertekin T, Abou – Kassem J H, King G R. 2001. Basic applied reservoir simulation. SPE Textbook Ser. 7.

Firoozabadi A. 1999. Thermodynamics of Hydrocarbon Reservoirs. McGraw – Hill.

Firoozabadi A, Ghorayeb K, Shukla K. 2000. Theoretical model of thermal diffusion factors in multicomponent mixtures. AIChE J. 46 (May 5), 892 – 900.

Fitts D D. 1962. Nonequilibrium Thermodynamics. McGraw – Hill Series in Advanced Chemistry.

Ghorayeb K, Firoozabadi A. 2000. Modeling multicomponent diffusion and convection in porous media. SPE J. 5 (June (2)), 158 – 171.

Ghorayeb K, Anraku T, Firoozabadi A. 2000. Interpretation of the fluid distribution and GOR behavior in the Yufutsu fractured gas – condensate field, SPE 59437, SPE Asia Pacific Conference, Yokohama, Japan.

Glasstone S, Laidler K J, Eyring H. 1941. The Theory of Rate Processes. McGraw – Hill Book Co, New York.

Haase R. 1969. Thermodynamics of Irreversible Processes. Addison – Wesley.

Hashmi, Sara M, Senthilnathan S, et al. 2016. Thermodiffusion of polycyclic aromatic hydrocarbons in binary mixtures. J. Chem. Phys. 145, 184503.

Hoteit H, Firoozabadi A. 2006. Compositional modeling by the combined discontinuous Galerkin and mixed methods. SPE J. 11 (1), 19 – 34.

Leahy – Dios A, Firoozabadi A. 2007. Unified model for nonideal multicomponent molecular diffusion coefficients.

AIChE J. 53（11）,2932 – 2939.

Moortgat J, Firoozabadi A, Li Z, et al. 2013. CO_2 injection in vertical and horizontal cores: measurements and numerical simulation,SPE 135563. SPE J. 1 – 14.

Pedersen K S,Hjermstad H P. 2006. Modeling of large hydrocarbon compositional gradient,SPE 101275,Abu Dhabi International Petroleum Exhibition and Conference.

Pedersen K S,Lindeloff N. 2003. Simulations of compositional gradients in hydrocarbon reservoirs under the influence of a temperature gradient,SPE 84364,SPE Annual Technical Conference and Exhibition,Denver,Colorado.

Platten J K. 2006. The Soret effect:a review of recent experimental results. J. Appl. Mech. 73,5 – 15.

Shukla K, Firoozabadi A. 1998. A new model of thermal diffusion coefficients in binary hydrocarbon mixtures. Ind. Eng. Chem. Res. 37,3331 – 3342.

Yan Y,Blanco P,Saghir M Z,et al. 2008. An improved theoretical model for thermal diffusion coefficient in liquid hydrocarbon mixtures:comparison between experimental and numerical results. J. Chem. Phys. 129,194507.

5 文献中的经典案例

从本章开始将要讲述的案例针对的是简单混合物中热扩散效应对组分组成分异的影响。本章介绍的几个案例均来自参考文献。在部分案例中,作者利用第 4 章(不可逆热力学及其在油藏工程中的应用)中提出的理论对一些实验进行了模拟。有一些案例对实际储层中热扩散效应对组分组成分异的影响进行了研究。需要说明的是,我们对这些案例的解释只是起点并非终点,既可以为相关研究奠定基础,也可以为特定案例研究提供思路,如同第 6 章(案例研究)的内容。

5.1 二元烃类混合物的热传输

1998 年,针对一个简化的定压系统,Shukla 和 Firoozabadi 提出了二元烃类混合物中热传输的理论模型(详见附录 B)。以第 4 章中的问题求解作为基础,这样就容易理解文献(Shukla 和 Firoozabadi,1998)中的求解过程。作者们把热扩散系数作为传输热的函数,对比了该系数的模拟值和其他研究者的实验测试值。这些实验人员在忽略重力场影响的条件下,分别测定了稳定状态下实验装置高温端和低温端的组分组成。热扩散系数模拟值和实验值之间的关系可以用式(5.1)进行描述:

$$\alpha_{\text{exp}} = \frac{\ln\left[(x_1/x_2)^{\text{H}} (x_2/x_1)^{\text{c}} \right]}{\ln\dfrac{T^{\text{H}}}{T^{\text{C}}}} = \frac{Q_2^{*,M} - Q_1^{*,M}}{x_1 \left(\dfrac{\partial \mu_1}{\partial x_1}\right)_{T,p}} \tag{5.1}$$

式中, α_{exp} 为热扩散系数(或 Soret 系数),基于装置高温端和低温端实测的温度和组分组成通过上式计算得到。组分的化学势变化 $\left(\dfrac{\partial \mu_1}{\partial x_1}\right)_{T,p}$ 可以利用拟合调参后的状态方程计算得到。对于 C_1—C_3 系统,Shukla 和 Firoozabadi(1998)采用的是 PR 状态方程,其中的二元交互作用参数 $(k_{C_1-C_3})$ 的值设为 0.01。至于净传输热计算模型中的参数 τ_i ,作者使用的推荐值为 4.0。对于 C_7—C_{12} 系统,参数 τ_i 的数值应该在 3.5 ~ 4.0。

附录 D 中给出了 Pedersen 等(Pedersen 和 Lindeloff,2003;Pedersen 和 Hjermstad,2006)提出的理论模型。该模型的可调参数是理想气体状态热熔。在拟合调参后的状态方程残余项中引入这个参数的目的在于,为热传输模型或者等效的修正等逸度方程[式(D.28)]的求解提供真实热熔值。表 5.1 中给出了文献(Pedersen 和 Lindeloff,2003)中使用的理想气体状态热熔值。

表 5.1 文献(Pedersen 和 Lindeloff,2003)中使用的理想气体(IG)热熔值

组成	$h_i^{\text{IG}}/(M_i R)\,(\text{K/g})$	组成	$h_i^{\text{IG}}/(M_i R)\,(\text{K/g})$
N_2	1.0	C_1	0.0
CO_2	17.0	C_2	3.9

组成	$h_i^{\mathrm{IG}}/(M_i R)$ (K/g)	组成	$h_i^{\mathrm{IG}}/(M_i R)$ (K/g)
C_3	15.8	C_6	48.4
C_4	7.1	C_{7+}	50.0
C_5	37.3		

文献（Pedersen 和 Hjermstad, 2006）中提出了计算理想气体状态热焓的经验公式。在该公式中, 理想气体状态热焓是烃组分摩尔质量的函数（把甲烷作为参考组分, 并且假设其理想气体状态热焓为零）:

$$\frac{h_i^{\mathrm{IG}}}{RT_0} = 0.2806 M_i - 4.5011 \quad (i = 1, \cdots, nc) \tag{5.2}$$

式中, $T_0 = 298.15\mathrm{K}$ 为理想气体状态热焓的基准温度。

图 5.1 至图 5.4 所示为各模型（Shukla 和 Firoozabadi, 1998; Pedersen 和 Lindeloff, 2003; Pedersen 和 Hjermstad, 2006）计算结果之间的对比。后两种模型的模拟计算可以借助于以下两种方式:（1）把附录 D 中热传输模型的热焓表达式代入式(5.1);（2）直接通过式(D.28)进行计算, 为了消除重力的影响, 系统的高度差必须足够小。需要注意的是, 鉴于组分组成梯度 ∇x_i 与 $\nabla T/T$ 成正比, 因此 α_{exp} 与温度梯度无关, 其值保持恒定。T 为实验的基准温度, 取 T^{H} 和 T^{C} 的中间值, 但与这两个温度值都很接近。

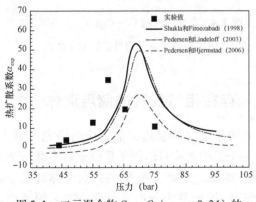

图 5.1　二元混合物 C_1—C_3 ($x_{C_1} = 0.34$) 的热扩散系数 α_{exp} 随压力的变化曲线（$T = 346\mathrm{K}$）

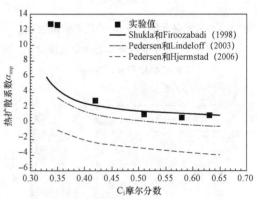

图 5.2　二元混合物 C_1—C_3 的热扩散系数 α_{exp} 随着 C_1 组分摩尔分数的变化曲线 （$T = 346\mathrm{K}$ 和 $p = 55\mathrm{bar}$）

对于二元混合物系统 C_1—C_3, 当甲烷的摩尔分数 $x_{C_1} = 0.34$ 时, 其临界温度为 346K。由于未能考虑到近临界条件下发生的某些现象（将在下文进一步讨论）, Shukla 和 Firoozabadi 提出的热传输模型无法很好地拟合实验数据, 至少在采用默认参数的情况下会存在这种缺陷。但是, 通过改变组分组成使混合物远离其临界区域可以提升该模型的模拟精度, 比如对于 C_7—C_{12} 混合物。从上述图中可以定性地发现, 文献（Pedersen 和 Lindeloff, 2003; Pedersen 和 Hjermstad, 2006）提出的理论模型也存在同样的问题。这就意味着这些作者在计算过程中采用的原始参数值需要根据情况重新进行估值。考虑到理想气体状态热焓是流体组分的内在性质,对其重新估值会引起很大不便。这也许是 Pedersen 及其合作者提出的热传输模型的主要缺陷。Shukla 和 Firoozabadi 模型的主要缺陷之一是偏摩尔体积不能为负值。要知道,在混合物的临界区域中发生这种情况的概率很高(注意,这种情况在本例中意味着 $\bar{v}_{C_3} < 0$)。该缺陷还有可能导致 ψ_i 分数(在附录 B 中定义的参数)产生异常值。作者在计算 ψ_i 时倾向于使用偏摩尔体积模块。如果不对参数 τ_i 重新进行估值,则这样的选择肯定会影响模型的计算精度,使之无法准确模拟临界区域中热扩散导致的混合物组分分离。本书在这里给新来的研究人员指出一条有趣的研究思路:建立一个具有更高精度和计算稳定性的热传输模型,最好该模型能够适合近临界多组分系统。在本章下面的示例中,本书将提出一些重新估算参数值的方法。这些方法能够改善前述理论模型对组分组成分异的预测精度。

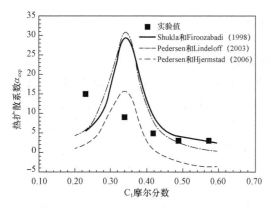

图 5.3　二元混合物 C_1—C_3 的热扩散系数 α_{exp}
随着 C_1 组分摩尔分数的变化曲线
($T = 346K$ 和 $p = 75bar$)

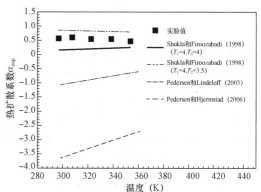

图 5.4　二元混合物 C_7—C_{12} ($x_{C_7} = 0.5$)的
热扩散系数 α_{exp} 随温度的变化曲线
($p = 1.01325bar$)

5.2　存在相态反转的储层流体

在关于油气储层热扩散效应的研究文献中,其中一个最引人注目的例子是位于日本北海道的 Yufutsu 油田。该储层渗透率极低,流体只能通过裂缝流动,因而其组分组成分异研究无须考虑自然对流。在 2000、2002 和 2003 年,Ghorayeb 等发表了三篇论文,对该储层流体的异常热力学行为进行研究。

图 5.5 和图 5.6 分别显示了该油田的地理位置以及储层透视图。储层透视图中标示的部分井没有标注井名。

Yufutsu 储层温度较高,约为 140℃,温度梯度为 -0.025℃/m(温度梯度向上为负),属于常规水平。储层流体属于轻质近临界流体。热扩散效

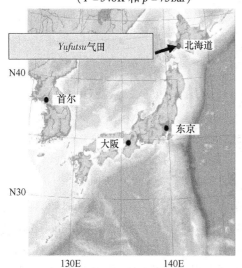

图 5.5　日本北海道 Yufutsu 油田的地理位置
资料来源:该图片版权属于日本石油勘探有限公司。
经授权许可使用

应强烈,而且与重力场作用方向相反。较轻组分倾向于运移到温度较高的储层底部,而较重组分倾向于聚集在温度较低的储层顶部。综合作用的结果是,临界相变方向发生反转,液相流体反而位于气体之上。自储层底部至顶部,流体密度逐渐增加,而气油比(GOR)逐渐降低。这是两项实验研究的观测结果。在不同井中精确测得的压力梯度分布证实了该观测结果。此外,生产气油比的显著变化趋势也提供了有力的证据。随着开发过程的进行,密度较大的高部位流体逐渐流入生产井中,从而导致气油比明显降低。复制自文献(Ghorayeb 等,2002)的图 5.7 中给出了前 5 年生产历史中的生产气油比变化情况。

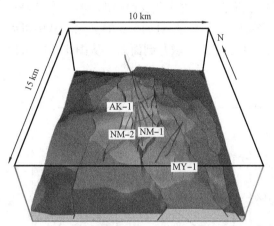

图 5.6　Yufutsu 储层透视图

图中标出了一些射孔井的位置。资料来源:该图片的版权归日本石油勘探有限公司所有。经授权许可使用

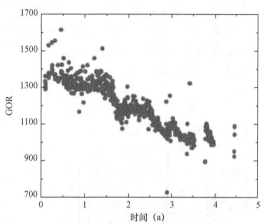

图 5.7　前 5 年生产历史中 Yufutsu 油田的
生产气油比变化情况

图片转自 *Ghorayeb , K. , Firoozabadi , A. , Anraku , T. , Modeling of the Unusual GOR Performance in aFractured Gas Condensate Reservoir , SPE 75258 – MS , Improved Oil Recovery Symposium , Tulsa – Oklahoma , April/2002*

　　沿着 Pedersen 和 Lindeloff(2003)、Pedersen 和 Hjermstad(2006)的研究思路来看,这是一个热扩散效应减弱组分组成分异现象的典型案例,其原因可归结于高温的存在以及较重芳香烃组分的缺失。较轻组分向储层底部迁移,较重组分向顶部迁移,热扩散效应的这种影响改变了储层流体分布规律,与重力场作用下的恒温储层相反。在文献涉及的所有案例中,这个油田可能是通过实验观测到的唯一特例。在 Yuhutsu 储层中,甲烷含量随着深度逐渐升高,而 C_{7+} 组分的含量随着深度逐渐降低。文献(Ghorayeb 等,2000,2003)利用第 4 章的理论(不可逆热力学及其在油藏工程中的应用)对这一奇特的现象进行了合理的模拟研究。

　　在研究过程中,Ghorayeb 等发现他们不得不重新估计 τ_i 的参数值以及 C_{30+} 馏分性质在垂向上的分布剖面,否则就会降低模拟结果与实验结果之间的拟合精度。由此带来的缺陷是,状态方程的参数取值也需要随着深度变化进行调整。本书对此的解释为,参数 τ_i 虽然不受重力的影响,但是受组分组成和温度的影响,而在本例中组分组成和温度又随深度发生相当大的变化。在意识到组分组成分异的程度会受到状态方程拟合质量的强烈影响后,本书基于第 2 章(相平衡热力学)中 Shibata 等(1987)提出的节点积分法,测试了一种对 C_{20+} 馏分进行劈分的新方法。

通过把 τ_i 参数作为组分 i 的对比温度和摩尔质量的函数,本书提出了一个估算 τ_i 参数值的新经验公式。公式中的常数参数需要通过对组分组成分异实验数据进行拟合才能予以确定。相对于 Ghorayeb 等(2000)提出的方法,我们认为这种新方法更有可能模拟出 Yufutsu 储层中的真实流体分布。在 Abbas Firoozabadi 教授的指导下,我们修改了由油藏工程研究院(RERI)提供的组分组成分异软件(CVS)代码。修改后的软件可以从基准深度开始,对于每一个深度水平,把 τ_i 参数作为储层温度和组分组成的函数进行数值更新。

接下来基于上述方法对 Yufutsu 储层中的流体分布进行模拟,并对模拟结果进行评价对比。首先模拟"AK-1"和"MY-1"两口井的 PVT 分析结果。这也是文献(Ghorayeb 等,2000)的主要研究目标。图 5.8 源自文献(Ghorayeb 等,2003),实际上是对图 5.6 的简化。从中可以看出主要井的地理位置。图 5.9 所示为对应于图 5.8 中虚线的联井剖面图。从图 5.9 中可以确定各井之间的相对距离。

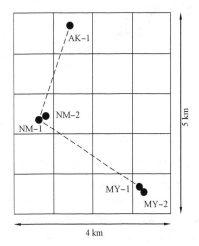

图 5.8　Yufutsu 油田平面井位示意图
其中标识了一些主要的生产井。图片转自 *Ghorayeb, K., Firoozabadi, A., Anraku, T., Interpretation of the unusual fluid distribution in the Yufutsu gas condensate field, SPE 84953, SPE Journal,* 第 114-123 页, *June/2003*

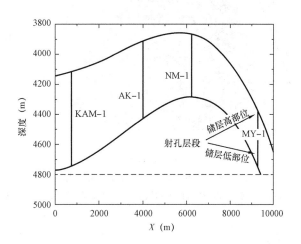

图 5.9　与图 5.8 中虚线相对应的 Yufutsu 储层联井剖面图
从中可以确定主要井的相对距离。这个研究案例使用的是 AK-1井和 MY-1 井的数据。黑色线和灰色线分别代表储层的上限和下限。图片转自 *Ghorayeb, K., Firoozabadi, A., Anraku, T., Modeling of the Unusual GOR Performance in a Fractured Gas Condensate Reservoir, SPE 75258-MS, Improved Oil Recovery Symposium, Tulsa-Oklahoma, April/2002*

根据文献(Ghorayeb 等,2000)中的信息,AK-1 井(样品#4)的取样深度为 4032m,MY-1 井(样品#2)的取样深度为 4614.5m。采用 PR 状态方程对流样的组分组成数据进行拟合,并在此基础上对状态方程的参数值进行修正。

表 5.2 和表 5.3 给出了调参拟合后状态方程参数的最终取值。重质拟组分的摩尔分数通过 Shibata 等(1987)提出的广义高斯求积法得到。可以看出,这里对重质拟组分的摩尔分数也进行了修正。对总体组分组成进行了归一化处理。

表 5.2　对 PR 状态方程进行调参拟合后得到的 Yufutsu 储层流体的拟组分性质和

基准深度水平处的摩尔组分组成

组分	临界压力 p_c (bar)	临界温度 T_c (K)	偏心因子 ω	摩尔质量 M (g/mol)	体积偏移系数	组分摩尔分数(%)	
						AK−1 (4032m)	MY−1 (4614.5m)
N_2—C_1	45.86	189.75	0.00840	16.19	−0.1802	79.33	77.4
C_2	48.84	305.40	0.09800	30.07	−0.1218	7.58	8.15
C_3—nC_4	40.49	387.38	0.16350	49.10	−0.0932	4.89	6.09
iC_5—C_7	33.88	519.30	0.21849	101.12	−0.0564	3.05	2.54
C_8—C_{12}	26.34	588.41	0.44977	141.50	−0.0305	2.32	3.42
C_{13}—C_{19}	17.62	709.59	0.70845	231.05	0.0170	1.62	1.73
$QC_{22.4}$	13.49	800.41	0.97764	326.22	0.0519	0.905	0.22
$QC_{36.3}$	6.96	990.61	1.03521	605.05	0.0649	0.305	0.45

注:后两个虚拟组分是指通过广义高斯求积法对 C_{20+} 馏分进行劈分后得到的拟组分(Shibata 等,1987)。各自的单碳数分别为 22.4 和 36.3。

表 5.3　组分 N_2—C_1 与其他组分之间的二元交互作用系数($k_{C_1-C_n}$)所有其他值均为零

组分	$k_{C_1-C_n}$	组分	$k_{C_1-C_n}$
N_2-C_1	0.0000	C_8—C_{12}	0.0452
C_2	0.0357	C_{13}—C_{19}	0.0541
C_3—nC_4	0.0376	$QC_{22.4}$	0.0636
iC_5—C_7	0.0411	$QC_{36.3}$	0.1278

　　如图 5.10 所示的液体体积分数为取自 AK−1 井的#4 样品在 136.6℃下进行的定容衰竭实验数据。如图 5.11 和图 5.12 所示的液体体积分数分别为#2 样品在 315℉(157.2℃)和275℉(135℃)温度下进行的恒质膨胀实验数据。该流样取自 MYF−1 井。

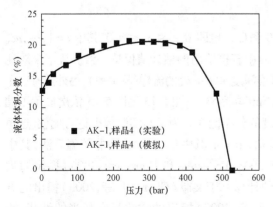

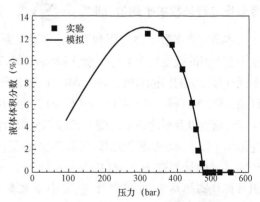

图 5.10　取自 AK−1 井的#4 样品
（取样深度为 4032m）在 136.6℃下
进行的定容衰竭实验结果

图 5.11　取自 MY−1 井的#2 样品
（取样深度为 4614.5m）在 T=315℉(157.2℃)
温度下进行的恒质膨胀实验

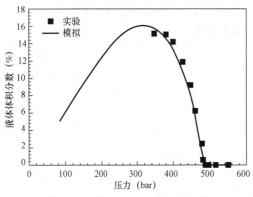

图 5.12　取自 MY – 1 井的#2 样品
(取样深度为 4614.5m)在 $T = 275\,℉(135℃)$
温度下进行的恒质膨胀实验

基于这两口井中采集流样的组分组成分异实验数据,本书提出了一个计算组分 τ_i 参数值的经验公式。在这个公式中,τ_i 参数为组分 i 的对比(或拟对比)温度(T_r)和摩尔质量(M_i)的函数。具体公式如下:

$$\tau_i = M_i^\beta \exp(\alpha) \quad (i = 1,\cdots,nc) \quad (5.3)$$

式中,α 和 β 为对比温度 $T_r = T/T_c$(其中 T_c 是混合物的临界温度)的函数,如下式所示:

$$\alpha = \alpha_0 + \alpha_1 T_r \quad (5.4)$$

$$\beta = \beta_0 + \frac{\beta_1}{T_r} \quad (5.5)$$

参数 α_0、α_1、β_0 和 β_1 均是常数;在本例中,这四个参数的估计值如下:

$$\left.\begin{aligned}
\alpha_0 &= -0.302752 \\
\alpha_1 &= 2.083215 \\
\beta_0 &= -1.120000 \\
\beta_1 &= 1.0356688
\end{aligned}\right\} \quad (5.6)$$

需要着重指出的是,在本例的研究中采用了拟对比温度这个参数。主要原因有两条:(1)在每一个离散深度水平处对混合物的临界点进行计算时,如果采用鲁棒性算法就会增加计算成本;(2)具有某些特定组分组成的混合物可能不存在实际的临界点,这样会造成参数估算过程中的计算不收敛。不用考虑混合物的临界点是否真实存在,也不用考虑临界点算法是否具有鲁棒性,均可以通过 Kay 规则计算得到混合物的拟对比温度(通过摩尔分数对各组分的临界温度进行加权求平均值,即 $T_c = \sum\limits_{i=1}^{nc} x_i T_{c,i}$)。

本研究将参数 τ_i 的上限和下限分别设定为 4.0 和 0.9,也即,$0.9 \leqslant \tau_i \leqslant 4.0$,其中 $i = 1,\cdots,nc$。这个上下限的设定是为了与文献(Ghorayeb 等,2000)中直接给出的估计值保持一致。接下来对比不同计算方法的模拟结果。对于 AK – 1 井,除了基准深度 4032m 处的流样(样品#4),另外还有三个样品:4375.5m(样品#1)、4217.5m(样品#2)和 4108.5m(样品#3)。图 5.13 至图 5.15 依次显示了储层流体密度以及甲烷和 C_{20+} 馏分的摩尔分数沿深度的分布剖面。为了与实验数据进行比较,这里还给出了以下算法的模拟结果:等温算法;非等温算法,$\tau_i = 4$,其中 $i = 1,\cdots,nc$;非等温算法,其中传输热量的计算基于文献(Pedersen 和 Lindeloff,2003;Pedersen 和 Hjermstad,2006)提供的理想气体状态热焓值;非等温算法,其中 τ_i 参数值的计算基于文献(Ghorayeb 等,2003)提出的方法。本例中采用的经验计算公式与文献(Ghorayeb 等,2000)提出的方法具有相当的性能,均远远优于其他方法。等温模拟结果以及基于 Pedersen 热传输模型的模拟结果均显示,热扩散效应加剧了重力场的组分组成分异作用,同时给出了虚假的油气界面(GOCs)。当设定 $\tau_i = 4$

时,尽管模拟结果给出了错误的气体密度信息而且也错误地认为在低于基准深度水平处会形成油气界面,但是确实模拟出了气液相位置的反转。

图 5.16 至图 5.18 中显示的是定容衰竭过程中液相体积分数的实验值和模拟值。这三张图分别针对的是在 AK - 1 井另外三个深度处取得的流样。计算方法均为组分组成分异算法。从图中可以看出,定容衰竭过程中液相体积分数的实验值和模拟值具有较好的拟合度,但仍然存在改进空间,比如可通过外层循环对组分摩尔分数进行微调。图 5.19 把 AK - 1 井 4 个流样的液相体积分数的模拟值放进了同一幅图中。通过对比可以发现一个明显的趋势,从储层底部至顶部(从#1 流样至#4 流样),液相体积分数逐渐增加。但是,根据文献(Ghorayeb 等,2000)中的实验结果,#2 和#3 样品的液相体积分数呈现出相反的趋势,也即前者比后者高(作者对此没有进行解释)。直至本书发布时,我们仍在与 Japex 的技术人员讨论这个问题。

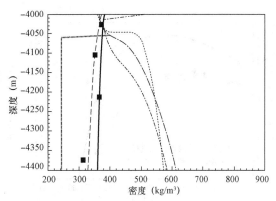

■ 实验数据(Ghorayeb等,2003)
┄┄ 等温算法
── 非等温法,$\tau_i=4$, 其中 $i=1, \cdots, nc$
── 非等温算法,其中参数τ_i的值通过我们提出的经验公式进行计算
── 非等温算法,其中传输热量的数值通过 Pedersen 和Lindeloff(2003)提出的理想气体状态热焓值进行计算
┄─ 非等温算法,其中传输热量的数值通过 Pedersen 和Hjermstad(2006)提出的理想气体状态热焓值进行计算
── 非等温算法,其中参数τ_i的数值取自文献Ghorayeb等(2002)[1]

图 5.13　AK - 1 井储层流体密度沿井深的变化
对不同计算方法得到的密度进行对比

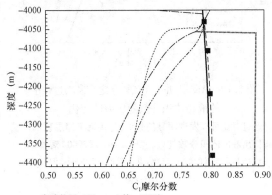

■ 实验数据(Ghorayeb等,2003)
┄┄ 等温算法
── 非等温法,$\tau_i=4$, 其中 $i=1, \cdots, nc$
── 非等温算法,其中参数τ_i的值通过我们提出的经验公式进行计算
─── 非等温算法,其中传输热量的数值通过 Pedersen 和Lindeloff(2003)提出的理想气体状态热焓值进行计算
── 非等温算法,其中传输热量的数值通过 Pedersen 和Hjermstad(2006)提出的理想气体状态热焓值进行计算
── 非等温算法,其中参数τ_i的数值取自文献Ghorayeb等(2002)[1]

图 5.14　AK - 1 井甲烷组分摩尔分数沿井深的变化
对不同计算方法得到的摩尔分数进行对比

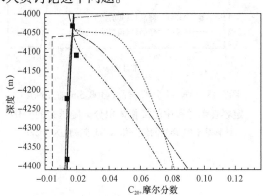

■ 实验数据(Ghorayeb等,2003)
┄┄ 等温算法
── 非等温法,$\tau_i=4$, 其中 $i=1, \cdots, nc$
── 非等温算法,其中参数τ_i的值通过我们提出的经验公式进行计算
─── 非等温算法,其中传输热量的数值通过 Pedersen 和Lindeloff(2003)提出的理想气体状态热焓值进行计算
── 非等温算法,其中传输热量的数值通过 Pedersen 和Hjermstad(2006)提出的理想气体状态热焓值进行计算
── 非等温算法,其中参数τ_i的数值取自文献Ghorayeb等(2002)[1]

图 5.15　AK - 1 井 C_{20+} 组分摩尔分数沿井深的变化
对不同计算方法得到的摩尔分数进行对比

───────────────
❶ 原文图例中为"Ghorayeb et al(2003)"有误——译者注。

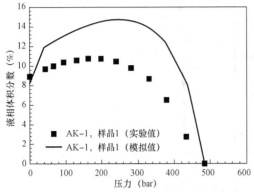

图 5.16　AK-1 井#1 样品(4375.5m)在 142.7℃
定容衰竭过程中的液相体积分数随压力的变化
计算基于#1 样品的组分组成,基准深度为 4032m

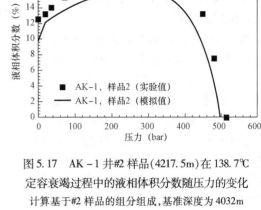

图 5.17　AK-1 井#2 样品(4217.5m)在 138.7℃
定容衰竭过程中的液相体积分数随压力的变化
计算基于#2 样品的组分组成,基准深度为 4032m

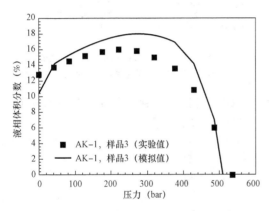

图 5.18　AK-1 井#3 样品(4108.5m)在 139.4℃
定容衰竭过程中的液相体积分数随压力的变化
计算基于#3 样品的组分组成,基准深度为 4032m

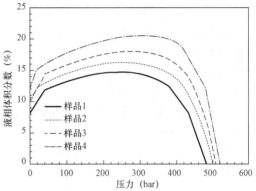

图 5.19　AK-1 井四个流样在定容衰竭过程中
的液相体积分数随压力的变化
通过对比可以发现明显的趋势:越接近于储层顶部,
析出液的体积分数越大。Ghorayeb 等(2000)观察到
#2样品和#3样品的实验结果不遵循这种趋势,但没有
给予解释

接下来对 MY-1 井所在储层部位的流体分布进行分析。完成地层测试后,生产管柱中充满了未被采出的剩余流体。待其稳定下来后,可以测试生产管柱内流体静压的变化过程。在此基础上,计算流体密度沿着 MY-1 井整根油管的变化。由此计算得到的密度值是用于估计 τ_i 参数值的主要信息。从生产管柱内剩余流体中得到的信息要比从储层取样中直接得到的信息更加丰富更令人惊奇。在与储层相同的温度梯度的作用下,稳定后的井筒流体出现了明显的重力分异现象,不仅出现了 AK-1 井所在储层部位可以观察到的临界相态反转(气相和液相流体上下位置颠倒),而且在基准深度水平之上大约 2000m 深处的位置存在一个清晰的油气界面。测试证实了生产管柱顶部存在的流体为贫气(距离临界点很远)。图 5.20 所示为长度为 5000m 的生产管柱示意图。其内流体组分的轻重以颜色表示,颜色越深,组分越重,颜色

越浅,组分越轻。从图中可以看出明显的临界流体相变,从底部至顶部,首先是处于基准深度处的一段凝析富气,之上为挥发性油,然后在大约2500m处出现了一个清晰的油气界面,界面之上为贫气。图5.21所示为通过几种方法计算得到的流体密度沿着MY－1井生产管柱的分布剖面。需要指出的是,通过与其他方法的计算结果进行对比可以再次发现,基于本例中采用的经验公式以及文献(Ghorayeb等,2000)提供的τ_i参数值得到的模拟结果与实验结果最为接近,二者均准确地预测到以下信息:在生产管柱底部存在着临界汽液相态反转,常规油气界面的位置,以及顶部气体的性质。虽然没有实验实测的流体组分组成沿着油管的垂向分布剖面,但是根据本例中采用的经验公式计算得到的甲烷和C_{20+}馏分的摩尔分数分布剖面(图5.22、图5.23)与文献(Ghorayeb等,2000)的预测结果是一致的。

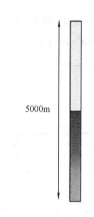

图5.20　MY－1井生产管柱中稳定
流体的重力分异示意图
其中出现了明显的临界汽液相态反转现象,底部为凝析富气,之上为挥发油,再往上至大约2500m处为一个常规意义上的油气界面

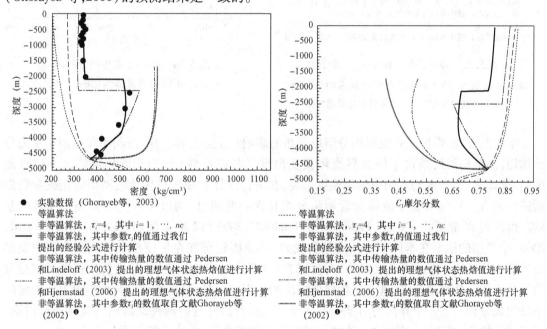

● 实验数据(Ghorayeb等, 2003)
…… 等温算法
－·－ 非等温算法,τ_i=4, 其中i=1, …, nc
—— 非等温算法,其中参数τ_i的值通过我们
　　提出的经验公式进行计算
－－－ 非等温算法,其中传输热量的数值通过Pedersen
　　和Lindeloff(2003)提出的理想气体状态热焓值进行计算
…… 非等温算法,其中传输热量的数值通过Pedersen
　　和Hjermstad(2006)提出的理想气体状态热焓值进行计算
…… 非等温算法,其中参数τ_i的数值取自文献Ghorayeb等
　　(2002)❶

…… 等温算法
－·－ 非等温算法,τ_i=4, 其中i=1, …, nc
—— 非等温算法,其中参数τ_i的值通过我们
　　提出的经验公式进行计算
－－－ 非等温算法,其中传输热量的数值通过Pedersen
　　和Lindeloff(2003)提出的理想气体状态热焓值进行计算
…… 非等温算法,其中传输热量的数值通过Pedersen
　　和Hjermstad(2006)提出的理想气体状态热焓值进行计算
…… 非等温算法,其中参数τ_i的数值取自文献Ghorayeb等
　　(2002)❶

图5.21　稳定后的流体密度沿着MY－1井
生产管柱的垂向分布剖面
多种方法的计算结果与实验结果之间的对比

图5.22　稳定后的流体中甲烷组分的摩尔分数
沿着MY－1井生产管柱的垂向分布剖面
多种方法的计算结果与实验结果之间的对比

通过对实验结果进行回归拟合,对状态方程的参数值和τ_i参数值进行了修正。在此基础上计算得到重力分异后的三种不同类型流体的定性相图(图5.24)。这三种流体的组分组成信息对应着MY－1井生产管柱内的三个位置。底部为凝析富气(气油比为1378m^3/m^3),然后

---
❶ 原文图例中为"Ghorayeb et al(2003)有误——译者注。

是存在临界相态反转的挥发油(气油比为 $375m^3/m^3$),顶部为远离其临界点的反凝析贫气(气油比为 $2848m^3/m^3$)。

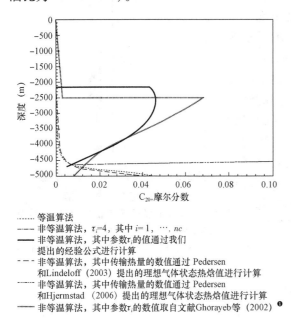

──── 等温算法
──── 非等温算法,τ_i=4,其中 i=1,…,nc
──── 非等温算法,其中参数τ_i的值通过我们提出的经验公式进行计算
──── 非等温算法,其中传输热量的数值通过 Pedersen 和 Lindeloff (2003)提出的理想气体状态热焓值进行计算
──── 非等温算法,其中传输热量的数值通过 Pedersen 和 Hjermstad (2006)提出的理想气体状态热焓值进行计算
──── 非等温算法,其中参数τ_i的数值取自文献Ghorayeb等(2002)❶

图 5.23 稳定后的流体中 C_{20+} 馏分的
摩尔分数沿着 MY-1 井生产管柱的垂向分布剖面
多种方法的计算结果与实验结果之间的对比

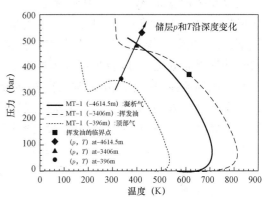

图 5.24 MY-1 井生产管柱内
不同位置流体的相图

本研究发现,热扩散效应对组分组成分布的影响与重力分异作用相反,不仅抵消了重力分异作用,甚至在储层条件下使临界流体相变出现了相态反转(气相和液相流体上下位置颠倒)。除此之外,考虑到本例中储层温度很高,在进行计算前必须对热传输模型的相关参数重新进行估值。Yufutsu 储层流体为轻质组分而且含石蜡成分,构成了发生流体相态反转的基础。由此可以推断出,文献(Pedersen 和 Lindeloff,2003)以及文献(Pedersen 和 Hjermstad,2006)中采用的模型在本例中的预测精度较差,其原因很可能在于该模型不适用本例中储层流体的组分组成。在这两篇文献中,对模型参数(理想气体状态热焓)的估值仅仅针对的是重质组分流体。从理论上讲,基于这种估值得出的认识应该是:热扩散效应会加剧重力场引起的组分组成分异。下一个算例将对 Pederson 及其合作者研究过的两种北海储层流体进行讨论。可以预计的是,在下一个算例中,这些模型的预测精度会比 Yufutsu 算例高出很多。

5.3 热扩散效应加剧组分组成分异现象

Pedersen 和 Lindeloff 在 2003 年提出了热传输理论模型(附录 D 中给出了该模型完整的推导过程)后,Pedersen 和 Hjermstad 在 2006 年利用这个模型对北海油田中的一个高温储层进行了重力分异研究。在这个储层中(作者未确定储层流体类型),热扩散效应加剧了组分组成分

---

❶ 原文图例中为"Ghorayeb et al(2003)有误——译者注。

异现象。为了模拟组分组成以及流体性质沿深度的分布剖面,这些作者提出了经验式(5.2)。从表5.4中可以看出,该储层流体的组分组成在45m的层段内存在很大的变化。

表5.4 北海储层流体的组分组成(摩尔分数)随深度的变化

深度(m)	3638.2	3644.3	3651.1	3661.6	3676.0	3682.8
流体类型	气	气	油	油	油	油
N_2	0.431	0.295	0.358	0.331	0.337	0.395
CO_2	2.752	2.834	2.332	2.455	2.363	2.060
C_1	68.861	68.546	56.142	55.261	54.253	53.871
C_2	8.427	8.341	8.094	8.025	7.961	7.589
C_3	5.198	5.212	5.535	5.481	5.494	5.575
iC_4	0.847	0.892	1.001	0.995	1.000	1.009
nC_4	1.885	2.100	2.439	2.433	2.454	2.514
iC_5	0.587	0.675	0.879	0.877	0.889	0.900
nC_5	0.752	0.866	1.184	1.182	1.202	1.396
C_6	0.921	0.981	1.504	1.504	1.539	1.557
C_7	1.482	1.519	2.474	2.520	2.579	2.630
C_8	1.595	1.610	2.583	2.667	2.777	2.823
C_9	1.031	1.048	1.695	1.779	1.869	1.897
C_{10+}	5.231	5.080	13.780	14.491	15.282	15.783
C_{10+} 馏分摩尔质量 M(g/mol)	211.3	216.8	281.6	284.3	291.8	297.2
C_{10+} 馏分密度 ρ(g/cm^3)	0.8425	0.8440	0.8800	0.8825	0.8847	0.8868

Pedersen 和 Hjermstad(2006)提供了储层流体的主要性质信息,列于表5.5中,但没有提供完整的 PVT 分析资料。作者采用 SRK 状态方程进行模拟,并且考虑了体积偏移系数,然而并没有对表5.5中数据进行回归拟合。在模拟过程中,首先对 C_{10+} 馏分进行劈分,然后再对劈分得到的拟组分进行合并,得到最终的拟组分用于模拟计算。Pedersen 等(2014)给出了具体的劈分步骤,以及最终拟组分的临界温度、临界压力以及偏心因子的经验计算公式。Pedersen 和 Hjermstad(2006)所用到的热力学模拟参数见表5.6。

表5.5 Pedersen 和 Hjermstad(2006)中所用到的北海储层流体性质

深度(m)	3638.2	3644.3	3651.1	3661.6	3676.0	3682.8
流体	气	气	油	油	油	油
压力(bar)	377.8	377.9	378.2	378.8	379.6	380.2
p_{sat}(bar)	375.5	372.8	364.2	364.5	360.1	353.8
生产气油比 GOR(m^3/m^3)	1086.0	1105.0	323.0	311.9	285.2	268.3
密度(g/cm^3)	0.367	0.376	0.574	0.581	0.595	0.601
温度(℃)	137.5	137.7	137.8	138.1	138.5	138.7

表 5.6 Pedersen 和 Hjermstad(2006)中北海储层流体热力学模拟(SRK 状态方程)所用到的相关参数

组成	组分摩尔分数(%)	摩尔质量 M(g/mol)	临界温度 T_c(k)	临界压力 p_c(bar)	偏心因子 ω	体积偏移系数 VS(cm³/mol)	理想气体状态热熔值 H^{IG}(J/mol)
N_2	0.395	28.0	126.15	33.94	0.0400	−4.23	8320
CO_2	2.060	44.0	304.25	73.76	0.2250	−1.64	19450
C_1	53.871	16.0	190.55	46.00	0.0080	−5.20	0
C_2	7.589	30.1	305.45	48.84	0.0980	−5.79	9781
C_3	5.575	44.1	369.85	42.46	0.1520	−6.35	19520
iC_4	1.009	58.1	408.15	36.48	0.1760	−7.18	29259
nC_4	2.514	58.1	425.25	38.00	0.1930	−6.49	29259
iC_5	0.900	72.2	460.45	33.84	0.2270	−6.20	39067
nC_5	1.396	72.2	469.65	33.74	0.2510	−5.12	39067
C_6	1.557	86.2	507.45	26.69	0.2960	1.39	48806
C_7	2.630	96.0	536.45	29.45	0.3370	6.70	55623
C_8	2.823	107.0	558.05	27.42	0.3740	10.80	63275
C_9	1.897	121.0	582.05	25.06	0.4210	14.52	73014
C_{10}—C_{13}	4.406	152.9	631.45	21.32	0.5280	24.55	95205
C_{14}—C_{16}	2.479	205.1	697.25	17.85	0.6860	26.56	131517
C_{17}—C_{19}	1.941	249.6	746.85	16.16	0.8120	25.75	162472
C_{20}—C_{22}	1.520	289.5	788.35	15.17	0.9170	22.30	190228
C_{23}—C_{26}	1.526	336.9	834.75	14.33	1.0290	15.13	223201
C_{27}—C_{31}	1.325	399.7	892.75	13.55	1.1510	1.78	266887
C_{32}—C_{38}	1.145	481.5	964.25	12.89	1.2540	−19.81	323790
C_{39}—C_{48}	0.830	595.7	1058.85	12.31	1.2710	−55.16	403231
C_{49}—C_{80}	0.610	811.2	1234.05	11.73	0.8750	−124.90	553140

　　需要注意的是,在 Pedersen 和 Hjermstad(2006)提出的热力学模型中,有两个参数的性质与 Pedersen 等(2014)的表述不一致。从前者给出的数据表中可以发现,当组分/拟组分的摩尔质量超过一定阈值后,偏心因子和体积偏移系数随之减小。而后者认为这两个参数应该呈现单调增加的趋势,还建议烃组分之间的二元交互作用系数均取 0 值,而且不用考虑甲烷(数量占据绝对优势的轻质组分)与其他组分之间的相互作用。Arbabi 和 Firoozabadi(1995)也推荐了这种处理方法。与 Pedersen 等(2014)的认识相反的是,Peneloux 等(1982)引入体积偏移系数的概念仅仅是为了从数学上对模型予以修正,事实上该参数并不具有物理意义,因此并不必然是单调增加的。二元交互作用系数出现在对范德华经典混合规则的修正模型中。在进行回归拟合时,二元交互作用系数是该修正模型中仅有的可调参数。如果所有的二元交互作用系数均取 0 值,则该修正模型简化为范德华经典混合规则。根据 Pitzer 的定义,偏心因子总是呈现单调增加的趋势。

　　无论如何,除了热力学模拟参数的代表性存在疑问之外,Pedersen 和 Hjermstad(2006)对表5.5中数据的拟合具有较高的精度。正如后文所述,在对各组分的理想气体状态热焓值进行合理调整后,该文献的研究确实能够充分模拟热扩散效应,计算得到的油气界面位置和流体性质剖面与表5.4中数据具有较高的拟合度。

　　这里按照文献(Shibata 等,1987)中的方法首先对 C_{10+} 馏分进行劈分,然后采用 PR 状态方程进行拟合调参,最后基于 Firoozabadi 等(2000)提出的热传输模型进行热力学模拟计算。对于该模型中的 τ_i 参数,这里设置了三种赋值方案。第一种方案是取默认值4.0,第二种方案是取 Yufutsu 案例中的优化值,第三种方案是针对本算例重新进行优化后的修正值。本节把这些方案的计算结果以及 Pedersen 和 Hjermstad(2006)的计算结果进行了对比。

　　表5.7和表5.8中列出了本研究的热力学模拟参数,模拟对象为北海储层流体。该储层是文献(Pedersen 和 Hjermstad,2006)中的一个算例。在本研究中,首先对基准深度(3682.8m)流样中的 C_{10+} 馏分进行劈分,然后按照 Shibata 等(1987)提出的广义积分法进行组分合并,最终得到了三个拟组分。按照 Cavett(1962)提出的经验公式估算出其临界温度、临界压力和偏心因子的初值,然后在此基础上根据 Pedersen 和 Hjermstad(2006)提供的流体性质资料(密度、饱和压力和气油比)重新进行估值。这些性质资料不仅针对的是基准深度流样,还包括气区流样。本研究基于这样一个假设:最重的拟组分($QC_{62.88}$)只存在于液相中,不会存在于汽相中;存在于汽相中的 C_{10+} 拟组分只用 $QC_{13.67}$ 和 $QC_{31.69}$ 进行表征,这样就不会给物质平衡计算带来问题。

表5.7　本研究中经过拟合调参的 PR 状态方程参数

组分	临界压力 p_c (bar)	临界温度 T_c (K)	偏心因子 ω	摩尔质量 M(g/mol)	体积偏移系数 VS (cm³/mol)
N_2	73.76	304.20	0.2250	44.01	−0.0718
CO_2	33.94	126.20	0.0400	28.01	−0.1284
C_1	46.00	190.60	0.0080	16.04	−0.2108
C_2	48.84	305.40	0.0980	30.07	−0.1581
C_3	42.46	369.80	0.1520	44.10	−0.1262
iC_4	36.48	408.10	0.1760	58.12	−0.1028
nC_4	38.00	425.20	0.1930	58.12	−0.1028
iC_5	33.84	460.40	0.2270	72.15	−0.0841
nC_5	33.74	469.60	0.2510	72.15	−0.0842
C_6	32.89	507.50	0.2750	86.00	−0.0688
C_7	31.38	543.20	0.3083	96.00	−0.0595
C_8	29.51	570.50	0.3513	107.00	−0.0502
C_9	27.30	598.50	0.3908	121.00	−0.0395
$QC_{13.67}$	20.25	694.89	0.5306	205.29	−0.0017
$QC_{31.69}$	11.65	898.26	1.1310	458.22	0.0960
$QC_{62.88}$	5.58	1085.09	1.7359	896.00	0.1063

注:拟合调参的对象为文献(Pedersen 和 Hjermstad,2006)中作为案例的北海储层流体。

表 5.8　本研究中所用 PR 状态方程的非零二元交互作用系数

组分	CO_2	C_1	组分	CO_2	C_1
CO_2	0.0000	0.1500	nC_5	0.1371	0.0069
N_2	−0.0200	0.0000	C_6	0.1343	0.0091
C_1	0.1500	0.0000	C_7	0.1323	0.0108
C_2	0.1455	0.0000	C_8	0.1301	0.0126
C_3	0.1427	0.0023	C_9	0.1273	0.0148
iC_4	0.1399	0.0046	$QC_{13.67}$	0.1101	0.0289
nC_4	0.1399	0.0046	$QC_{31.69}$	0.0595	0.0702
iC_5	0.1371	0.0069	$QC_{62.88}$	0.0000	0.1300

注:拟合调参的对象为文献(Pedersen 和 Hjermstad,2006)中作为案例的北海储层流体。

与文献(Pedersen 和 Hjermstad,2006)不同的是,在本研究中偏心因子和体积偏移系数随着组分摩尔质量的增加均呈现出单调增加的趋势,但二者的计算结果基本一致。需要强调的是,即使在等温模拟中,预测得到的油气界面位置距离实际位置也很接近。然而在采用原始参数值($\tau_i = 4$)的非等温模拟中,预测得到的油气界面位置更加偏离实际位置。根据实验实测的流体密度和组分组成在深度方向上的分布剖面,利用 Yufutsu 算例中提出的经验公式[式(5.3)至式(5.6)]对参数 τ_i 重新进行估值,然后用于该算例中,对实际的油气界面位置进行拟合。

图 5.25 和图 5.26 给出了等温和非等温组分组成分异模拟计算得到的甲烷摩尔分数和流体密度在深度方向上的分布剖面。在不同的非等温计算方法中,文献(Pedersen 和 Hjermstad,2006)中的方法需要用到理想气体状态热焓,其热焓值由式(5.2)确定;另外三种方法均采用 Firoozabadi 等(2000)提出的广义多组分混合物热传输模型(见附录 B),不同之处在于参数 τ_i 的取值:

(1) $\tau_i = 4, i = 1, \cdots, nc$。

(2)在 Yufutsu 算例中,根据式(5.3)至式(5.6)计算得到的 τ_i 值。

(3)根据实验实测的流体密度和组分组成在深度方向上的分布剖面,对式(5.6)中的参数值进行调整,然后重新对参数 τ_i 进行估值:

$$\left. \begin{array}{l} \alpha_0 = -12.114876 \\ \alpha_1 = 2.973253 \\ \beta_0 = 7.350923 \\ \beta_1 = 3.331057 \end{array} \right\} \qquad (5.7)$$

此外,表 5.6 中还列出了文献(Pedersen 和 Hjermstad,2006)中所用的理想气体状态热焓值,H^{IG},其值由式(5.2)计算得到。

需要着重强调的是,与文献(Pedersen 和 Hjermstad,2006)的模拟结果相比,本研究的模拟结果与实验数据的契合度更高。但是由于缺乏沿储层深度方向上的完整 PVT 分析资料,无法对本研究所用模型进行拟合调参,所以增加了对模拟结果进行解释的不确定性,也即无法确定热扩散效应对组分组成分异起到加剧作用还是减弱作用。

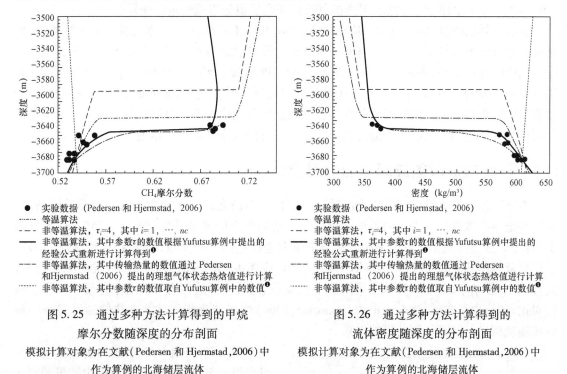

● 实验数据 (Pedersen 和 Hjermstad, 2006)
------ 等温算法
------ 非等温算法,$\tau_i=4$,其中 $i=1,\cdots,nc$
——— 非等温算法,其中参数 τ 的数值根据 Yufutsu 算例中提出的经验公式重新进行计算得到❶
------ 非等温算法,其中传输热量的数值通过 Pedersen 和 Hjermstad (2006) 提出的理想气体状态热焓值进行计算
·········· 非等温算法,其中参数 τ 的数值取自 Yufutsu 算例中的数值❶

图 5.25　通过多种方法计算得到的甲烷摩尔分数随深度的分布剖面

模拟计算对象为在文献(Pedersen 和 Hjermstad,2006)中作为算例的北海储层流体

● 实验数据 (Pedersen 和 Hjermstad, 2006)
------ 等温算法
------ 非等温算法,$\tau_i=4$,其中 $i=1,\cdots,nc$
——— 非等温算法,其中参数 τ 的数值根据 Yufutsu 算例中提出的经验公式重新进行计算得到❶
------ 非等温算法,其中传输热量的数值通过 Pedersen 和 Hjermstad (2006) 提出的理想气体状态热焓值进行计算
·········· 非等温算法,其中参数 τ 的数值取自 Yufutsu 算例中的数值❶

图 5.26　通过多种方法计算得到的流体密度随深度的分布剖面

模拟计算对象为在文献(Pedersen 和 Hjermstad,2006)中作为算例的北海储层流体

　　从图 5.25 和图 5.26 中可以看出,Yufutsu 算例中采用的 τ_i 参数值显然不适用于本例,因为基于该值的模拟结果甚至没有预测到油气界面的存在。与此形成对比的是,基于默认值 $\tau_i = 4.0$(其中 $i=1,\cdots,nc$)的模拟结果却预测到了油气界面的存在,其位置相比于等温模拟提升了约 30m,表明热扩散效应减弱了重力分异作用。

　　在本算例的研究中,根据实验实测的流体密度和组分组成对参数 τ_i 的经验计算公式中的常数参数进行了优化,基于修正后 τ_i 值的模拟结果准确地预测到了油气界面位置,比等温模拟结果预测的油气界面位置降低了 15m,表明热扩散效应加剧了重力分异作用。从图 5.25 和图 5.26 中可以看出,与等温模拟以及基于默认值 $\tau_i = 4.0$(其中 $i=1,\cdots,nc$)的模拟相比,本研究(基于修正后 τ_i 值)中甲烷和流体密度的垂向分布变异程度较小(曲线斜率 $\dfrac{\Delta \eta}{\Delta d}$ 和 $\dfrac{\Delta \rho}{\Delta d}$ 的数值较小,其中 η 为甲烷摩尔分数,ρ 为流体密度,d 为储层深度),表明热扩散效应减弱了组分组成的垂向变异。换句话说,假设该算例中热扩散效应会加剧组分组成分异,那么与等温模拟相比,越靠近储层顶部,非等温模拟预测的甲烷含量应该越高,相应地流体密度应该越低。显然,这种假设与本研究的模拟结果相反。对于距离油气界面较远的气顶,没有任何可用的实验实测流体性质资料。这可能是在对模拟结果的解释中存在矛盾的主要原因。需要指出的是,对于油气界面以下的油区,甲烷和流体密度的垂向分布变化程度恰恰相反,本研究(基于优化

❶ 原书有误——译者注。

后 τ_i 值)的曲线斜率 $\dfrac{\Delta\eta}{\Delta d}$ 和 $\dfrac{\Delta\rho}{\Delta d}$ 大于等温模拟,后者又明显大于基于原始默认参数值($\tau_i = 4.0, i=1,\cdots,nc$)的模拟,再次表明热扩散效应加剧了组分组成的垂向变异。

最后,尽管文献(Pedersen 和 Hjermstad,2006)中没有提供实验实测的脱气油 API 重度,但是可以通过标准条件下的闪蒸计算基于拟合调参后的状态方程模拟得到该参数的理论值。对于本例中的北海原油,本研究计算出的脱气油 API 重度大约为 33°API,与文献(Pedersen 和 Hjermstad,2006)的计算结果一致。这是一个很低的 API 重度值,表明原油中含有芳香烃和/或重质支链烷烃组分。这些组分的存在会通过热扩散效应加剧组分组成分异现象。未来需要针对信息资料更加齐全的案例通过更加详细的专题研究来证实这一结论。

5.4 不受热扩散效应影响的储层流体

本书已经在第 3 章(3.6 节)论述过这个算例。不同之处在于第 3 章考虑的是等温情况。本节则把热扩散效应考虑在内再次进行研究。采用典型的温度梯度,即 -0.025K/m(温度向上降低)。这里沿用第 3 章中采用的热力学模型进行垂向一维模拟,参数 τ_i 取默认值(4.0)。该模型最早由 Shukla 和 Firoozabadi(1998)提出,后来由 Firoozabadi 等(2000)推广到多组分。此外,本节还基于 Yufutsu 算例中采用的 τ_i 优化值,通过同样的热力学模型进行模拟。为了进行对比,还给出了文献(Pedersen 和 Hjermstad,2006)中基于理想气体状态热焓通过另外一种热传输模型进行计算得到的模拟结果。

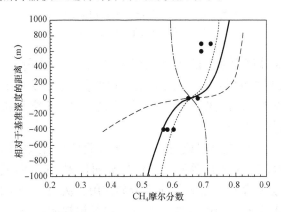

图 5.27 至图 5.29 所示为实验结果与等温模拟结果以及三种非等温模拟结果的对比曲线图。曲线类型分别为甲烷摩尔分数、C_{7+} 拟组分摩尔分数以及 C_{7+} 拟组分摩尔质量沿深度方向上的分布剖面。模拟的基准深度水平取自 Creek 和 Schrader(1985)。从图中可以明显看出,因为沿用原始的理想气体状态热焓值,基于 Pedersen 和 Hjermstad(2006)中理论模型的模拟结果夸大了实际的组分组成分异,甚至在 C_{7+} 拟组分摩尔质量的垂向分布剖面上出现了虚假的反转现象。鉴于此,理论上有必要按照式(5.2)对理想气体状态热焓重新进行估算,但实际上这样做不可行。这种做法的潜在假设是同一流体组分的理想气体状态热焓随着储层的不同应该取不同的数值。显然这样的假设是不合理的。

本研究基于原始默认 τ_i 参数值($\tau_i =$

* 实验数据 (Creek 和 Schrader, 1985)
...... 等温算法
—·— 非等温算法, $\tau_i=4$, 其中 $i=1,\cdots,nc$
—— 非等温算法, 其中参数 τ 的数值取自 Yufutsu 算例中采用的优化值❶
——— 非等温算法, 其中传输热量的数值通过 Pedersen 和 Hjermstad (2006) 提出的理想气体状态热焓值进行计算

图 5.27 热扩散效应对甲烷摩尔分数垂向分布的影响

甲烷摩尔分数分布是储层深度的函数。模拟对象 East Painter 储层的基准深度水平取自文献 Creek and Schrader(1985)

❶ 原书有误——译者注。

4.0, $i=1,\cdots,nc$),通过 Firoozabadi 等(2000)提出的热传输模型进行模拟,得到的预测结果与等温模拟类似。从结果图中可以看出,等温模拟结果与实验结果相当接近。由此可认为,热扩散效应对该储层的组分组成分布影响不大。当然,模拟结果与实验结果还存在一定的差异,这可能是因为原始文献(Creek 和 Schrader,1985)提供的资料中缺少了 PVT 分析数据(无法基于这些数据对状态方程进行拟合调参)。尽管原始文献并没有提供测试误差条状图,但是可以推测的是复配油样的组分组成和流体性质存在相当大的不确定性。Creek 和 Schrader(1985)只提供了饱和压力和流体密度数据,本研究也只能基于如此少的资料进行回归拟合,因此基于 PR 状态方程的回归拟合精度有限。

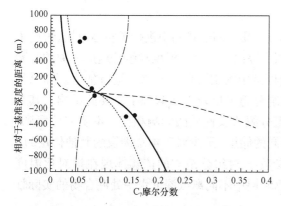

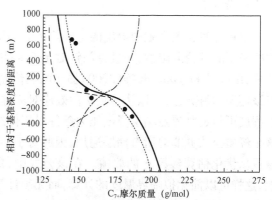

● 实验数据 (Creek 和Schrader, 1985)
······ 等温算法
––– 非等温算法,$\tau_i=4$,其中 $i=1,\cdots,nc$
—— 非等温算法,其中参数τ的数值取自Yufutsu算例中采用的优化值●
–·– 非等温算法,其中传输热量的数值通过 Pedersen和Hjermstad (2006) 提出的理想气体状态热焓值进行计算

● 实验数据 (Creek 和Schrader, 1985)
······ 等温算法
––– 非等温算法,$\tau_i=4$,其中 $i=1,\cdots,nc$
—— 非等温算法,其中参数τ的数值取自Yufutsu算例中采用的优化值●
–·– 非等温算法,其中传输热量的数值通过 Pedersen和Hjermstad (2006) 提出的理想气体状态热焓值进行计算

图5.28　热扩散效应对 C_{7+} 拟组分摩尔分数垂向分布的影响

其分布是储层深度的函数。模拟对象 East Painter 储层的基准深度水平取自文献 Creek and Schrader(1985)

图5.29　热扩散效应对 C_{7+} 拟组分摩尔质量垂向分布的影响

其分布是储层深度的函数。模拟对象 East Painter 储层的基准深度水平取自文献 Creek and Schrader(1985)

　　本研究对该算例的解释与 Pedersen 团队的观点一致。研究认为,在 East Painter 储层(Creekand Schrader,1985)中,储层温度较低(约为90℃),重质组分(如沥青质、芳香烃和长链烷烃)的摩尔分数又不够高,因此热扩散效应对组分组成分异的影响不大。如原始文献(Creek 和 Schrader,1985)中图 2 所示,East Painter 储层流体中 C_{7+} 馏分的 API 重度值在 38 ~ 57°API 的范围内,属于轻质油。热扩散效应只能轻微地减弱重力分异作用。鉴于此,没有必要对 Firoozabadi 等(2000)理论模型中的 τ_i 参数重新进行估值。综合对比发现,从热扩散效应对储层流体组分组成分异的影响来看,East Painter 储层属于 Yufutsu 储层和北海储层之间的一个中间案例。在 Yufutsu 储层中,虽然温度梯度为常规值(大约向上为 - 0.025K/m),但是储层温度很高(约140℃),储层流体中的轻质组分倾向于聚集在温度较高的储层底部,从而在临界

● 原书有误——译者注。

相变带引发汽液相态反转。在这种情况下,必须对 τ_i 参数重新进行估值。在 Pedersen 和 Hjermstad(2006)所研究的北海储层中,虽然温度与 Yufutsu 储层差不多,但是重质组分的存在导致热扩散效应会加剧重力分异引起的组分组成分异。为了模拟北海储层特定的流体相态,Pedersen 和 Hjermstad(2006)对理想气体状态热焓进行了重估优化。对于缺失重质组分的其他任何储层,其流体组分组成分布遵循常规的分布规律,类似于等温储层中的流体分布,仅仅存在重力引起的组分组成分异。如果在模拟这类储层的流体相态时继续沿用 Pedersen 和 Hjermstad(2006)文献中的参数值,那么就有可能夸大重力分异作用。

5.5 结语

本章针对相关文献中提出的主要热扩散模型,在几个储层案例中进行了实际应用,讨论了这些模型的理论局限性,并且专门针对 Yufutsu 储层提出了一个与温度和组分组成相关的经验公式,用以对 Firoozabadi 等(2000)提出的热传输模型中的主要参数 τ_i 重新进行估值。如果忽略该储层的特异性,可以认为热扩散效应对流体组分组成以及性质起到了重要的影响。其影响程度可与近临界点储层温度压力条件对流体组分组成及性质的影响相比。本研究注意到,这个经验公式并非对所有储层通用,因此对于不同的储层(至少对于本章涉及的其他储层)应该重新优化估算参数 τ_i 的取值。在该公式中,参数 τ_i 对组分组成的依赖体现在拟对比温度上,这样可以简化拟临界温度的计算,而无须计算储层中不同离散深度水平处混合物的实际临界点,从而减小了计算工作量。

同样,Pedersen 和 Hjermstad(2006)提出的理想气体状态热焓的经验计算公式也并非对所有储层通用。然而,鉴于理想气体状态热焓是流体组分的固有特性,其数值大小的计算均是针对一个固定的基准温度,因此不建议在每一个算例中均重新对其值进行调整。

本章的研究还可以证实的是,相对于等温储层的热力学计算结果,Soret 效应的叠加既可以减弱也能够加剧重力引起的组分组成分异。到底是减弱还是加剧,取决于储层流体组分组成(化学性质)。可以定性地观察到(至少针对本章研究所涉及的几个案例),储层流体中的组分越轻(轻质组分含量越高),热扩散效应的影响就越倾向于与重力场的影响相反。需要强调的是,为了减小储层流体分布预测中的不确定性,至关重要的是必须要提供足够多的 PVT 分析数据以便提升状态方程的拟合调参质量。在下一章中,将针对一些新的算例继续讨论这些问题,在不同的算例中均按照已有的经验公式对相关参数重新进行估值优化。

参 考 文 献

Arbabi S, Firoozabadi A. 1995. Near – critical phase behavior of reservoir fluids using equations of state. SPE – 24491 – PA Adv. Technol. 3 (1). Available from: https://doi. org/10. 2118/24491 – PA.

Cavett R H. 1962. Physical data for distillation calculations—vapor – liquid equilibrium, Proc. 27th Meeting, API, San Francisco, pp. 351 – 366.

Creek J L, Schrader M L. 1985. East Painter reservoir: an example of a compositional gradient from a gravitational field, SPE 14411, 60th Annual Technical Conference and Exhibition, Las Vegas – NV.

Firoozabadi A, Ghorayeb K, Shukla K. 2000. Theoretical model of thermal diffusion factors in multicomponent mixtures. AIChE J. 46 (5), 892 – 900.

Ghorayeb K, Anraku T, Firoozabadi A. 2000. Interpretation of the fluid distribution and GOR behavior in the Yufutsu fractured gas – condensate field, SPE 59437, SPE Asia Pacific Conference, Yokohama, Japão.

Ghorayeb K, Firoozabadi A, Anraku T. 2002. Modeling of the unusual GOR performance in a fractured gas condensate reservoir, SPE 75258 – MS, Improved Oil Recovery Symposium, Tulsa – Oklahoma.

Ghorayeb K, Firoozabadi A, Anraku T. 2003. Interpretation of the unusual fluid distribution in the Yufutsu gas condensate field, SPE – 84953 – PA. SPE J. 8 (2). Available from: https://doi. org/10. 2118/84953 – PA.

Pedersen K S, Christensen P L, Shaikh J A. 2014. Phase Behavior of Petroleum Reservoir Fluids, 2nd Edition, CRC Press, Boca Raton, FL.

Pedersen K S, Hjermstad H P. 2006. Modeling of large hydrocarbon compositional gradient, SPE 101275, Abu Dhabi International Petroleum Exhibition and Conference.

Pedersen K S, Lindeloff N. 2003. Simulations of compositional gradients in hydrocarbon reservoirs under the influence of a temperature gradient, SPE 84364, SPE Annual Technical Conference and Exhibition, Denver, Colorado.

Peneloux A, Rauzy E, Freze R. 1982. A consistent correction for Redlich – Kwong – Soave volumes. Fluid Phase Equilibria 8, 7 – 23.

Shibata S K, Sandler S I, Behrens R A. 1987. Phase equilibrium calculations for continuous and semicontinuous mixtures. Chem. Eng. Sci. 42 (8), 1977 – 1988.

Shukla K, Firoozabadi A. 1998. A new model of thermal diffusion coefficients in binary hydrocarbon mixtures. Ind. Eng. Chem. Res. 37, 3331 – 3342.

6 案例研究

本章讲述的是一些未公开发表的案例研究。在这些案例中,储层流体均存在明显的组分组成分异现象。第 4 章提出了两种热传输理论,第 5 章对其进行了一些应用。本章继续沿用这些理论对一些新案例中的组分组成分布剖面进行模拟预测。为什么精心挑选出这些储层?因为它们各有各的独特性,模拟结果并不限于一种解释。这些案例旨在为流体模拟和油藏工程新方法的建立提供启发,而不是为这些问题提供明确的答案。

本章的第一个案例是一个高温储层(高于 120℃)。理论上,该储层的流体中应该存在明显的热扩散效应。参数 τ_i 是 Firoozabadi 等(2000)提出的广义热传输模型的可调参数。基于对该储层重力分异实验结果的模拟计算,重新确定了参数 τ_i 经验计算公式中四个常数系数的取值。从模拟结果中可以观察到,针对 Yufutsu 储层优化后的系数值并不适合本案例。然而,在针对本案例进行数值优化后,这些系数就可以用于本章其他案例。只要储层特性类似,这样做就是合理的,因为确实可以提高热扩散模拟的预测可靠性。

第二个案例沿用了第一个案例中参数 τ_i 经验计算公式的系数取值。但该案例针对的是一个温度低很多的 1D 储层。理论上,该储层流体的热扩散效应应该较弱。本案例的目的不仅是为了预测储层流体的真实分布,而且为了研究在假想的高温条件下热扩散效应对该储层流体的影响规律。

第三个案例研究的是一个低温(低于 60℃)储层中的流体组分组成分异现象。该储层的独特之处在于,在低于一定深度水平的那部分储层中,流体还没有达到稳定状态。针对高于该深度水平的那部分储层,本例研究对其流体组分组成分异现象进行了模拟,仍然沿用了第一个案例中参数 τ_i 经验计算公式的系数取值。对比等温模拟与非等温热扩散模拟的结果发现,储层流体中存在着明显的临界相变。

第四个案例对一个新储层中的二维流体分布(纵向剖面)进行模拟预测。在该储层中,盖层岩石厚度在水平方向上存在变化,引起相当大的横向温度差异,在超过 20km 的水平范围内储层温度在 90~120℃发生变化,也即温差高达 30℃。尽管储层在水平方向上存在非均质性,但是具有较好的连通性。研究目的在于对比二维范围内的实际流体分布和不存在自然对流情况下的理论流体分布。模拟计算采用热扩散模型的默认参数。

本章第五个也是最后一个案例的研究对象是一个存在横向温差的轻质油储层。研究目的之一在于证实横向范围内两个不同砂体之间是否存在整体连通性。另一个目的是,对于一个具有整体连通性的储层,如果流体取样点距离基准深度很远,证实热扩散模拟是否足以合理地预测出储层连续临界相变以及剧烈的组分组成分异。

6.1 一维高温储层中的热扩散模拟

本案例基于井 –1 的取样流体数据进行热扩散模拟。该井位于一个特许区域内两个区块之间的边界上,如图 6.1 所示。每一个开发区块的特许权边界并非是按照不同储层之间的实际地质边界进行划分的。如果在一个特定区域内同时有两家或多家生产商联合进行开采,那么他们之间需要针对一些法律事务进行协商,包括油气产量分成、权利享有以及应尽义务等。在这种情况下,边界井就显得很重要,不仅有助于确定地质边界,而且可用于确定流体性质。关于合作开发法律事务方面的讨论不在本书研究范围之内。在本例中,部署井－1的目的在于确定该井南边储层的储量和流体性质,然而有意思的一点是该井却穿越了地质边界(图6.1中未标注该边界),钻至北边相邻特许开发区块的储层。同样的情况也发生在西边相邻的特许开发区块,但是本例不讲述其他井的相关信息。井－1有两个流体取样点。从较浅深度取到的流样为凝析气,凝析气液比(气体与凝析液之比)为 $1200m^3/m^3$,API 重度为 41° API。从另一个深度取到的流样为黑油,气油比为 $200m^3/m^3$,API 重度为 30°API。尚未确定的是这两处流体之间是否存在垂向连通性以及油气界面的位置(如果存在)。鉴于在该区块的平面范围内盖层岩石的厚度很大,有理由认为不存在横向(水平)温度梯度。这意味着,储层内仅存在纵向一维的组分组成分异,也即流体性质仅仅随着深度而发生变化。热扩散模拟的目的在于预测流体性质的垂向分布规律。假设该区块内油水界面(WOC)以上的多孔介质在整体上存在有效连通,则在南边储层的整个平面范围内(直至相邻储层的边界)的储层流体均应该遵循这种分布规律。示意图6.2中给出了可能存在的油气界面位置或者临界相变带。假设存在这样的前提条件:对流速度为 0 且储层处于稳定状态,则流动方程中的瞬态项可以自动消掉,那么在一维垂向连通储层的热扩散模拟中就可以不用考虑孔隙度和渗透率的大小。

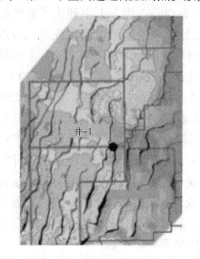

图6.1　位于多个特许权开发区块边界上的
井－1位概略图
对其南边储层中的高温流体进行相态和组分组
成分异模拟

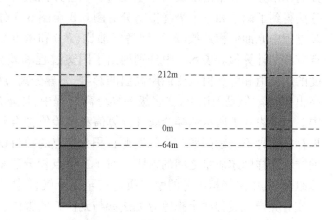

图6.2　井－1南边高温储层中可能的
垂向流体分布情况
左图为存在油气界面的情况(图中油气界面的深度为随意标注,并非模拟结果),右图为存在临界相变带的情况。图中同时给出了油样取样点深度(基准点,深度为 0m)和气样取样点深度(基准点上方212m),以及油水界面位置(基准点下方64m)

　　对于高温储层(约130℃),即使温度梯度不是很大(例如常规值 −0.025℃/m),也有理由认为热扩散效应对组分组成的垂向分布具有相当大的影响。鉴于此,这里仍然沿用之前的做法进行模拟。首先按照 Shibata 等(1987)提出的方法对 C_{20+} 馏分进行劈分,然后基于 PR 状态方程对流样的 PVT 分析结果进行拟合。基于 Ghorayeb 和 Firoozabadi(2000)提出的热传输理论模型进行模拟。接下来,把油样取样点深度作为基准深度,模拟预测等温情况下的组分组成分异。为了对比,本例中还另外进行了三种非等温流体模拟。在第一种非等温模拟中,基于热传输理论模型中默认的参数值($\tau_i = 4.0$,此时 $i = 1, \cdots, nc$),考虑地温梯度进行模拟。在第二种非等温模拟中,基于实验实测的甲烷摩尔分数垂向分布剖面和流体密度垂向分布剖面,对式(5.3)至式(5.6)中的常数系数重新进行估值,在此基础上得到优化后的参数 τ_i,并用于最终的模拟计算。实验实测值来自气样的 PVT 分析报告。为了验证日本 Yufutsu 储层(存在相态反转的极端案例)中热扩散对流体分布的影响规律是否可以推广应用于本案例,第三种非等温模拟沿用了 Yufutsu 案例中采用的 τ_i 参数值。本案例对这四种模拟结果与实验结果进行了对比。

等温和非等温模拟中需要求解的方程列于表4.1。Pedersen 和 Lindeloff(2003)提出了基于理想气体状态热焓值进行流体模拟的方法。除了上述基于热传输参数 τ_i 的模拟之外,本案例还基于理想气体状态热焓值进行了两种模拟计算。第一种模拟沿用了 Pedersen 和 Lindeloff(2003)文献中采用的默认热焓值,第二种模拟沿用了 Pedersen 和 Hjermstad(2006)文献中采用的修正热焓值。模拟结果用两条不同的曲线进行表示。通过把这两个模拟结果与实验结果以及等温模拟结果进行对比,可以直观地判断理想气体状态热焓的不同取值对模拟结果的影响,进而判断模拟质量的好坏。

首先按照 Shibata 等(1987)提出的方法进行组分劈分和合并。表6.1中列出了最终拟组分的摩尔分数分布范围及其摩尔质量。在合并拟组分时,分别采用了两节点积分和三节点积分法得到了两个和三个最终拟组分。图6.3至图6.5分别对比显示了油样在130℃下差异分离过程中原油体积系数(B_o)、溶解气油比(R_s)和密度变化的实测值,以及基于两节点和三节点方法的计算值。表6.2中分别列出了闪蒸过程和差异分离过程中气油比(GOR)和 API 重度的实测值和计算值。受储层高温的影响,差异分离过程得到的气体量更多,大约比闪蒸过程高出20%。但是理论上,在多级差异分离过程中,原本应该会有更多的轻烃组分滞留在液相中。尽管表6.1所示油样的属性计算值和实验值拟合较好,但是基于二节点积分法的计算结果存在一种不连续问题。该问题源自积分节点的数目设置。过少的节点数目导致其无法涵盖油样和气样摩尔质量之间的差距。对于二节点积分法来说,油样中的 C_{20+} 馏分被劈分为两个拟组分,其中最轻组分的摩尔质量甚至高于气样中 C_{20+} 馏分的整体摩尔质量,导致在组分组成分异模拟过程两个拟组分无法参与到汽相的整体物质平衡计算中。

在进行组分劈分时,假定拟组分的摩尔质量服从离散化的指数递减分布。相对于二节点积分法,采用三节点积分法可以拓宽拟组分摩尔质量的分布范围。基于三节点积分法得到的三个拟组分的平均摩尔质量为512g/mol,其中一个拟组分的摩尔质量(337g/mol)低于汽相 C_{20+} 馏分的整体摩尔质量 345g/mol。这样就能够保证该拟组分可用于气体描述过程中的物质平衡计算。

物质平衡的合理实现可以确保基于式(3.27)的恒温计算能够获得不错的结果,模拟结果更接近于实际情况,热扩散的影响也更小。考虑到这一点,在下文中只对基于三节点 C_{20+} 馏分劈分方法的计算结果进行讨论。

表 6.1 井 −1 取样的储层流体组分组成

组分	摩尔质量 $M(\mathrm{g/mol})$	组分摩尔分数 范围（%）	组分	摩尔质量 $M(\mathrm{g/mol})$	组分摩尔分数 范围（%）
CO_2	44	2~4	二个积分节点		
N_2—C_1	16	55~80	$QC_{27.8}$	380	0~5
C_2	30	6~8	$QC_{60.1}$	833	0~2
C_3—nC_5	53	7~9	三个积分节点		
C_6—C_{12}	124	5~10	$QC_{24.3}$	337	0~3
C_{13}—C_{19}	217	2~5	$QC_{43.7}$	609	0~3
			$QC_{70.3}$	981	0~1

注：气体样品取自油层（基准深度）上方 212m 处。

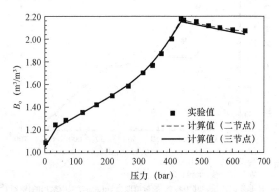

图 6.3 130℃差异分离过程中原油体积系数（B_o）变化的计算值和实验值对比

计算值分别基于二节点积分方法和三节点积分方法

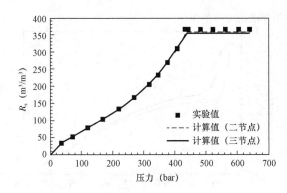

图 6.4 130℃差异分离过程中溶解气油比（R_s）变化的计算值和实验值对比

计算值分别基于二节点积分方法和三节点积分方法

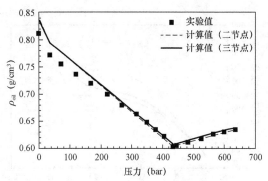

图 6.5 130℃差异分离过程中原油密度变化的计算值和实验值对比

计算值分别基于二节点积分方法和三节点积分方法

表 6.2 闪蒸过程和差异分离过程中气油比（GOR）和 API 重度的实验值和计算值

性质	实验值	计算值（二节点）	计算值（三节点）
闪蒸过程 GOR（$\mathrm{m^3/m^3}$）	302.0	305.6	302.0
闪蒸过程 API 重度	30.8	31.7	31.5

续表

性质	实验值	计算值(二节点)	计算值(三节点)
差异分离过程 GOR(m³/m³)	367.1	357.3	354.0
差异分离过程 API 重度	28.9	28.9	29.5

注:计算值分别基于二节点积分方法和三节点积分方法。

接下来,基于 Firoozabadi 等(2000)提出的热传输模型以及参数 τ_i 的不同估计值进行流体模拟。图 6.6 至图 6.8 分别显示了流体密度、甲烷组分以及 C_{20+} 馏分的摩尔分数沿深度的分布剖面。图中曲线分别代表不同模拟结果,数据点代表实验结果。不同参数的拟合程度较为一致。气样中甲烷含量最高,对其摩尔分数的拟合存在较大偏差。

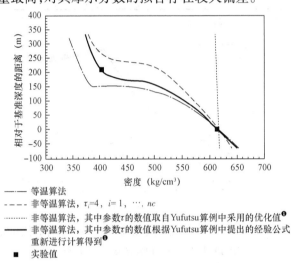

—— 等温算法
--- 非等温算法,$\tau_i=4$, $i=1,\cdots,nc$
······ 非等温算法,其中参数 τ 的数值取自 Yufutsu 算例中采用的优化值❶
—— 非等温算法,其中参数 τ 的数值根据 Yufutsu 算例中提出的经验公式重新进行计算得到❶
■ 实验值

图 6.6 流体密度沿深度的分布剖面

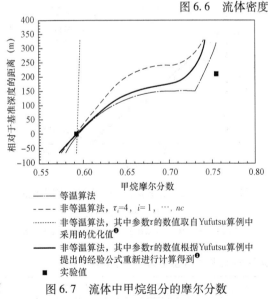

—— 等温算法
--- 非等温算法,$\tau_i=4$, $i=1,\cdots,nc$
······ 非等温算法,其中参数 τ 的数值取自 Yufutsu 算例中采用的优化值❶
—— 非等温算法,其中参数 τ 的数值根据 Yufutsu 算例中提出的经验公式重新进行计算得到❶
■ 实验值

图 6.7 流体中甲烷组分的摩尔分数
沿深度的分布剖面

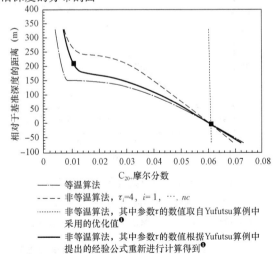

—— 等温算法
--- 非等温算法,$\tau_i=4$, $i=1,\cdots,nc$
······ 非等温算法,其中参数 τ 的数值取自 Yufutsu 算例中采用的优化值❶
—— 非等温算法,其中参数 τ 的数值根据 Yufutsu 算例中提出的经验公式重新进行计算得到❶
■ 实验值

图 6.8 流体中 C_{20+} 馏分的摩尔分数
沿深度的分布剖面

❶ 原书有误——译者注。

从图 6.9 中可以看出，流体饱和压力沿深度的分布曲线与流体静压分布曲线没有交会，表明储层中不存在明显的油气界面，而是存在着临界相变区。图 6.10 中给出了流体临界温度和储层温度沿深度的分布剖面。两条曲线在基准深度之上大约 180m 处发生交会，表明从这个深度向上至储层顶部，气体在降压过程中会出现凝析液，相应地气体类型会从富气逐渐变为贫气。图 6.11 至图 6.14 中给出了基于取样气体组分组成计算得到的流体 PVT 特性及其实验值。从图中可以看出，实验值与计算值拟合程度较高，证明这次模拟计算及其假设前提的合理有效，从而再次表明井 –1 两个取样点之间的储层中不存在明显的油气界面，而是存在着临界相变带（图 6.2 中的右侧示意图）。因此，可以认为井 –1 南边储层中的流体分布都遵循同样的分布规律。

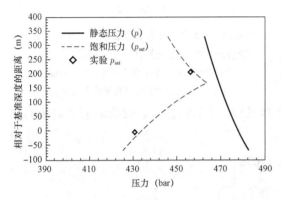

图 6.9　流体饱和压力（p_{sat}）和
储层静态压力（p）沿深度的变化剖面
对比表明储层中不存在明显的油气界面，
而是存在着临界相变带

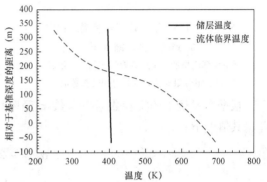

图 6.10　储层温度和流体临界温度
沿深度的变化剖面
可以看出，在井 –1 基准深度之上大约 180m 处，
原油开始转变为凝析气体

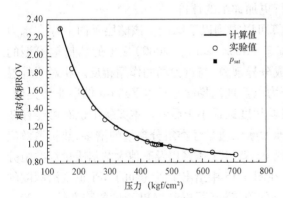

图 6.11　125℃下气体恒质膨胀过程中
得到的相对体积
理论计算值指的是基于获取气样的组分组成，
通过组分组成分异计算得到的参数值

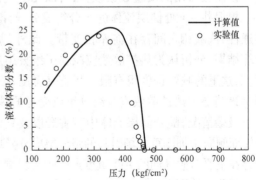

图 6.12　125℃下气体恒质膨胀过程中
得到的凝析液体积分数
理论计算值指的是基于获取气样的组分组成，
通过组分组成分异计算得到的参数值

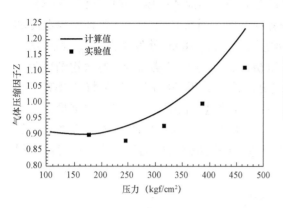 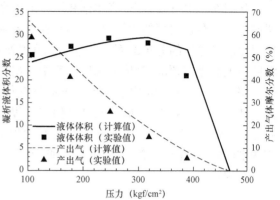

图 6.13　125℃下气体定容衰竭过程中
得到的气体压缩因子
理论计算值指的是基于获取气样的组分组成,
通过组分组成分异计算得到的参数值

图 6.14　125℃下气体定容衰竭过程中得到的
凝析液体积分数和累计产出气体摩尔分数
理论计算值指的是基于获取气样的组分组成,
通过组分组成分异计算得到的参数值

根据本案例中的实验数据对参数 τ_i 经验计算式(5.6)中的各项系数的取值重新进行估算。其值如下:

$$\left.\begin{array}{l} \alpha_0 = -2.17078 \\ \alpha_1 = 4.07908 \\ \beta_0 = -2.71298 \\ \beta_1 = 3.39140 \end{array}\right\} \tag{6.1}$$

基于调整后的系数值重新计算参数 τ_i 的取值,然后用于模拟计算,得到了较好的结果。由于该储层可用的实验数据较少,所以无法进行更加详细的评价。

根据井-1处储层流体的组分组成分异计算可以得到以下结论。该储层垂向上存在水力连通性,汽液相之间存在临界相变带。此外,基于 Firoozabadi 等(2000)提出的热传输模型的计算结果,分析认为热扩散效应减弱了组分组成分异现象,与重力场的作用相反。相对于等温模拟,这里的减弱程度很有限。尽管其温度、压力以及地温梯度与日本 Yufutsu 储层非常类似,但是该储层中热扩散效应对组分组成变异的减弱程度远远小于后者。本案例中也有可能存在一个极端情况,随着储层流体中芳香烃以及其他大摩尔质量烃类组分含量的增多,热扩散效应会转而倾向于加剧重力场引起的组分组成分异现象。鉴于芳香烃以及其他大摩尔质量烃类组分的存在主要对脱气油的 API 重度产生较大影响,在图 6.15 中给出了脱气油的 API 重度沿深度的分布变化。从图中可以看到,井-1两处流体样品的脱气油(凝析液)API 重度的跨度较大(30 ~ 41°API),包含了 33°API 这个标志点。在 5.3 节中,针对 Pedersen 和 Hjermstad(2006)研究的气顶油藏(储层条件距离临界点较远),模拟计算得到基准深度处流体的 API 重度为 33°API。

接下来分析的是基于 Pedersen 和 Lindeloff(2003)提出的模型(默认参数值)和利用 Pedersen 和 Hjermstad(2006)提出的修正参数值进行的热扩散模拟。图 6.16 至图 6.18 中分别给出了这两种模拟得到的流体密度、甲烷组分和 C_{20+} 馏分摩尔分数沿深度的分布变化。事实上,从图中可以看出,关于热扩散效应对组分组成现象的影响,相对于等温模拟,这些模拟结果已经呈现出略有加剧趋势。与基于Firoozabadi 等(2000)提出的广义传热模型得到的模拟结果相比,本处模拟得到的流体密度和 C_{20+} 馏分摩尔分数沿深度的分布相对失真,但是对甲烷摩尔分数沿深度分布的拟合程度更高。图 6.19 中给出了本处模拟得到的饱和压力沿深度的分布变化。从图中可以看出,本次模拟结果不能很好地表征气区流体的性质。本处模拟得到的其他流体性质同样不具有代表性,这里就不再给出具体的模拟结果。鉴于对气区流体性质的预测不具有代表性,在模拟时有必要对 Pedersen 和 Hjermstad

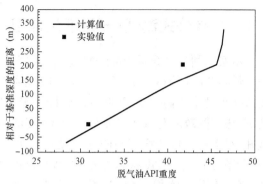

图 6.15　储层流体闪蒸过程中得到的脱气油（凝析液）API 重度沿深度的变化

两处流体样品的脱气油（凝析液）API 重度的跨度较大(30 ~ 41°API),包含了 33°API 这个标志点。在 5.3 节的算例中,33°API 被认为是热扩散效应从减弱组分组成分异转变为加剧组分组成分异的分界点

(2006)给出的理想气体状态热熔值进行调整。即便如此,这与上述解释并不矛盾,即对于重力场引起的组分组成变异现象,在本案例中热扩散效应可能处于加剧或减弱的分界线上。

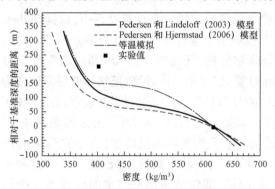

图 6.16　基于 Pedersen 及其合作者提出的热传输模型得到的模拟结果:流体密度沿深度的分布

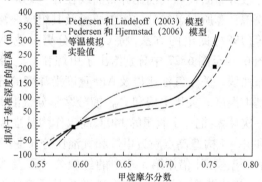

图 6.17　基于 Pedersen 及其合作者提出的热传输模型得到的模拟结果:甲烷摩尔分数沿深度的分布

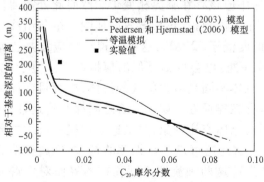

图 6.18　基于 Pedersen 及其合作者提出的热传输模型得到的模拟结果: C_{20+} 馏分摩尔分数沿深度的分布

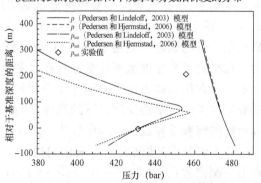

图 6.19　基于 Pedersen 及其合作者提出的热传输模型得到的模拟结果:流体饱和压力（ p_{sat} ）和储层静态压力(p)沿深度的分布曲线

6.2 经验公式测试:一维低温储层内的热扩散模拟

本案例利用第5章中的经验公式[式(5.3)至式(5.5)]以及式(6.1)中给出的参数值对一个低温储层(约60℃)中的一维垂向组分组成分异进行模拟计算。该储层中流体密度较大,其API重度小于前一个案例中提到过的33°API标志点。一般认为,在这个相对较低的储层温度下,热扩散效应对流体组分组成分异的影响会弱于等温模拟。本案例储层中部署了4口测试井,对于每一口井均在不同的深度位置上进行取样分析。把C_{20+}馏分劈分为两个拟组分(积分节点),通过PR状态方程对PVT分析结果进行拟合。图6.20至图6.22分别给出了井-1流体样品体积系数、溶解气油比以及密度随压力的变化曲线。图中的离散点代表58.2℃下的PVT实验值,实线代表计算值。从图中可以看出,计算值与实验值的拟合程度很高。事实上,其他井取样的流体性质计算值和实验值也具有类似的高拟合度。图6.23中显示的是储层流体的定性分布示意图。图中还给出了油水界面位置和其他相界面位置。相界面位置可以根据垂向上的组分组成分布予以确定。基准深度(0m深度)位于井-1所处构造的高点附近。基准深度处的储层温度为58.2℃,储层压力为545.8bar。甲烷摩尔分数沿深度的分布在基准深度处突然增加,相应地气油比分布曲线也在该深度处突然增加。同样地,甲烷摩尔分数分布曲线和气油比分布曲线在井-4所处构造高点位置处也突然增加。表6.3中列出了模拟计算所需各组分的摩尔质量及其组成在深度上的变化范围。在计算过程中,根据Shibata等(1987)提出的方法,将C_{20+}馏分劈分为两个拟组分。基于组分组成分异的计算结果,图6.24至图6.27中分别给出了甲烷和C_{20+}馏分摩尔分数、气油比以及API重度沿深度的分布曲线。关于气油比以及API重度沿深度的分布计算,仅仅做一次计算:把实际储层温度作为基准温度。关于甲烷和C_{20+}馏分摩尔分数沿深度的分布计算,除了实际储层温度外,还多做了一次计算:把一个假想的140℃高温作为基准温度。需要指出的是,等温模拟并未预测到井-1和井-4构造高点附近甲烷和气油比分布曲线的突变。采用实际地温梯度(-0.025℃/m)的非等温模拟[借用第5章中的经验公式以及式(6.1)中给定的参数值]也没能预测到这种突变,其结果显示热扩散效应稍微减弱了组分组成分异。即便夸张地把基准温度设为一个假想的高温(140℃),非等温模拟也无法预测到气顶的存在,甚至无法预测到临界相变带的存在。事实上,组分组成的实验数据显示储层流体中应该存在临界相变带。然而此处需要注意的是,根据假想的高温非等温模拟结果,相对于等温模拟,热扩散效应加剧了组分组成分异现象。考虑到整个储层范围内原油的API重度低于32°API,这种模拟结果应该是正常的。如果把基准深度水平任意设置在其他测试井处,也会得到类似的模拟结果。鉴于此,这里认为在构造高点位置应该存在一种与下部流体不同且富含甲烷的流体,尽管目前尚无法确定该流体与基准深度以下的流体之间是否存在连通性。如果二者之间存在连通性,一种可能的解释是在成藏过程中发生了多次不同的流体充注现象,只是这个过程的成藏地质时间还不够长,导致储层流体未达到稳定状态。由此还可进一步推测的是,在远离构造高点的更深位置(井-2,井-3和井-4所处位置),这两种流体之间存在的界面对甲烷和C_{20+}馏分摩尔分数垂向分布曲线斜率的影响会更加明显。最后,流体API重度在油水界面附近突然降低,表明油区和水区之间可能存在一种更加黏稠的第二液体相。该液体相的形成可能源自含油区底部沥青质的不稳定性(沥青质沉淀)。考虑到该液体相所占厚度较小而且依然处于形成过程中,本案例并未对其进行模拟计算。在第 7 章中,通过 CPA 状态方程模拟了一个三相流体系统,其中包含了一个富含沥青质的第二液体相。该液体相在储层条件下的形成过程已经结束。

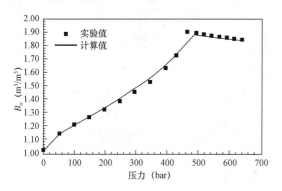

图 6.20　井 -1 基准流样的原油体积系数 B_o:
实验值和计算值

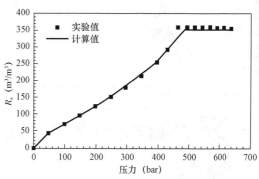

图 6.21　井 -1 基准流样的溶解气油比 R_s:
实验值和计算值

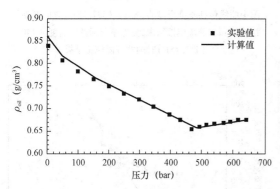

图 6.22　井 -1 基准流样的密度:
实验值和计算值

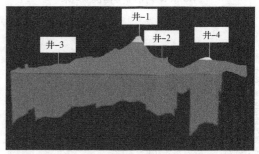

图 6.23　目标储层纵向剖面图
图中给出了测试井的位置和流体的定性分布。研究认为在地层顶部存在一种与下部流体不同而且富含甲烷的流体。紧邻油水界面上方,有一层尚处在形成中的富含沥青质的第二液相薄层。本案例没有针对该第二液相进行模拟计算

表 6.3　流体组分的摩尔质量及其摩尔分数在垂向上的分布范围

组分	摩尔质量 $M(g/mol)$	摩尔分数分布范围(%)	组分	摩尔质量 $M(g/mol)$	摩尔分数分布范围(%)
CO_2	44	0 ~ 1	C_{13}—C_{19}	207	4 ~ 5
N_2—C_1	16	60 ~ 70	$QC_{27.0}$	381	0 ~ 5
C_2—nC_5	42	15 ~ 17	$QC_{60.1}$	834	0 ~ 2
C_6—C_{12}	116	8 ~ 10			

注:采用二节点积分法将流体中的 C_{20+} 馏分劈分为两个拟组分。

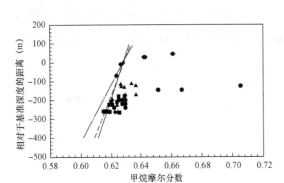

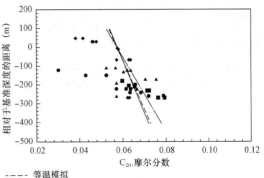

图 6.24　储层不同位置处甲烷摩尔分数的垂向分布

图中曲线包括基准温度为 58.2℃(331.35K)时的等温模拟结果和非等温模拟结果,另外还包括基准温度为 140℃(413.15K)时的非等温模拟结果

图 6.25　储层不同位置处 C_{20+} 馏分摩尔分数的垂向分布

图中曲线包括基准温度为 58.2℃(331.35K)时的等温模拟结果和非等温模拟结果,另外还包括基准温度为 140℃(413.15K)时的非等温模拟结果

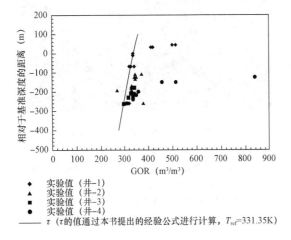

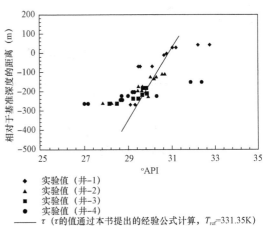

图 6.26　储层不同位置处气油比的垂向分布

图中曲线为基准温度为 58.2℃(331.35K)时的非等温模拟结果

图 6.27　储层不同位置处原油 API 重度的垂向分布

图中曲线为基准温度为 58.2℃(331.35K)时的非等温模拟结果

6.3　存在古气水(CO_2/水)界面的低温储层

　　本书之所以选择这个案例是因为这个储层存在一个有意思的特征。其储层流体中最重要的三个组分为 CO_2、CH_4 和 C_{20+},它们的垂向分布曲线在一个特定的深度(即古气水界面)之下发生了明显的改变。所谓古气水界面指的是古代 CO_2/水界面所在的深度位置。根据假想,在原油充注之前该储层中应该仅仅存在 CO_2 和水两种流体。在发生原油充注后,构造顶部的

CO_2 把原油中的轻质组分抽提到了储层上部,原油中的重质组分则存在于古气水界面以下的下部储层中。鉴于储层顶部轻质流体的黏度较低(而且 CO_2 含量较高),可认为经历了足够长的成藏地质时间后,而且在热扩散效应的作用下,位于古气水界面以上的这部分流体已经达到了稳定状态,形成了临界相变带(CO_2 作用的结果),就像前一个案例中所描述的流体分布。根据假想,由于储层下部重质流体的黏度较高或者稠相 CO_2 的指进,在经历的成藏地质时间不够长的情况下,这部分流体尚未达到稳定状态。稠相 CO_2 在向下扩散过程中,原油的高黏度以及储层岩石的低孔隙度低渗透率均会产生流动阻力。储层温度大约为60℃,储层压力大约为550bar。储层条件下 CO_2 的密度(大于 $0.9g/cm^3$)远高于原油密度,从而导致在向储层底部扩散的过程中产生不规则的扩散前缘(Moortgat 等,2013)。本案例在进行一维模拟计算时,分别在三口测试井(井 -1,井 -2,井 -3)位置处设置不同的基准深度。如果把古气水界面作为0m,这三个基准深度对应着不同的深度值(表6.4)。由于盖层岩石厚度较大,储层内不存在水平方向上的温度梯度。鉴于此,如果采用相同的实测地温梯度(约 -0.026℃/m),只需针对每一口测试井独立进行一维组分组成分异计算,在此基础上就可预测所有井点位置处的储层流体在古气水界面之上的组分分布剖面。纵向剖面图6.28(a)为发生原油充注之前的 CO_2/水界面,图6.28(b)为当前的流体组分分布,图中的井位为在纵向剖面上井点投影的相对位置,油水界面在更靠下的深度位置,在低于古气水界面的区域中储层流体尚未达到稳定状态。

表6.4   对状态方程进行拟合调参后得到的各测试井位置处流体组分组成随深度的变化以及拟组分的摩尔质量

组分	摩尔质量 M(g/mol)	组分摩尔分数范围(%)		
		井 -1	井 -2	井 -3
CO_2	44	10 ~ 21	16 ~ 18	10 ~ 16
$N_2—C_1$	16	48 ~ 52	48 ~ 52	47 ~ 51
$C_2—C_5$	43	14 ~ 16	15 ~ 17	15 ~ 18
$C_6—C_{12}$	139	6 ~ 8	7 ~ 9	7 ~ 9
$C_{13}—C_{19}$	238	2 ~ 4	3 ~ 5	3 ~ 5
QC_{26}	381	3 ~ 5	2 ~ 5	4 ~ 8
QC_{54}	693	0 ~ 3	1 ~ 3	1 ~ 4

注:(1)采用二积分节点法将 C_{20+} 馏分劈分为两个组分。

(2)不同基准深度处的储层温度和压力(假设古气水界面深度为0m):

井 -1(74m):54.8℃,534.1bar;

井 -2(28m):58.3℃,549.2bar;

井 -3(73m):54.8℃,534.5bar。

原油从储层东边的古气水界面处充注进入构造。有理由认为这个充注过程目前已经完成。由此带来的结果是 CO_2 浓度向左端和底部逐渐降低。因此,有必要以这个纵剖面在古代时的原始流体分布为初始条件进行模拟计算。模拟过程要横跨整个成藏地质时间。在方程中引入一个源项代表不含 CO_2 的原油充注量,引入一个汇项代表水从泄水点的流出量。储层压力在源汇项的综合作用下得以保持稳定。显然,该模拟只能得到半定量的结果,一方面因为模

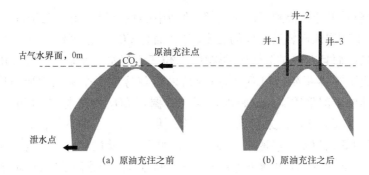

图 6.28　在原油充注进构造圈闭之前和之后流体在储层中的定性分布纵向剖面图

原油充注迫使地层水从泄水点流出,通过 CO_2 对轻质组分的抽提作用在古气水界面上方形成一个临界相变带。
图中井 - 2 井位置为投影位置,并非位于构造高点

拟对象仅限于一个二维区域,另一方面充注过程持续的地质时间长短未知,不含 CO_2 的原油的组分组成也未知。为了确定充注原油的组分组成,可以从当前获取油样的组分中去掉 CO_2 组分,再次对烃组分的摩尔分数进行归一化,然后对全部油样的色谱分析结果取平均值。可以认为上部储层中的流体组分组成和性质不再发生变化(达到稳定状态)的时间要远远早于下部储层流体。在下部储层中 CO_2 组分以指进的形式向底部扩散。下部储层流体达到稳定状态的时间取决于岩石物性的好坏(孔隙度和渗透率在目标区域内的分布情况)。

对地质成藏时间内油气充注过程的模拟不在本书研究范围之内。在第 7 章和第 8 章将会介绍,为了准确模拟局域平衡条件下 CO_2 在水中的溶解度以及流体相的性质,需要采用特殊的热力学模型对极性组分进行描述。本案例的研究目的仅仅在于,假设在成藏之前储层中存在一个古气水界面,在油气充注过程结束并达到稳定状态后对基准深度之上的储层流体分布进行模拟。在模拟过程中采用 PR 状态方程对储层中整个油区流体的 PVT 分析结果进行拟合,在此基础上对 PR 状态方程的适用性和局限性进行评价。

基于 Shibata 等(1987)提出的二积分节点法对 C_{20+} 馏分进行劈分。表 6.4 中列出了对状态方程进行拟合调参后得到的各测试井位置处流体组分组成随深度的变化以及拟组分的摩尔质量。图 6.29 至图 6.31 中给出了井 - 2 油样的体积系数、溶解气油比以及密度的实验值和计算值。实验方法为差异分离。PR 状态方程对其他测试井油样的拟合具有类似的精度。

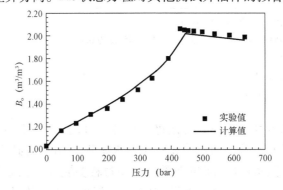

图 6.29　井 - 2 油样体积系数的实验值和计算值的对比

实验方法为 58.3℃ 差异分离实验。采用状态方程对实验结果进行拟合并对状态方程参数进行调整

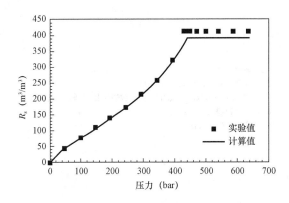

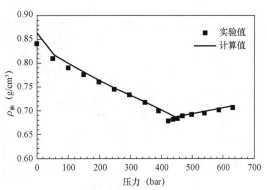

图 6.30　井 – 2 油样溶解气油比的实验值和
　　　　计算值的对比

实验方法为 58.3℃差异分离实验。采用状态方程
对实验结果进行拟合并对状态方程参数进行调整

图 6.31　井 – 2 油样密度的实验值和
　　　　计算值的对比

实验方法为 58.3℃差异分离实验。采用状态方程
对实验结果进行拟合并对状态方程参数进行调整

图 6.32 至图 6.34 分别显示的是三口测试井位置处 CO_2 含量沿储层深度的分布情况。分布的起点为各自的基准深度,图中的 0m 深度为古气水界面位置。基于该储层实际的地温梯度进行等温和非等温模拟计算。其中,非等温模拟包括两种方案,在一个方案中热扩散参数 τ_i 取默认值,在另一个方案中基于式(6.1)中给出的常数系数值通过式(5.3)至式(5.5)确定参数 τ_i 的大小。对于 CO_2,热扩散参数取值 $\tau_{CO_2}=0.5$。在第 7 章示例涉及的一个富含 CO_2 储层中,该值为通过热扩散模拟进行优化并且进行四舍五入后的数值。在这些图中,目标测试井的实验值用符号(■)表示,所有其他测试井的实验值用符号(+)表示(图 6.28 中未给出其他测试井的实验值)。图 6.35 至图 6.37 以及图 6.38 至图 6.40 中分别给出了甲烷和 C_{20+} 馏分的摩尔分数沿储层深度的分布情况。图中所用符号同前所述。

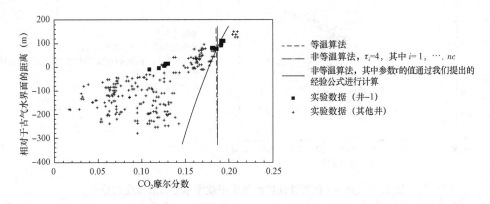

图 6.32　井 – 1 位置处储层流体中 CO_2 摩尔分数沿深度的分布

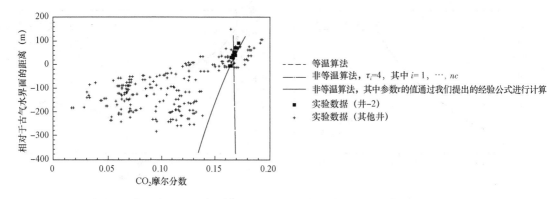

图6.33 井-2位置处储层流体中 CO_2 摩尔分数沿深度的分布

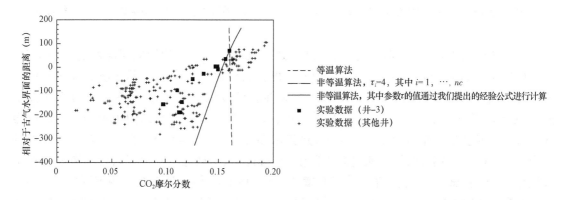

图6.34 井-3位置处储层流体中 CO_2 摩尔分数沿深度的分布

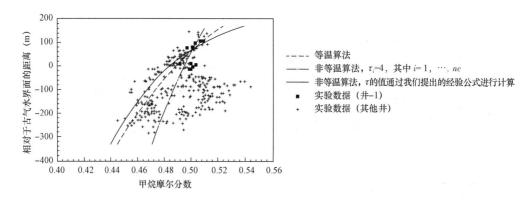

图6.35 井-1位置处储层流体中甲烷摩尔分数沿深度的分布

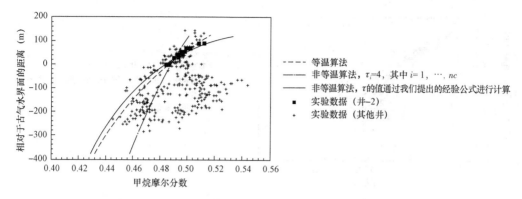

图 6.36   井 - 2 位置处储层流体中甲烷摩尔分数沿深度的分布

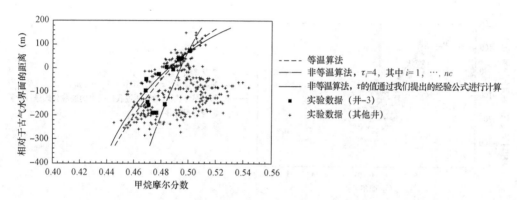

图 6.37   井 - 3 位置处储层流体中甲烷摩尔分数沿深度的分布

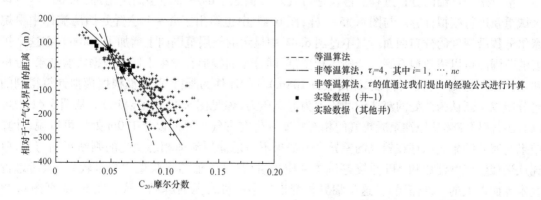

图 6.38   井 - 1 位置处储层流体中 C_{20+} 馏分摩尔分数沿深度的分布

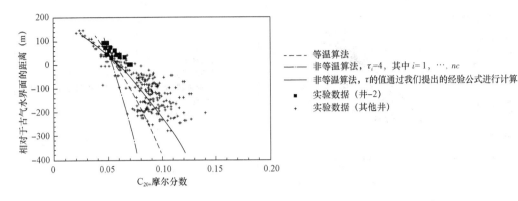

图 6.39　井-2 位置处储层流体中 C_{20+} 馏分摩尔分数沿深度的分布

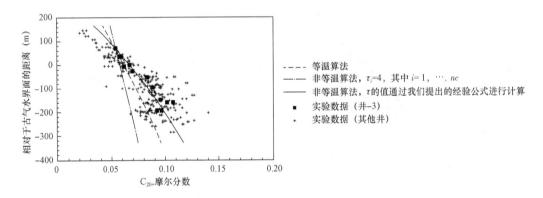

图 6.40　井-3 位置处储层流体中 C_{20+} 馏分摩尔分数沿深度的分布

　　接下来为详细的分析过程。假设把古气水界面之上的一维储层高度增加到 500m。对该区域重新进行模拟计算。与图 6.35 一样,图 6.41 中也给出了井-1 位置处储层流体中甲烷摩尔分数沿深度的分布剖面。只不过图 6.41 中显示的储层范围向上增加了 300m。在这个扩展的范围内可以清楚地看到一个临界相变带,即分布曲线形态发生上倾。根据实验结果,分析井-1 中最浅取样深度(古气水界面上方 108m)处的流体为凝析气,然而根据模拟计算得到的组分组成判断认为此处的流体饱和压力为泡点压力(参见图 6.42 中的对比)。从图 6.41 中可以看出,储层流体从原油至凝析气的相态转变发生在古气水界面以上 170m 处。可以说,计算结果与实验结果之间存在较大的差异。但如果不考虑储层流体相态变化的判断正确与否,单纯从诸如生产气油比和 API 重度等流体性质来看,其计算值与实验值均拟合较好(只考虑古气水界面以上的上部储层)。这是临界相变模拟中一种常见的解释方式。图 6.43 至图 6.48 分别对比了井-1、井-2 和井-3 三口测试井的计算结果与生产气油比和 API 重度的实际数值(实验值)。

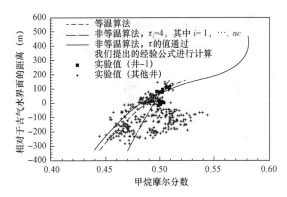

图 6.41　井-1位置处储层流体中
甲烷摩尔分数沿深度的分布

根据针对井-1位置处的储层流体模拟计算结果,在储层顶部存在一个完整的临界相变带。气体中出现第一批液滴的位置仍然位于储层范围内在古气水界面之上170m的地方。根据取样分析的实验结果,储层流体类型在古气水界面之上108m处由原油转变为凝析气

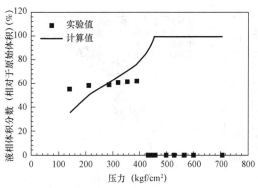

图 6.42　井-1流样中液相体积分数的
实验值和计算值对比

实验方法为54℃恒质膨胀实验。虽然模拟预测的流体饱和压力类型为泡点压力(实际应该为露点压力),但是饱和压力的计算值与实验值拟合较好

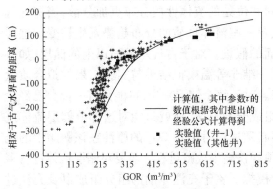

图 6.43　井-1位置处储层流体的
生产气油比沿深度的变化

图中曲线为根据PR状态方程计算得到的模拟结果。热传输模型中参数 τ 的数值根据我们提出的经验公式计算得到

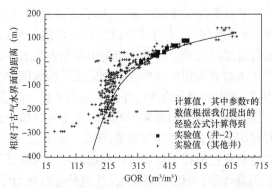

图 6.44　井-2位置处储层流体的
生产气油比沿深度的变化

图中曲线为根据PR状态方程计算得到的模拟结果。热传输模型中参数 τ 的数值根据我们提出的经验公式计算得到

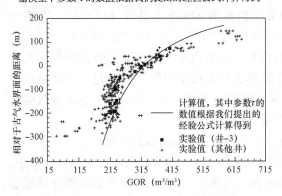

图 6.45　井-3位置处储层流体的
生产气油比沿深度的变化

图中曲线为根据PR状态方程计算得到的模拟结果。热传输模型中参数 τ 的数值根据我们提出的经验公式计算得到

图 6.46　井-1位置处储层流体的
API重度沿深度的变化

图中曲线为根据PR状态方程计算得到的模拟结果。热传输模型中参数 τ 的数值根据我们提出的经验公式计算得到

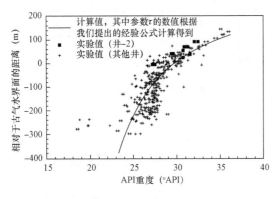

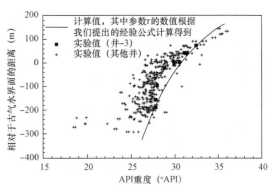

图 6.47 井 -2 位置处储层流体的
API 重度沿深度的变化
图中曲线为根据 PR 状态方程计算得到的模拟结果。热传
输模型中参数 τ 的数值根据我们提出的经验公式计算得到

图 6.48 井 -3 位置处储层流体的
API 重度沿深度的变化
图中曲线为根据 PR 状态方程计算得到的模拟结果。热传
输模型中参数 τ 的数值根据我们提出的经验公式计算得到

从计算结果中可以看出,随着深度增加,不同井位处的流体性质分布更加分散,当深度低于 0m 基准深度(古气水界面)后,流体组分组成及一些流体性质的分布趋势发生转变。这样的计算结果有助于证实该储层中存在古气水界面的假设。对于古气水界面以上的储层,如果热扩散参数采用经过预先拟合优化后的数值,则一维非等温模拟结果与实验结果的拟合质量很高,表明这部分流体已经完全达到了稳定状态。对于整个储层来说,可能只有一部分已经达到了稳定状态。如果采用不随时间变化的组分组成分异算法,那就只能对这部分储层流体进行模拟预测。需要强调的是,该结论是否成立还必须通过对不含 CO_2 的原油在该圈闭中的充注过程进行模拟予以证实。模拟的时间尺度必须涵盖整个成藏过程。需要对储层流体进行多相闪蒸计算,并且对其中的极性组分进行热力学模拟。鉴于充注原油的组分组成以及充注过程持续时间的数量级均不确定,再加上模拟采用的是简化后的地质模型,流体模拟结果只能是半定量的,只可用来说明在基准深度之上的上部储层中流体性质不再随着时间发生变化(达到了稳定状态),远远早于下部储层流体达到稳定的时间。

非常重要的一点在于,在本案例中,储层顶部凝析液的 API 重度最大,约为 36° API,古气水界面处流体的 API 重度大约降至 30° API。与采用原始参数值($\tau_i = 4$,其中 $i = 1, \cdots, nc$)的非等温模拟结果以及等温模拟结果相比,沿用案例 6.1 中给出的参数值通过热扩散模型得到的预测结果加剧了组分组成分异现象。该模拟提升了与实验结果的拟合质量。由此可以看出,储层流体中存在较重的芳香族馏分,造成流体 API 重度数值减小,真正使得热扩散效应与重力场的作用方向一致,也即加剧了重力分异作用。

另外重要的一点是,即使在古气水界面以上的储层中,在不同测试井位处储层流体中 CO_2 摩尔分数的垂向分布剖面也存在很大差异,但是甲烷摩尔分数垂向分布剖面之间的差异较小。这种情况可能是 CO_2 在原生地层水中的溶解造成的。所谓原生地层水,指的是吸附在储层岩石表面的地层水以及在毛细管力作用下滞留在含油区域中致密孔隙中的地层水。在本案例中,较低的储层温度会促进 CO_2 的溶解,同时该溶解度也会受到地层水矿化度的影响。地层水矿化度在模拟区域内的非均质性改变了 CO_2 在油—水体系中的分配系数。对于大多数烃类组分来说,这种现象可以忽略不计,因为它们在地层水中的溶解度要比 CO_2 低大约两个数量级。但是 CO_2 在地层水中的溶解会使不同井位处烃类组分的垂向分布更加分散。要想在组分组成分异计算中加入原生地层水的影响就需要考虑毛细管力,这一点超出了本书的研究范围,但在第 8 章会建议把这项内容作为未来的研究方向。

6.4　二维稳态储层中的热扩散模拟

本节分析自然对流对油气储层中组分组成分异的影响。目标储层的二维纵向剖面如图 6.49 所示。储层流体中的 CO_2 含量约为 18%。盖层厚度不均匀分布,从北到南逐渐增加,引起的横向温度梯度为 $-1℃/km$。储层剖面长度约 24km,部署了 4 口测试井进行取样分析。储层孔隙度和渗透率的分布状况未知。这里设置平均孔隙度约为 10%,平均渗透率约为 100mD。为了使模拟计算结果能够拟合上各测试井位置处储层流体的组分组成分异分布,可以对孔隙度值和渗透率值进行调整。表 6.5 中列出了储层流体各组分的摩尔质量以及组成分布范围。其中,C_{20+} 馏分被劈分为两个拟组分。图 6.50 至图 6.53 中分别给出了井 -2 参考流样的原油体积系数、溶解气油比、密度以及黏度的实验值和计算值。参考流样的取样位置(井 -2 的 0m 基准深度)在图 6.49 中用"×"标识。其他测试井流样相关性质的实验值和计算值也具有类似的拟合精度。

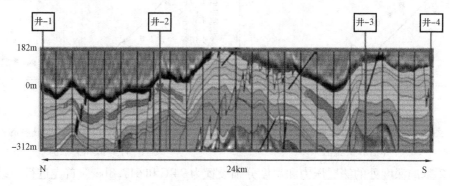

图 6.49　显示沉积层位的联井剖面图

图中所示区域即为二维数值模拟范围(500m×24km)。模拟的基准深度位于井 -2 处(用"×"表示)。在模拟中,盖层和基底岩石的孔隙度和渗透率均设为 0。由于仅对含油区域进行模拟,所以模拟区域的底界设在油水界面上

表 6.5　储层流体中各组分的摩尔质量及其组成分布范围

组分	摩尔质量 M(g/mol)	摩尔分数分布范围(%)	组分	摩尔质量 M(g/mol)	摩尔分数分布范围(%)
CO_2	44	17 ~ 19	C_8—C_{12}	151	5 ~ 8
N_2—C_1	17	43 ~ 46	C_{13}—C_{19}	231	5 ~ 7
C_2—C_3	36	10 ~ 12	$QC_{29.2}$	360	4 ~ 7
iC_4—C_7	59	5 ~ 8	$QC_{63.2}$	815	2 ~ 4

注:(1)基准深度处的储层温度和压力分别为:94℃和617.8bar。

　　(2)C_{20+} 馏分被劈分为两个拟组分。

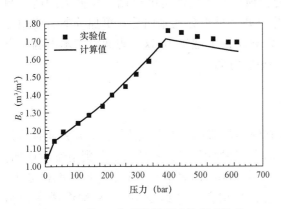

图 6.50 井 – 2 参考流样原油体积系数的
计算值和实验值

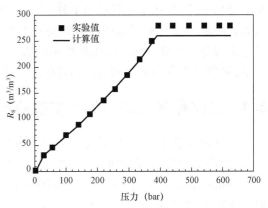

图 6.51 井 – 2 参考流样溶解气油比的
计算值和实验值

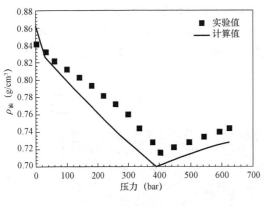

图 6.52 井 – 2 参考流样密度的
计算值和实验值

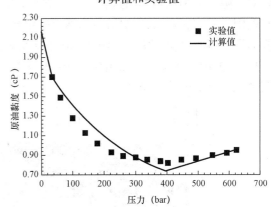

图 6.53 井 – 2 参考流样黏度的
计算值和实验值

井 – 2 基准深度处的储层压力和温度分别设置为94℃和617.8bar。首先进行一维等温模拟计算。然后,忽略横向温度梯度不计,沿用常见的垂向温度梯度(– 0.025℃/m)再次进行一维模拟计算,热传输模型的热扩散参数取初始默认值($\tau_i = 4$,其中 $i = 1, \cdots, nc$)。接下来,保持基准深度不变,沿用同样的热扩散模型和参数值,对整个成藏地质时间内储层流体的二维运移进行模拟,直至达到稳定状态。最后,对比三种模拟方案下各测试井位置处储层流体的模拟结果与实验结果。

本案例的研究目的在于证实自然对流(考虑横向地温梯度的二维模拟)对一维模拟(仅仅考虑垂向地温梯度)得到的流体分布状态存在何种影响。需要说明的是,本案例假设储层范围内存在整体连通性,模拟范围内的低渗透率区域(非储层)在横向上的展布较差,也即不具有横向整体连通性。

模拟结果显示,在大约10Ma后,储层流体实际上已经成为均质流体,表明储层流体达到稳定状态的时间远远早于储层当前的地质年龄(大约100Ma)。

图6.54至图6.56分别显示了井 – 1 位置处储层流体中 CO_2 、CH_4 和 C_{20+} 摩尔分数的垂向分布状况。图6.57至图6.59分别显示了井 – 2 位置处储层流体中 CO_2 、CH_4 和 C_{20+} 摩尔分数

的垂向分布状况。图 6.60 至图 6.62 分别显示了井 - 3 位置处储层流体中 CO_2、CH_4 和 C_{20+} 摩尔分数的垂向分布状况。图 6.63 至图 6.65 分别显示了井 - 4 位置处储层流体中 CO_2、CH_4 和 C_{20+} 摩尔分数的垂向分布状况。图中给出的三条曲线分别代表一维等温模拟、考虑热扩散效应的一维非等温模拟以及二维非等温模拟。图中的"■"代表实验结果。总体来说，如果采用相同的热扩散参数值，那么从模拟结果中可以发现自然对流的存在会使储层流体变得更加均质，使得模拟结果与实验结果拟合度较高。唯一例外的一点是，根据实验结果，井 - 4 位置处储层流体中 C_{20+} 馏分摩尔分数随深度增加而减小，因此模拟计算结果无法拟合实验结果。在模拟结果中，重质馏分的摩尔分数含量差不多均低于 8%。重质馏分摩尔分数的实验值虽然较为分散，但是差不多均高于 8%，除了井 - 2 位置处的构造高部位流体（基准深度为任意设置）。值得指出的是，在对该油田更深流样进行压力衰减实验的过程中，发现了沥青质沉淀现象（通过实验确定了初始沉淀压力曲线）。此外，CO_2 的热扩散参数取值可能与碳氢化合物有所差异。为了准确模拟该储层中的流体分布状况，需要建立新的热力学模型和热传输模型。

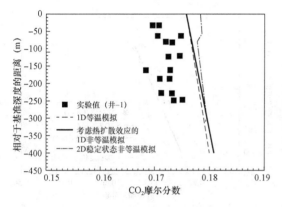

图 6.54　井 - 1 位置处储层流体中
CO_2 摩尔分数沿深度的分布

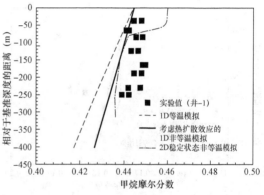

图 6.55　井 - 1 位置处储层流体中
甲烷摩尔分数沿深度的分布

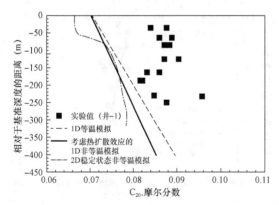

图 6.56　井 - 1 位置处储层流体中
C_{20+} 馏分摩尔分数沿深度的分布

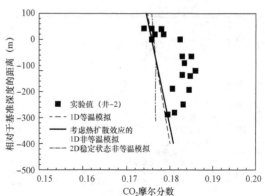

图 6.57　井 - 2 位置处储层流体中
CO_2 摩尔分数沿深度的分布

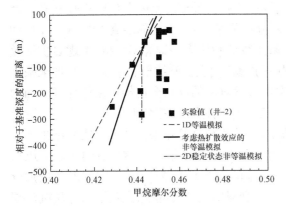

图 6.58　井 -2 位置处储层流体中
甲烷摩尔分数沿深度的分布

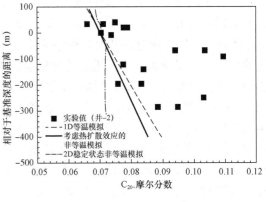

图 6.59　井 -2 位置处储层流体中
C_{20+} 馏分摩尔分数沿深度的分布

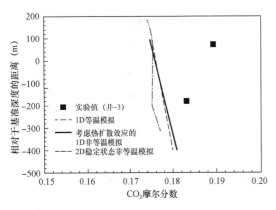

图 6.60　井 -3 位置处储层流体中
CO_2 摩尔分数沿深度的分布

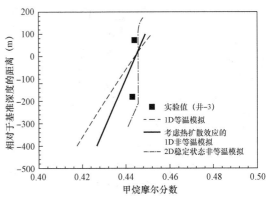

图 6.61　井 -3 位置处储层流体中
甲烷摩尔分数沿深度的分布

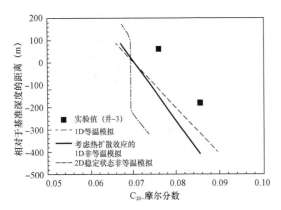

图 6.62　井 -3 位置处储层流体中
C_{20+} 馏分摩尔分数沿深度的分布

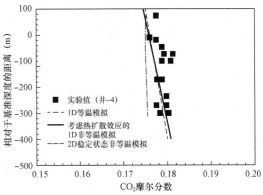

图 6.63　井 -4 位置处储层流体中
CO_2 摩尔分数沿深度的分布

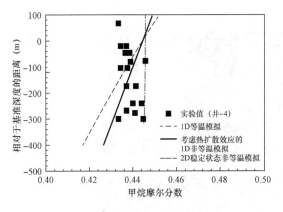

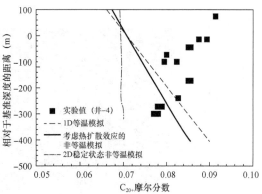

图 6.64　井 –4 位置处储层流体中
甲烷摩尔分数沿深度的分布

图 6.65　井 –4 位置处储层流体中
C_{20+} 馏分摩尔分数沿深度的分布

6.5　二维储层的连通性

在油田的开发阶段,可以利用已完钻井通过井间干扰测试来确定不同储层部位的流体之间是否存在水力连通性。所谓干扰测试,就是通过人为控制产量对其中一口井进行地层测试,然后通过安装在邻井井筒中的压力计对其压力进行监测。如果在邻井中监测到压力响应,表明测试井中的流体开采造成了邻井的局部压力降,说明二者之间存在水力连通性。然而,当油田尚处于勘探阶段时,储层不同部位之间的连通性只能通过地质资料予以推断。在这个阶段,流体模拟可以提供非常重要的信息,配合其他工具/途径就能够合理预测储层范围内是否存在分区还是具有整体连通性。如果模拟得到的组分组成分布趋势发生突然变化,而且模拟结果无法很好拟合基准深度储层流体的 PVT 分析结果,那么可以认为储层内存在分界,或者正在发生流体充注/泄漏,甚至在储层圈闭内共存着来自不同烃源岩的具有不同组分组成的原油。然而遗憾的是,通常情况下无法直接得出清晰的认识。根据前述研究可知,热扩散效应对流体分布的影响程度可高可低,横向温度梯度引起的自然对流通过来回运移会使储层流体趋于均质化。在某些情况(相关文献目前尚不能给出完整解释)下,流体在稳定状态下的流动能够强化热扩散效应,从而使得组分组成分布更加非均质化。对于这些情况,等温模拟和一维非等温模拟无法合理进行预测。本案例研究的是如图 6.66 所示的储层中是否会发生此类情况。该储层的西部区域有两套沉积层系,下面为较老的砂体 A,上面为较新的砂体 B。研究的目的在于确定两个砂体之间的分界面是否存在可渗透性,在此基础上进而证实井 –2 位置处储层流体(挥发性油,参考流体)与井 –1 位置处储层流体(凝析气)之间是否具有水力连通性。尽管井 –3 与井 –2 处于同一个储层(砂体 A)中而且储层流体均为参考流体(挥发性油),但是二者之间存在一个渗透屏障。本研究也需要确定该屏障是否具有封闭性。这三口目标井的油水界面位置以及储层埋深均存在差异,从储层西部至东部存在横向温度梯度,其大小为 $-0.0013K/m$(温度从西向东降低)。整个模拟区域内的垂向温度梯度为 $-0.034K/m$(温度从下向上降低)。为了看清楚两个砂体 A 和 B 的细节,从整个模拟范围中切割出一小块区域加以放大,如图 6.67 和图 6.68 所示。

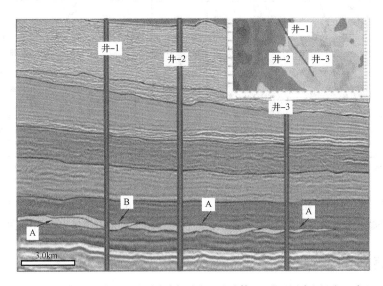

图 6.66 模拟区域的二维纵向剖面图以及砂体 A 平面展布图(右上角)

剖面图的深度从海平面开始直至储层底部,包含两个目标沉积砂体。本案例的研究目的
在于确定砂体 A 和 B 的整体展布范围内是否存在连通性

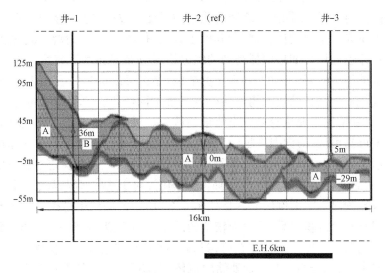

图 6.67 砂体 A 和 B 数值模拟区域的放大显示图

图中的基准深度(0m)位于井-2 射孔层段中部,井-1 的取样深度为 36m,井-3 的两处取样深度分别为-29m 和
5m。假设模拟范围内存在整体连通性。红色线和洋红色线为地震解释结果。在这个局部放大图中可以清楚看到,
砂体顶底部界限深度存在不确定性。需要指出的是,井-3 的两处取样深度分别对应着该井钻遇砂体的顶部深度和
底部深度。蓝色网格块中的孔隙度设为定值,16.5%。渗透率分布详如图 6.68 所示。白色网格块(非储层区域)的
渗透率和孔隙度均设为 0

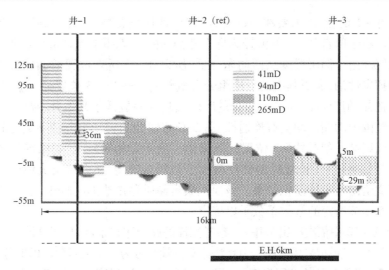

图 6.68　储层展布范围内的砂体渗透率分布

井 - 3 区域,265mD;井 - 2 区域,110mD;井 - 1 区域砂体 B,41mD;井 - 1 区域砂体 A
(位于砂体 B 下方,未钻遇),94mD。另请注意基准深度和测试取样深度的位置

假设模拟范围内存在整体连通性,储层孔隙度均质分布,其值为 16.5%。井 - 3 周围储层区域的渗透率约为 265mD,井 - 2 周围储层区域的渗透率约为 110mD。井 - 1 周围砂体 B 的渗透率约为 41mD,砂体 B 下方的砂体 A(模拟范围左端区域)的渗透率约为 94mD。基准深度设在井 - 2 射孔层段中点(该位置的深度设为 0m,选择该深度作为基准深度并没有特殊的依据)。基准深度的储层温度和压力分别为 106℃和 569bar。

对取自三口井的四个流样进行了化验分析和闪蒸实验。表 6.6 中列出了不同流样中甲烷和 C_{20+} 馏分摩尔分数以及 PVT 性质的实验值。基于井 - 1 36m 处的流样和井 - 3 -29m 和 5m 处的流样进行了组分组成分异的模拟计算。通过对比计算值与实验值的拟合程度可以判断储层内是否存在分区或是否具有连通性。对于本案例研究的讨论过程来说,甲烷和 C_{20+} 馏分是两个最相关的(拟)组分。鉴于此,表 6.6 中仅仅列出了这两个(拟)组分的摩尔分数。需要指出的是,实际的储层流体中本身含有多种其他馏分,为了保证计算结果的可靠性,流体模拟也必须将这些馏分考虑在内。

表 6.6　三口井不同深度取样流体中甲烷和 C_{20+} 馏分摩尔分数以及通过闪蒸实验得到的性质

物理性质	井 - 2 (0m,基准深度)	井 - 1 (-4m)	井 - 3 (-44m)	井 - 3 (-35m)
C_1 摩尔分数(%)	63	71	60	60
C_{20+} 摩尔分数(%)	3.4	3.4	5.4	5.3
GOR(m^3/m^3)	468	621	431	463
API 重度(°API)	36	35	37	37
C_{20+} 摩尔质量(g/mol)	481	444	364	359
C_{20+} 密度(g/cm^3)	0.922	0.904	0.891	0.889
流体类型	挥发性油	凝析气	挥发性油	挥发性油

注:井 - 2 的取样深度设为 0m 基准深度。尽管表中只列出了 C_1 和 C_{20+} 摩尔分数,但实际上储层流体中还包含了其他典型的石油馏分。

对于取自井-1的流样,需要注意的是,不仅仅取样位置高于基准深度,而且取样处的储层温度也较高。鉴于取自井-2的流样为挥发性油,井-1取得的流样应该属于处于临界相变区域中的凝析气。由于储层温度从西向东降低,所以井-3所处位置的储层温度较低。取自该井的流样为挥发性油,表明其中的重质组分含量较高。在井-3位置处,C_{20+}馏分的摩尔分数明显高于其他井,但奇怪的是C_{20+}馏分的摩尔质量却明显低于其他井,导致API重度较高。如果整个模拟范围内的储层均具有连通性,那么C_{20+}馏分的较轻组分会不会比较重组分更倾向于运移到低温区域?如果井-3位置处的储层温度不是相对较低,那么储层流体会不会应该属于凝析气?如果井-1位置处的储层温度不是相对较高,那么储层流体会不会应该属于挥发性油?下文给出了流体模拟结果。该模拟假定储层存在整体连通性。热扩散模型中τ参数的取值通过6.1节给定的常数系数予以确定。

图6.69至图6.72中依次给出了井-2参考流样的原油体积系数、溶解气油比、密度以及黏度的实验值和计算值。该模拟采用三积分节点法把C_{20+}馏分分为三个拟组分。PVT分析的实验温度为111℃,略高于基准深度处的储层温度。从图中可以看出,计算值与实验值之间具有很好的一致性,表明热力学模拟所涉及的参数取值很合理,从而将模拟的不确定性降至最低。

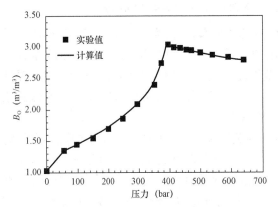

图6.69　井-2基准深度处取样流体的原油
体积系数(差异分离实验温度为111℃)

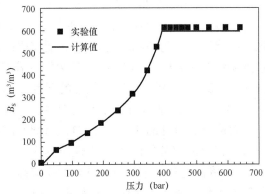

图6.70　井-2基准深度处取样流体的溶解
气油比(差异分离实验温度为111℃)

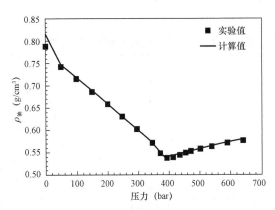

图6.71　井-2基准深度处取样流体的密度
(差异分离实验温度为111℃)

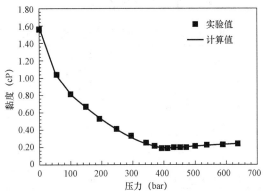

图6.72　井-2基准深度处取样流体的黏度
(差异分离实验温度为111℃)

砂体 A 和 B 的地质年龄大约为 75Ma。在模拟进行到 30Ma 时,储层流体已经达到了稳定状态,也即流体性质不再随着时间发生变化。因此,如果在取样深度处流体组分组成以及 PVT 性质的实验值与计算值之间存在较大的偏差,那么可以认为原因如下:储层内部存在不渗透边界;或者其他外部流体正在注入该储层;或者该储层流体正在泄漏。图 6.73 显示了模拟时间分别为 30Ma 和 100Ma 时整个模拟范围内甲烷的摩尔分数分布。两个时间点的模拟结果几乎没有差异。图 6.74 至图 6.77 分别给出了井 −3 和井 −1 位置处储层流体中甲烷和 C_{20+} 馏分在垂向上的摩尔分数分布。根据甲烷含量分布图可以判断,砂体 B 与砂体 A 之间不可能存在连通性,因为井 −1 位置处取样流体中甲烷摩尔分数的实验值超过 70%,但是模拟区域内任一点的计算值都不超过 65%。但如果仅仅考虑井 −1 位置处储层(砂体 B)流体中 C_{20+} 馏分的摩尔含量,就无法得到同样的判断。然而,从图 6.74 和图 6.75 中可以看出,在井 −3 处,取样流体中 C_{20+} 馏分含量的实验值与计算值之间的差异要大于甲烷组分。换句话说,根据井 −1 取样流体中的甲烷含量可以判断砂体 A 中部与砂体 B 之间没有连通性。根据井 −3 取样流体中的 C_{20+} 馏分含量可以判断砂体 A 右部与其余部分之间没有连通性。至此,可以认为井 −1、井 −2 和井 −3 钻遇的是三个互不连通的砂体,即砂体 B、砂体 A(中部)、砂体 A(右部)。从图 6.78 中可以看出,井 −1 和井 −3 取样流体中 C_{20+} 馏分的摩尔质量存在明显差异,而且模拟值也无法拟合上实验值。C_{20+} 馏分的摩尔质量计算值在 450 ~ 500g/mol。井 −1 取样流体中 C_{20+} 馏分的摩尔质量实验值为 444g/mol,计算值与实验值之间的差异属于极限实验误差 (5% ~ 10%)。井 −3 取样流体中 C_{20+} 馏分的摩尔质量实验值约为 360g/mol,计算值与实验值之间的差异远远超过极限实验误差。

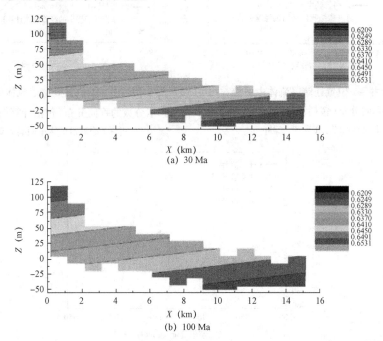

图 6.73 模拟时间分别为 30Ma 和 100Ma 时整个模拟范围内甲烷的摩尔分数分布
两个时间点的模拟结果几乎没有差异,表明储层早在现今地质年龄之前就已经达到了稳定状态

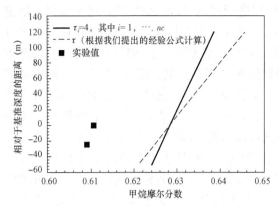

图 6.74　井 -3 位置处储层流体中甲烷
摩尔分数的垂向分布(包括计算值和实验值)
井 -3 距原点的水平距离为 14km

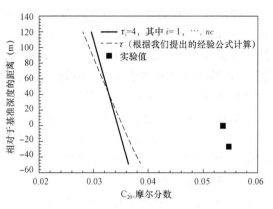

图 6.75　井 -3 位置处储层流体中 C_{20+} 馏分
摩尔分数的垂向分布(包括计算值和实验值)
井 -3 距原点的水平距离为 14km

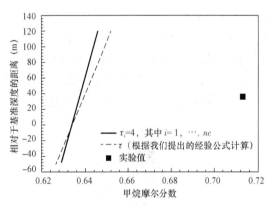

图 6.76　井 -1 位置处储层流体中甲烷
摩尔分数的垂向分布(包括计算值和实验值)
井 -1 距原点的水平距离为 2km

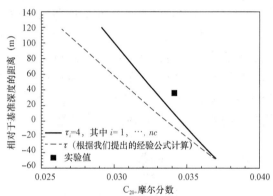

图 6.77　井 -1 位置处储层流体中 C_{20+} 馏分
摩尔分数的垂向分布(包括计算值和实验值)
井 -1 距原点的水平距离为 2km

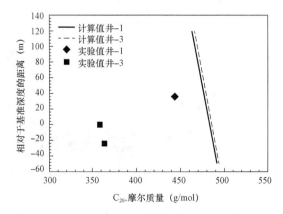

图 6.78　井 -1 和井 -3 位置处储层流体中 C_{20+} 馏分摩尔质量的垂向分布
(包括计算值和实验值)

前文基于模拟计算结果对井间储层的连通性做出了初步判断。这些判断还必须通过其他的描述方法进行验证,比如对三口测试井取样流体中的甲烷进行同位素含量测定。储层流体中 C^{13}/C^{12} 或 C^{14}/C^{12} 同位素含量以 ppm(百万分之一单位)进行计量,其值大小取决于烃源岩中油(或气)的热成熟度。通过测试同位素含量的分布范围可以判断在不同地质年代中注入目标储层的流体。对于井-1取样流体中甲烷含量远高于计算值的情况,除了可以解释为砂体 B 与砂体 A 之间不存在连通性之外,还有一种可能,即砂体 B 中后期注入了富含甲烷的流体。如果后一种解释成立,应该可以从同位素信号中判断出井-1取样流体的热成熟度高于其他井取样流体,无论井间储层是否存在不渗透边界(如果当前富含甲烷的流体仍在继续发生充注)。换句话说,对于井-1的情况存在两种可能的解释。其一,砂体 A 和 B 之间存在不渗透边界,后期注入的甲烷得以一直存留在砂体 B 中(充注过程已经完成)。其二,砂体 A 和 B 之间存在连通性,但是砂体 B 的甲烷充注过程当前仍然在继续进行中。图6.79所示为对井-1取样流体进行恒质膨胀得到的凝析液体积百分数的计算值和实验值。模拟计算得到的流体组分组成结果表明,甲烷含量较低,因此取样深度处的储层流体类型应该为挥发性油。但实验结果则表明此处流体应该为近临界的凝析富气。饱和压力的计算值和实验值之间的误差超过了10%。图6.80中显示的是对井-1取样流体进行恒质膨胀得到的密度计算值和实验值。由于计算得到的甲烷含量较低,所以流体密度的计算值(挥发性油)远高于实验值(凝析气)。

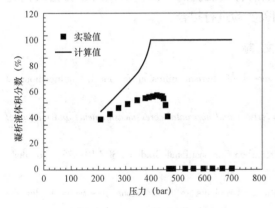

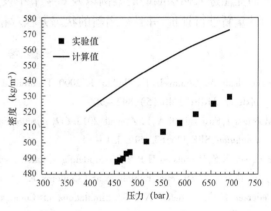

图6.79　在116℃条件下对井-1
取样流体进行恒质膨胀得到的
凝析液体积分数计算值和实验值

图6.80　在116℃条件下对井-1
取样流体进行恒质膨胀得到的
密度计算值和实验值

对于井-3的取样流体来说,鉴于其 C_{20+} 馏分的摩尔质量较低,可以判断应该有另外一种流体充注进入储层,而且砂体 A 中部和右部之间的不渗透边界应该具有封闭性,从而避免两部分储层流体发生混合。如果二者之间存在连通性,那么两部分流体必然会发生混合而且应该已经达到了稳定状态。从流体压力系统来讲,所有的砂体有可能通过一个区域水体互相连通。一旦出现这种情况,从理论上来说,即使砂体之间不存在直接的连通性,在其中一个砂体中进行流体开采也可能会在其他任何一个砂体引起压力衰减。

6.6 结语

在本章案例中,均采用热传输模型进行模拟计算,而且均沿用式(6.1)中给出的系数值确定热扩散参数 τ_i 的取值。总的来说,在这些案例中,热扩散效应对储层流体组分组成分异的影响并不像在日本 Yufutsu 油田(参见 5.2 节)那么明显。其原因可能在于储层温度较低或者重质组分含量较高,后者会影响脱气油的 API 重度。本章内容进一步证实了文献案例研究的认识和结论:对于 API 重度小于 33°API 的流体,热扩散效应会加剧重力场引起的组分组成分异现象,但是对于轻质原油,热扩散效应会使一维垂向的流体分布更趋均质化。在自然对流的作用下,二维储层内的流体分布倾向于更加均质化,而且这种趋势与地质模型的非均质性无关。至少在采用默认的 τ_i 参数值时通过流体模拟可以得到这条结论。在 6.5 节的案例中,无论 τ_i 参数采用默认值还是采用基于式(6.1)中给定系数的计算值,热扩散模拟结果并不存在太大的差异。至少在做出一定假设的前提下,自然对流模拟可以用于可靠地证实储层之间是否存在连通性。对于更加复杂的流体,必须开展新的模拟研究,分析热力学新模型的适用性,也有可能需要重新为热传输模型确定新的参数值。第 7 章将会针对一个处于液液汽三相平衡的 CO_2 气藏进行一维组分组成变异的模拟计算。第 7 章中给出的 CO_2 热扩散参数值已经成功地用于 6.3 节中的一维模拟计算。对于二维模拟计算(比如 6.3 节中外部原油通过古气水界面充注进入储层圈闭的案例以及 6.4 节中发生沥青质沉淀的案例),必须对经验公式的适用性重新进行评价,并且采用新的状态方程对相关实验进行拟合。

参 考 文 献

Firoozabadi A, Ghorayeb K, Shukla K. 2000. Theoretical model of thermal diffusion factors in multicomponent mixtures. AIChE J. 46 (5) ,892 – 900.

Moortgat J, Firoozabadi A, Li Z, et al. 2013. *CO$_2$ injection in vertical and horizontal cores: measurements and numerical simulation*, SPE 135563. SPE J. 1 – 14.

Pedersen K S, Hjermstad H P. 2006. Modeling of Large Hydrocarbon Compositional Gradient. SPE 101275, Abu Dhabi International Petroleum Exhibition and Conference.

Pedersen K S, Lindeloff N. 2003. Simulations of Compositional Gradients in Hydrocarbon Reservoirs Under the Influence of a Temperature Gradient. SPE 84364, SPE Annual Technical Conference and Exhibition, Denver, Colorado.

Shibata S K, Sandler S I, Behrens R A. 1987. *Phase equilibrium calculations for continuous and semicontinuous mixtures.* Chem. Eng. Sci. 42 (8) ,1977 – 1988.

7 分子缔合的影响

本章的内容是研究分子缔合对油气藏组分组成分异的影响。在众多的分子缔合现象中，氢键是主要的例子之一。分子缔合的特征在于分子之间存在强烈的短程相互吸引作用，其与流体分子的极性密切相关。在一组分子中，只有当极性位点处于合适的角方位而且分子间距足够短时，这组分子周围区域才会形成足够高的引力势，从而引发分子缔合现象。分子缔合呈现出与强化学键（但非永久化学键）相似的特点。

分子缔合产生的分子聚集体对流体组分的热力学性质具有相当大的影响。举例来说，每个水分子均具有四个缔合位点，彼此之间可以形成氢键，而氖分子虽然具有相同大小的尺寸和质量（Economou 和 Donohue，1991），但是彼此之间不能形成氢键，因此水的沸点要远高于氖。对于仅由非极性碳氢化合物分子组成的普通流体，基于范德华力（色散力）的中程作用力就足以描述其热力学行为。

对于这些普通流体，无论是共生水还是注入水，储层中的水是其中唯一有效的极性组分，在进行流体模拟时需要作为独立的组分予以处理。水中的溶解离子导致水组分具有一定的矿化度。基于矿化度，通过经验公式就可以计算水组分的相关性质。烃类在液相水中的溶解度很小，可忽略不计，液相油水之间的唯一关联在于储层岩石的相对渗透率曲线。然而，如果储层原油中含有 CO_2，或者沥青质含量高，或者沥青质含量虽然较低但是依然会形成沥青质沉淀，那么 CO_2 或沥青质分子中存在的极性位点就会引发分子缔合现象，从而显著改变储层流体达到热力学平衡的条件。

分子缔合可以是直接缔合，比如水分子之间形成的氢键以及沥青质单体聚集体之间形成的氢键。分子缔合也可以是交叉缔合，比如 CO_2 和水分子之间的缔合以及树脂和沥青质分子之间的缔合。正是树脂和沥青质的分子缔合能够让沥青质悬浮在油中。

本章不讲述水分子之间的直接缔合（氢键），也不讲述于溶解于液相水的 CO_2 分子与水分子之间的交叉缔合。重点内容放在沥青质分子之间的直接缔合以及树脂和沥青质分子之间的交叉缔合。要想通过状态方程来模拟此类分子间作用力，需要采用所谓的 CPA 状态方程（Cubic Plus Association Equation of State，立方缔合复合型状态方程）。传统的二参数立方型（例如，PR 或 SRK 状态方程）仅仅考虑了斥力项和中程引力项。SAFT 状态方程（Statistical Association Fluid Theory EOS，统计缔合流体理论状态方程）中考虑了分子缔合项（短程强作用力）（Chapman 等，1990）。CPA 状态方程则是在常规二参数立方型状态方程的基础上通过引入 SAFT 状态方程中的分子缔合项而形成的。本章的内容结构安排如下：首先讲述 SAFT 状态方程中的分子缔合项以及伴随的其他一些参数。然后进行简要的文献总结，对提出参数拟合方法的几篇主要文献进行讲解。参数拟合的对象是沥青质沉淀实验数据，或者汽—液或汽—液—液相平衡过程中测得的体积相关性质。最后，本章针对一个存在组分组成分异现象的汽—液—液三相油藏给出计算实例。其中的第二个液相是沥青质，油藏流体中含有过多的 CO_2 导致了第二液相的形成。

7.1 缔合项

有不少文献对缔合型极性流体模拟进行过研究。这些文献的主要成果之一是建立了 SAFT 状态方程。该方程由 Chapman 等(1990)、Huang 和 Radosz(1990)提出,后来被多位作者进行分析修正,包括 Economou 和 Donohue(1991)。有多种方法可以推导出 SAFT 状态方程,其中应用最广泛的是硬球分子微扰理论模型(PC - SAFT)。除了硬球(HS)亥姆霍兹能项 A^{HS} [例如 Carnahan 和 Starling(1969)提出的表达式]之外,该理论模型另外引入了几个彼此独立的表达式,分别代表色散力效应项(中程作用力或者色散力项,A^{disp}),在聚合链基础上形成非球形分子的扰动链项,A^{chain},以及最主要的这些聚合链之间的分子缔合效应项,A^{assoc}。该理论模型的表达式为:

$$A^{res} = A^{HS} + A^{disp} + A^{chain} + A^{assoc} \qquad (7.1)$$

该表达式关于体积的导数即为 SAFT 状态方程。

图 7.1 展示了式(7.1)中各表达项对硬球分子之间纯斥力作用的扰动效应。传统的立方型状态方程仅仅考虑了斥力项和引力项(色散力),其基于的假设要比 SAFT 状态方程更加简单,如图 7.1(a)和图 7.1(b)所示。

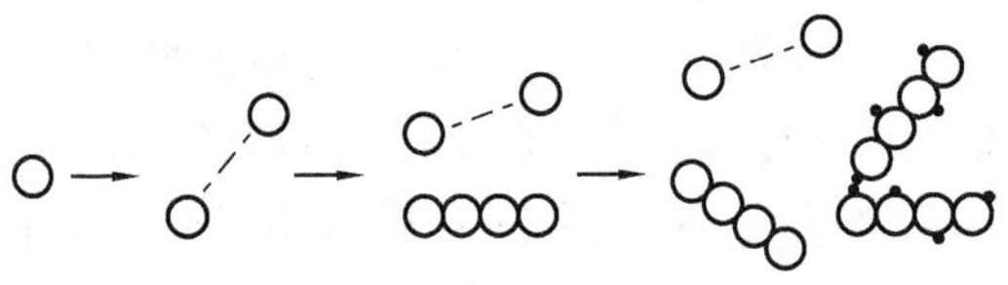

(a) (b) (c) (d)

图 7.1 式(7.1)中后三项对硬球分子之间纯斥力作用的扰动效应

除了硬球分子的纯斥力势(a)之外,SAFT 状态方程还可以模拟额外的效应:色散力(b);聚合链的形成(c);
分子间在极性位点的缔合(d)。极性位点随机分布。只有当分子间极性位点处于合适的角方位
以及分子间距足够小时,才能够发生分子缔合

图 7.2 所示为具有单一极性位点的硬球分子之间的缔合。只有当分子间距足够小并且极性位点处于合适的方位时,硬球分子(分子直径为 σ)之间才会而且只会形成唯一的一个 A - A 缔合二聚体。如果把其中一个硬球分子的极性位点作为势能坐标轴的原点,那么图 7.2 中阴影区域的半径可称之为临界缔合半径 r_c。当极性位点的间距 r_{AA} 处于 r_c 和 $2r_c$ 之间时,两个硬球分子可以形成缔合,其缔合能量为 ε_{AA}。二聚体的聚合程度取决于缔合能的大小。缔合能的坐标原点位于极性位点 A,可以用方阱势予以表征。附录 F 中给出了范德华色散作用力的势能。方阱势比范德华色散势能更深更窄。

Chapman 等(1990)在最初的 SAFT 状态方程中并没有限制单个分子具有的缔合位点数量,采用大写字母 A、B、C 等来表示缔合位点。假设每一个缔合位点与其他分子的不同缔合位点之间具有大小不同的吸引力。如此,则符号 $A_i B_j$ 表示分子 i 的位点 A 与分子 j 的位点 B 之间的相互作用。式(7.1)中各项的详细信息可以参考 Kontogeorgis 和 Folas(2010)、Firoozabadi(2015),以及 SAFT 状态方程的原始文献(Chapman 等,1990,Huang 和 Radosz,1990)。这里我们要讲述的是最早由 Wertheim(1984a、b)提出的 A^{assoc} 项。后来 Jackson 等

（1988）和 Chapman 等（1990）也都沿用了该项。对于一个纯组分，分子缔合引起的亥姆霍兹自由能的变化可通过下式予以表征：

$$\frac{A^{\text{assoc}}}{NkT} = \sum_A \left(\ln \chi^A - \frac{\chi^A}{2} \right) + \frac{1}{2}M \tag{7.2}$$

式中，N 为物质的量；k 为玻尔兹曼常数；T 为绝对温度（K）；χ^A 为不与位点 A 发生缔合的分子分数；M 为位点总数。χ^A 由下式给出：

$$\chi^A = \frac{1}{1 + \sum_B \rho \chi^B \Delta_{AB}} \tag{7.3}$$

式中，$\rho = 1/\overline{V}$ 为摩尔密度（摩尔体积 $\overline{V}$ 的倒数）；Δ_{AB} 为位点 A 和 B 之间的缔合强度。如前所述，只有当分子间距足够小并且极性位点处于合适的方位时，才会发生分子缔合。Δ_{AB} 表征的是某个分子与其他分子恰好满足分子缔合条件的概率。对于硬球分子，缔合强度包含以下意思：中心分子（1）满足径向分布函数 $g^{\text{HS}}(r_{12})$，附近分子（2）位点 B 能够与中心分子位点 A 发生缔合，而且二者恰好满足"方位和间距（r_{12}）均合适"这一条件的概率系数。这个系数就是所谓的 Mayer 函数，$f_{A_1B_2}$：

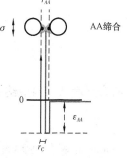

图 7.2　具有单一极性位点的纯组分硬球分子（直径为 σ）缔合模型
这是一个在分子间短程吸引力作用下发生的分子缔合简单示例。这里的短程吸引力可以通过方阱势进行表征。此外，分子缔合还受到极性位点方位的影响。图片改编自 Chapman, W. G., Gubbins, K. E., Jackson, G. and Radosz, M., New reference equation of state for associating liquids, Ind. Eng. Chem. Res., 29, 第 1709 – 1721 页, 1990

$$f_{A_1B_2} = \exp\left(-\frac{\phi_{A_1B_2}(r_{A_1B_2})}{kT} \right) - 1 \tag{7.4}$$

式中，$\phi_{A_1B_2}(r_{A_1B_2})$ 为相互作用势，例如，图 7.2 中又窄又深的方阱势。

　　附录 F 简要讨论了径向分布函数的概念，利用平方阱势计算色散相互作用。这种相互作用通过微扰理论产生立方状态方程中的引力项。

　　类似于附录 F 中对位形能的描述，对球面坐标系的倾角和方位角进行积分，其值为 4π，如此则缔合强度仅仅依赖于 r_{12}［相对于分子（1）中心的距离］在径向上的积分。因此，可以去掉位点 A 和 B 的下标 1 和 2，得到：

$$\Delta_{AB} = 4\pi \int g^{\text{HS}}(r_{12}) f_{AB}(r_{AB}) r_{12}^2 \, dr_{12} \tag{7.5}$$

考虑到缔合势能属于分子间短程作用力，而且分子缔合只能发生在两个分子接触点附近的一个很小范围内，因此可以对式（7.5）中的积分进行简化，即将 $g^{\text{HS}}(r_{12})$ 和 r_{12}^2 替换为它们在分子接触（$r_{12} = \sigma$）点的计算值：

$$\Delta_{AB} = 4\pi g^{\text{HS}}(\sigma) \sigma^2 \int f_{AB}(r_{AB}) \, dr_{12} \tag{7.6}$$

受分子中心间距和缔合位点方位角的影响，缔合方位存在多种可能性，所以 Mayer 函数不能从积分中提取出来。针对这种情况,Jackson 等在 1988 年对此进行了简化,定义了一个所谓 A – B 缔合体积(K_{AB})的新参数:

$$K_{AB} \equiv \frac{\sigma^2}{F_{AB}} \int f_{AB}(r_{AB})\,\mathrm{d}r_{12} \tag{7.7}$$

其中

$$F_{AB} = \exp\left(\frac{\varepsilon_{AB}}{KT}\right) - 1 \tag{7.8}$$

因此,缔合强度 Δ_{AB} 的最终表达式可简化为:

$$\Delta_{AB} = 4\pi\, g^{\mathrm{HS}}(\sigma) K_{AB} F_{AB} \tag{7.9}$$

后来,Chapman 等在 1990 年对缔合体积重新进行了定义:

$$\kappa_{AB} \equiv \frac{4\pi}{\sigma^3} K_{AB} \tag{7.10}$$

将式(7.10)代入式(7.9)中,可以得到:

$$\Delta_{AB} = \sigma^3\, g^{\mathrm{HS}}(\sigma)\, \kappa_{AB} F_{AB} \tag{7.11}$$

硬球分子的径向分布函数 $g^{\mathrm{HS}}(\sigma)$ 可以通过 Carnahan 和 Starling 在 1969 年提出的方程进行求解:

$$g^{\mathrm{HS}}(\sigma) = \frac{2 - \eta}{2(1 - \eta)^3} \tag{7.12}$$

式中, η 为所谓的对比密度,根据下式进行求解:

$$\eta = \rho \frac{\pi \sigma^3}{6} \tag{7.13}$$

如果把 κ_{AB} 和 ε_{AB} 作为已知参数,则将式(7.12)代入式(7.11)中就可以计算出缔合强度 Δ_{AB} 。式(7.3)中的参数 χ^A 与温度 T 和密度 ρ 相关。式(7.3)的函数形式决定了需要通过迭代才能计算出 χ^A 。

可以简单地把式(7.2)从纯组分推广到混合物(Kontogeorgis 和 Folas,2010;Firoozabadi, 2015):

$$\frac{A^{\mathrm{assoc}}}{NkT} = \frac{1}{N} \sum_i N_i \Big[\sum_{A_i} \Big(\ln\chi^{A_i} - \frac{\chi^{A_i}}{2} \Big) + \frac{1}{2} M_i \Big] \tag{7.14}$$

其中 χ^{A_i} 表示在多种组分组成的混合物中,位点 A 没有发生缔合的那部分 i 类分子的摩尔分数,可由下式进行计算:

$$\chi^{A_i} = \frac{1}{1 + \sum_j \sum_{B_j} \rho_j \chi^{B_j} \Delta_{A_i B_j}} \tag{7.15}$$

值得注意的是，χ^{A_i} 取决于 j 类分子的摩尔密度：

$$\rho_j = \frac{N_j}{N}\rho = x_j\rho \tag{7.16}$$

χ^{A_i} 的大小还与缔合强度相关：

$$\Delta_{A_iB_j} = \sigma_{ij}^3\, g_{ij}^{\mathrm{HS}}(\sigma_{ij})\,\kappa_{A_iB_j}\left[\exp\left(\frac{\varepsilon_{A_iB_j}}{kT}\right) - 1\right] \tag{7.17}$$

这种相关性取决于系统温度以及用于计算 σ_{ij}^3 和 $g_{ij}^{\mathrm{HS}}(\sigma_{ij})$ 的混合规则。这部分内容将在本章后面予以介绍。

7.2　CPA 状态方程

传统的立方型状态方程以硬球分子流体作为参考基础，同时考虑了斥力项和色散力项（属于中程范德华吸引力）。这些立方型状态方程适用于非极性组分，因为只需考虑斥力项和引力项就足以保证非极性流体热力学性质的计算准确性。考虑到 SAFT 状态方程中四项势能的数学表达式过于复杂，而且计算过程过于繁琐，性价比较低，Kontogeorgis 等在 1996 年提出了 CPA 状态方程（Cubic Plus Association Equation of State，立方缔合复合型状态方程）。该方程是把 SAFT 状态方程中的缔合项与传统的立方型状态方程合并而成，同时忽略了聚合链势能项。在 CPA 状态方程的思想里，所有的单个分子均为球形，但能够与其他分子形成缔合。图 7.3 图解了 CPA 状态方程的扰动理论。图 7.3(a) 表示的是斥力势能，以范德华方程的自由体积项为基础，即 $RT/(\bar{V}-b)$（见附录 F）。图 7.3(b) 表示的是附录 F 中详细阐述的引力势能（色散力）。根据配位数表达式的复杂程度，引力势能项可与范德

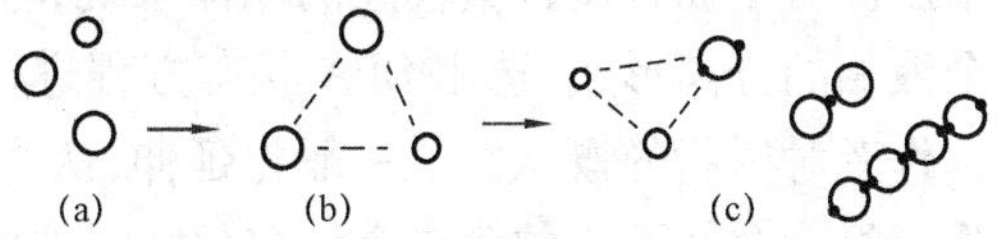

图 7.3　CPA 状态方程的扰动理论

(a) 表示的是斥力热能，$RT/(\bar{V}-b)$。(b) 表征的 CPA 状态方程的引力项。(c) 考虑了圆球分子之间的缔合效应，不考虑聚合链的形成。仅具有一个缔合位点的分子之间只能形成二聚体。如果具有两个或两个以上缔合位点，则分子之间可以形成二维或者三维的缔合结构

华状态方程相互兼容。图 7.3(c) 为从 SAFT 状态方程中引入的缔合项。仅具有一个缔合位点的分子之间只能形成二聚体。如果具有两个或两个以上缔合位点，则分子之间可以形成二维或者三维的缔合结构。具有缔合位点的分子与不具有缔合位点的分子之间也存在相互作用，即普通的色散力。如果流体分子不具有缔合位点，则通过传统的立方型状态方程就可以进行描述。石油工业在通过 PR 和/或 SRK 状态方程对储层流体进行模拟方面积累了丰富的经验。CPA 状态方程继承了已有的这些经验，因此这是它的一项优势。

通过对 A^{assoc} 关于体积进行求导可以得到 CPA 状态方程中引入的缔合项。该项具有压力单位。如果以 PR 立方型状态方程为基础，则 CPA 状态方程的最终表达式（Kontogeorgis 和 Folas，2010）为：

$$p = \frac{RT}{\bar{V}-b} - \frac{a}{\bar{V}(\bar{V}+b)+b(\bar{V}-b)} - \frac{1}{2}RT\bar{V}\left(1+\rho\frac{\partial g^{\mathrm{HS}}}{\partial\rho}\right)\sum_i x_i\sum_{A_i}(1-\chi^{A_i}) \tag{7.18}$$

式中,R 为通用气体常数,$\overline{V}$ 为摩尔体积;a 和 b 分别为 PR 状态方程中表征吸引力和排斥力的参数(见第 2 章和附录 F)。

关于 CPA 状态方程性能的研究很多,Kontogeorgis 等(2006a,b)、Kontogeorgis 和 Folas (2010)对这些研究进行了评论。这里仅仅引用一些与石油工业相关的研究,目的在于帮助读者认知伴随缔合项引入的新参数的敏感性。Li 和 Firoozabadi(2009)研究了杂质分子 H_2S 和 CO_2 等与水分子之间形成的交叉缔合对此类二元系统汽—液平衡的影响。此外,也研究了烃类分子与水分子之间的交叉缔合。尽管轻烃组分比如甲烷和乙烷均为饱和非极性流体,但是水分子中的强偶极矩能够引发轻烃组分分子中正电荷和负电荷的短暂分离。基于这样的前提,如果在流体模拟时考虑到非极性烃类分子与水分子之间存在交叉缔合的可能性,那么可以改进此类二元系统相态预测的精度,同时通过计算与温度相关的体积变化可以更好地预测流体密度。

后来,这些作者通过研究还发现了,向沥青油中加入正构烷烃(Li 和 Firoozabadi,2010a)以及降低含气油承受的压力能够诱发沥青质沉淀(Li 和 Firoozabadi,2010b)。Jindrová 等在 2016 年在较宽温度和压力范围内测试了 PR 和 CPA 状态方程对二氧化碳和沥青油混合系统的相态预测性能。研究发现,如果流体系统中不会形成第二个液体项,或者在沥青油中的沥青质含量较低的情况下流体系统中能够形成第二个液体项,那么 PR 状态方程完全可以保证流体模拟的精度。对于沥青质含量较高的流体系统,考虑到大量存在的直接缔合和交叉缔合会导致第二个液相的分离形成,选用 CPA 状态方程进行流体模拟是再自然不过的选择。

作者对树脂的概念做了一般化延伸,认为 C_{20+} 馏分仅由两个拟组分组成,即沥青质(A)和由重烃组分合并而成的第二个组分(R)。这两个拟组分的浓度设置来自于脱气油的 SARA 分析结果。他们还提出每一个流体分子都具有四个相同的缔合位点。这些研究仅仅考虑了 A – A 类型的直接缔合和 A – R 类型的交叉缔合,从而把亥姆霍兹缔合势能的表达式简化为:

$$\frac{A^{\text{assoc}}}{NRT} = M_A x_A \left[\left(\ln \chi^A - \frac{1 - \chi^A}{2} \right) \right] + M_R x_R \left[\left(\ln \chi^R - \frac{1 - \chi^R}{2} \right) \right] \quad (7.19)$$

其中

$$\chi^A = \frac{1}{1 + \rho x_A M_A \chi^A \Delta_{AA} + \rho x_R M_R \chi^R \Delta_{AR}} \quad (7.20)$$

$$\chi^R = \frac{1}{1 + \rho x_A M_A \chi^A \Delta_{AR}} \quad (7.21)$$

缔合强度 Δ_{ij} 由下式给出,其中 $i = A$,$j = A$ 或 R:

$$\Delta_{ij} = g^{\text{HS}} \kappa_{ij} b_{ij} \left[\exp\left(\frac{\varepsilon_{ij}}{kT} \right) - 1 \right] \quad (7.22)$$

其中

$$b_{ij} = \frac{b_i + b_j}{2} \quad (7.23)$$

径向分布函数 g^{HS} 仍然通过式(7.12)进行计算,只不过所用到的对比密度需要通过协体积而不是式(7.13)表示的硬球体积进行计算:

$$\eta = \frac{b\rho}{4} \tag{7.24}$$

Jindrova 等(2016)设置 $M_A = M_R = 4$,$\kappa_{AA} = \kappa_{AR} = 0.01$ 和 $\frac{\varepsilon_{AA}}{k} = 2000K$。剩下的唯一可调参数是交叉缔合能 ε_{AR}。

现在,我们将通过 CPA 状态方程对高含 CO_2 三相储层流体中存在的组分分异现象进行模拟。模拟方法为 Jindrova 等在 2016 年提出的方法。

除了上述这些研究以外,还有其他团队,例如 Gonzalez 等(2008),利用 SAFT 状态方程针对含气油中出现的沥青质沉淀现象(通过降低系统压力或者注入二氧化碳)进行了模拟。值得一提的是,该研究中的 SAFT 状态方程并没有考虑分子缔合项,只是考虑聚合链项对所谓的沥青质聚团现象进行了模拟。与实验结果相比,模拟得到的沥青质初始沉淀压力曲线(沥青质沉淀刚刚出现成为第二液相的压力曲线)具有很好的精度。此外,Mullins 在 2010 年通过 Yen – Mullins 模型对脱气油中的沥青质胶体进行了模拟,并且结合 Flory – Huggins – Zuo 状态方程(Zuo 等,2013)对储层的连通性以及稳定状态进行了判断。如何使用 Gonzalez 等(2008)和 Zuo 等(2013)提出的方法进行组分组成分异计算,不在本书的内容范围之内。

7.3 高含 CO_2 储层流体

图 7.4 定性地展示了一个高含 CO_2 储层流体的垂向分布。接下来的研究需要通过一维组分组成分异计算来模拟预测该储层中的流体分布。该储层包括一个气顶区和下方的一个黏性油区。气顶气中的 CO_2 含量约为 75%(摩尔分数),导致密度较高。黏性油区中的 CO_2 含量超过 50%。过高含量的 CO_2 把原油中的轻烃组分抽提到储层顶部形成气顶,同时也使得液相油黏度越来越高而且具有很高的饱和压力梯度(从油气界面至构造底部的饱和压力梯度高达 –1.0 bar/m)。根据流体取样分析结果,含油区最底部原油中 C_{20+} 馏分的摩尔质量明显增加,达到了 700g/mol,同时液相油黏度也明显升高。由此可推断,沥青质已经从液相油中分离出来,在油水界面(WOC)处形成了具有超高黏度的第二个液相。由此产生的一个问题是,这个第二液相在多大程度上制约了水体向上推进起到的驱油作用(底水驱是一种衰竭式开采方式)。

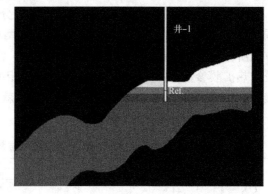

图 7.4 高含 CO_2 储层流体中组分组成分布的定性描述
重油区(褐色区域,或印刷版本中的浅灰色)上方存在一个气顶(白色区域)。在重油区还可以看到一个高含沥青质的第二液相(深灰色区域)。图中给出了井 –1 垂向剖面的详细信息,而且标识出了参考取样深度

这个案例的目的在于通过一维非等温组分组成分异计算来再现在井点井－1处测得的垂向组分组成分布(基本上是CO_2、甲烷和C_{20+}),确定油气界面和/或具有较高密度的第二液相界面,并由此推断储层最深取样点与油水界面之间的流体性质。要强调指出的是,这里没有足够多的实验数据可用于确定储层条件下的液—液界面位置。通过井点处组分组成分布曲线斜率的变化也许可用于确定液—液界面位置。

储层含油区形成液—液界面必然意味着取样流体的相图中应该存在液—液两相区和液—液—汽三相区。传统的立方型状态方程,比如PR方程,无法描述液—液相平衡和液—液—汽三相平衡。鉴于此,这里采用CPA状态方程,根据Jindrová等(2016)提出的方法对储层流体中的缔合型组分进行描述。在井点井－1的基准深度处取样进行SARA分析。分析结果表明:脱气油中大概含有3.5%(质量分数)的沥青质。除了沥青质之外的C_{20+}馏分进一步被分为两个拟组分,其中一个拟组分代表相对轻质的C_{20+}馏分,另外一个拟组分则代表其主要成分——树脂。气顶流样中C_{20+}馏分的摩尔质量为345g/mol左右,油区流样中C_{20+}馏分的摩尔质量为550g/mol左右,二者之间存在很大的差异。鉴于此,有必要用两个虚拟组分来表征除了沥青质之外的剩余C_{20+}馏分。

换句话说,三个拟组分中最轻拟组分的摩尔质量必须低于气顶流样中C_{20+}馏分的测定摩尔质量。如果把C_{20+}馏分仅仅分为树脂和沥青质两个拟组分,则无法保证气顶流样中C_{20+}馏分的摩尔质量$M_{C_{20+}}$低于345g/mol。通过这样的流体组分设定,实际上已经假定流体分子中只有树脂分子会与沥青质分子形成交叉缔合。需要指出的是,即便采用其他的组分劈分和合并策略,也需要保证气顶流样中C_{20+}馏分的摩尔质量$M_{C_{20+}}$低于345g/mol。

另外一个有趣的现象是沥青质组分的摩尔质量也可以作为模型的可调参数。如果采用PR状态方程来表征目标流体,Jindrová等(2016)建议沥青质的摩尔质量应该大于3000g/mol。如果为沥青质摩尔质量设定这么高的数值,则说明在之前研究中设定的单一大分子聚集体与其他组分分子之间的相互作用力仅有色散力。如果采用CPA状态方程,则该案例研究中沥青质单体的摩尔质量可以在1000g/mol和1500g/mol之间进行调整。

回到本案例研究中,表7.1中列出了各组分的摩尔质量及其组分组成在垂向上的变化范围。如果常规的PVT分析仅仅考虑了汽—液两相平衡,那么首先需要调整CPA状态方程中立方项所包含的那些参数,以便预测流体的PVT性质。完成这一步参数调整后,考虑到烃类组分的热扩散参数可以基于表6.1中所给出的相关数值通过式(5.3)至式(5.5)进行计算,那么接下来只需要改变CO_2的热扩散参数(τ_{CO_2})就可以预测油气界面的深度(实验证实的油气界面深度位于基准深度以上40m)。

表7.1 各组分摩尔质量及其组成的垂向变化

组分	摩尔质量(g/mol)	摩尔分数分布范围(%)	组分	摩尔质量(g/mol)	摩尔分数分布范围(%)
CO_2	44	47~80	C_{13}—C_{19}	241	0~3
N_2—C_1	16	14~18	$QC_{24.62}$	340	0~4
C_2—C_5	43	2~3	树脂	540	0~18
C_6—C_{12}	145	1~3	沥青质	1500	0~8

由于缺少沥青质初始沉淀的实验数据,为了完成研究,只好假定一个液—液界面深度。该假定深度在基准深度以下大约20m。沿用前述内容中关于油气界面位置预测的相关步骤,再对CPA状态方程中的缔合参数数值进行调整,以便准确预测这个液—液界面深度。换句话说,首先为CPA状态方程中立方项参数设定数值,使其能够准确预测PVT测试得到的原油性质,然后再对缔合参数进行拟合调参,在此基础上通过一维组分组成分异计算来模拟组分组成及性质在垂向上的分布剖面。

完成上述步骤后,还必须评估对缔合参数数值的调整是否影响PVT分析结果的拟合质量。如果PVT性质的拟合结果受到了干扰,那就有必要重新通过拟合来调整立方项参数的取值。重新拟合时需要保证前一步骤中得到的缔合参数取值保持不变。接下来基于组分组成分异计算依次重新调整CO_2的热扩散参数以及缔合参数的取值。重复图7.5中列出的步骤直至计算达到收敛标准。

在整个拟合调参过程中,基于式(6.1)中列出的组分摩尔质量及其组成分布范围,通过式(5.3)至式(5.5)计算得到烃类组分热扩散参数τ_i在垂向上的分布。对于CO_2组分,其热扩散参数τ_{CO_2}的取值范围在$0.1 \sim 2.0$。

通过PR状态方程和CPA状态方程计算得到的PVT特性(原油体积系数B_o,溶解气油比R_s,原油密度,原油黏度——在本书前面章节中已经有所讲述)在数值上很接近,与实验结果的拟合度也令人满意。本节随后的内容将会讲到,这两个状态方程的计算结果之所以很接近,其原因在于分子缔合现象对泡点压力预测的影响较小。但是分子缔合对沥青质初始沉淀压力曲线存在较大的影响。换句话说,按照传统方法对立方项参数的取值进行拟合修正,同时考虑分子缔合效应,这是对富含沥青质的第二液相进行模拟预测的唯一方式。油气工业中采用的PVT分析手段目前尚无法从实验上检测到这个第二液相的形成。鉴于此,如果流体具有与本章案例研究流体相近的特性,那么还需要获取额外的信息才能确定流体中是否存在两个液相,然后在此基础上对相关参数进行合理的拟合调参以及选用合适的状态方程。如前所述,本案例缺少关于液—液界面位置的PVT分析实验数据,但所幸可以通过储层条件下的证据予以弥补。比如,通过组分组成分异计算得到的组分性质在垂向分布剖面上的斜率突变就可作为这样的证据。

图7.6给出了CCE(恒质膨胀)实验中液相体积分数的变化曲线。实验用的气样采集自基准深度以上91m处。图中实线和虚线均为通过CPA状态方程计算得到的同一深度处的液相体积分数。所不同的是,实线基于的是通过气相PVT分析实测的组分组成,而虚线基于的是通过组分组成分异计算得到的组分组成。从图中可以看出,虚线所代表的液相体积分数要明显低于实验实测值,最大可能的原因是在组分组成分异计算过程中生成了重质馏分,而反凝析油对重馏分

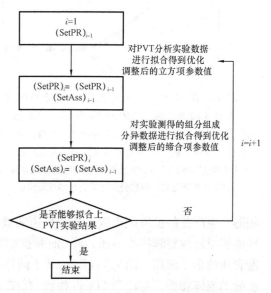

图7.5 CPA状态方程中立方项参数(SetPR)和缔合项参数(SetAss)的计算方法

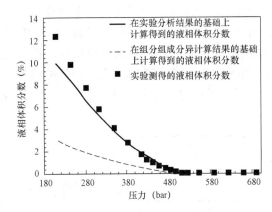

图 7.6　在 62.8℃下,对气顶区域气样进行恒质
膨胀实验测得的液相体积分数随压力的变化

取样深度位于基准深度以上 91m。液相体积分数的计算值
均为同一深度下的 CPA 状态方程计算值。实线计算基
于的是通过气体 PVT 分析实测的组分组成,而虚线计算值
基于的是通过组分组成分异计算得到的组分组成

含量存在高度敏感性。

　　图 7.7 至图 7.9 分别给出了通过实验测得
的和通过状态方程计算得到的 CO_2、甲烷和
C_{20+} 组分的摩尔分数在垂向上的分布剖面。图
7.10 则为流体密度在垂向上的分布剖面。图
中的四条曲线分别代表等温和非等温条件下
通过 PR 状态方程和 CPA 状态方程计算得到的
相关数据。从图中可以看出,从基准深度到储
层构造底部,组分组成分异主要取决于分子缔
合,而地温梯度(- 0.025℃/m,计算地温梯度
所用的相对深度与地层温度的变化方向相反)
对液—液相界面位置的影响不大。事实上,即
便是通过等温条件下 CPA 状态方程的计算结
果也能够很容易确定液—液相界面位置。
图 7.11(a)为基于实验测定的组分组成通过
CPA 状态方程计算得到的基准深度处的流体

相图。生产井的位置距离液—液相平衡曲线(对应于沥青质初始沉淀的上限压力)很近。这
样能够很好地解释很小的压力降(油井投产引起的压力降)何以会在含油区中形成一个富含
沥青质的第二液相。图 7.11(b)为基于同样的组分组成通过 PR 状态方程计算得到的同一深
度处的流体相图。与图 7.11(a)相比,在图 7.11(b)中,泡点压力曲线的形状和位置保持不
变,但是不存在液—液两相共存区和液—液—汽三相共存区。相图对比证明了在状态方程中
考虑分子缔合效应对于预测液—液相界面的重要性。

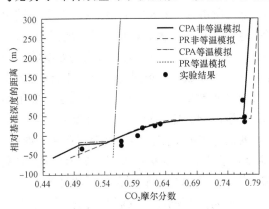

图 7.7　CO_2 摩尔分数在垂向上的分布剖面

等温和非等温两种情况下 PR 状态方程和 CPA 状态方程
的计算结果与实验结果之间的对比

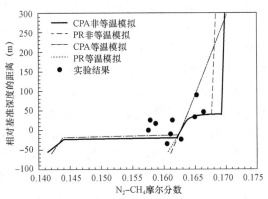

图 7.8　甲烷摩尔分数在垂向上的分布剖面

等温和非等温两种情况下 PR 状态方程和 CPA 状态方程的
计算结果与实验结果之间的对比

　　热扩散现象(CO_2 的存在所引起)与分子缔合现象(存在于树脂分子与沥青质分子之
间)的同时存在对于储层流体的液—液—汽“平衡”状态影响很大。需要强调的是,这里给
平衡加上了双引号。尽管看起来储层流体已经处于静止稳定状态,但由于地温梯度的存

在,从地核到地表一直存在热量流动,储层流体系统一直处于熵产生状态,所以并非达到真正意义上的平衡状态。

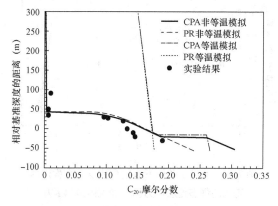

图 7.9　C_{20+} 摩尔分数在垂向上的分布剖面

等温和非等温两种情况下 PR 状态方程和 CPA 状态方程的计算结果与实验结果之间的对比

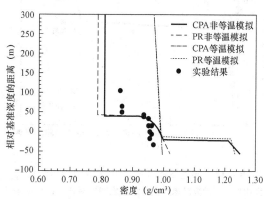

图 7.10　流体密度在垂向上的分布剖面

等温和非等温两种情况下 PR 状态方程和 CPA 状态方程的计算结果与实验结果之间的对比

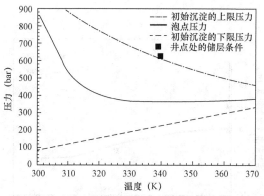

(a) 为基于实验测定的组分组成通过 CPA 状态方程计算得到的基准深度处的流体相图 (图中标注了井点处的储层条件)

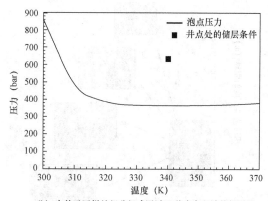

(b) 为基于同样的组分组成通过 PR 状态方程计算得到的同一深度处的流体相图 (图中标注了井点处的储层条件)

图 7.11　基准深度处的流体相图

图 7.12 和图 7.13 分别显示了气油比和饱和压力(p_{sat})在垂向上的分布剖面。计算值均为通过 CPA 状态方程计算得到的非等温情况下的参数值。通过 PR 状态方程计算也可以得到类似的结果。从图中可以看到饱和压力曲线存在巨大的变化梯度,其原因并不在于沥青质组分引起的垂向组分组成分异,而在于含油区中 CO_2 组分引起的垂向组分组成分异。图 7.14 显示的是通过 CPA 状态方程计算得到的对应于基准深度以上不同深度处的流体相图。随着饱和压力曲线的高导数垂直段(出现这种形状的饱和度压力曲线完全是因为 CO_2 的存在)趋近于储层条件,饱和压力曲线的导数很快增加,同时富含沥青质的第二液相逐渐减少。最后,如果已经通过状态方程计算出液—液相界面以下深度处的组分组成,那么就可以利用拟合后的 JST 经验公式计算流体黏度,如图 7.15 所示。

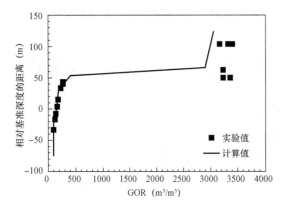

图 7.12 油气区内气油比(GOR)的垂向变化

图中所示为计算结果和实验结果之间的对比。计算结果为通过 CPA 状态方程计算得到的非等温情况下的气油比数值。通过 PR 状态方程可以得到类似的计算结果

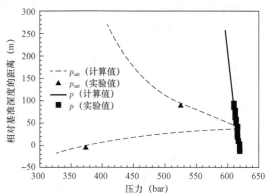

图 7.13 非等温条件下通过 CPA 状态方程计算得到的静态地层压力(p)和流体饱和压力(p_{sat})的垂向变化

饱和压力 p_{sat} 剖面在垂向上的快速变化归因于 CO_2 引起的流体组分组成差异,而不是沥青质组分引起的流体组分组成差异

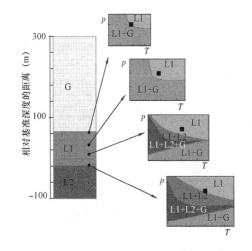

图 7.14 通过 CPA 状态方程计算得到的对应于基准深度以上不同深度处的流体相图

随着泡点压力曲线的高导数垂直段趋近于储层条件,饱和压力曲线的导数很快增加,同时富含沥青质的第二液相逐渐消失

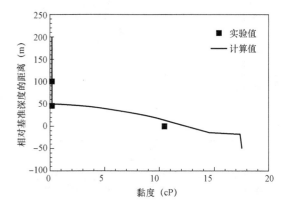

图 7.15 采用 JST 经验公式(Jossi 等,1962)计算得到的流体黏度在垂向上的变化

计算所用到的对比密度来自在非等温条件下 CPA 状态方程的计算结果(通过 PR 状态方程可以得到近似的结果)。虽然没有实验数据进行证实,但是通过状态方程计算得到的第二液相能够为地层测试结果的拟合和油藏数值模拟的初始化提供有用信息

7.4 结语

本章选用一个高含 CO_2 的储层流体作为研究案例,是因为该储层中的流体在高压下具有非常复杂的相态行为。随着深度的增加,该储层流体中 C_{20+} 组分的摩尔质量呈现出异常升高的趋势,据此可以判断储层流体中存在相当高的沥青质含量。研究认为,储层流体中可能形成

了一个黏度更高的第二液相。鉴于此,有必要采用更加合适的热力学模型来对沥青质分子之间的直接缔合以及沥青质分子与树脂分子之间的交叉缔合进行描述。这样的模型还需要通过拟合调整 CO_2 的热传输参数(目前的研究中尚未考虑)考虑热扩散效应,以便准确模拟油气界面位置。气顶区气样的 PVT 实验结果已经证实了该油气界面的深度位置。

从状态方程的计算结果中可以看出,含油区流体饱和压力 p_{sat} 剖面在垂向上存在剧烈变化。该变化与重质组分组成无关,也不是因为储层温度压力与流体的临界点很接近,而是因为储层流体中含有过量的 CO_2。由于过量 CO_2 的存在,在储层条件附近,随着温度的升高,流体相图中的饱和压力曲线呈现出高导数的特征。

本案例中的状态方程调参过程表明,仅通过 CPA 状态方程中的立方项就能够准确计算流体 PVT 性质在垂向上的分布,但是不能预测在组分组成分异计算中出现的第二液相。目前的商业数值模拟软件都能够很好地模拟汽—液相平衡。在这些商业软件中,如果对这些传统状态方程的参数进行适当的拟合调整,则可以弥补由于信息缺失引起的缺陷,从而保证生产动态曲线的预测仍然具有可靠性。具体到本案例中的油藏,未来必须进行新的研究,对比 PR 状态方程和 CPA 状态方程在同一数值区域内在相同开发方案下的预测性能。在得到新的组分组成分异参数后,必须重新调整模型参数。

应该强调的一点是,本案例中没有考虑 CO_2 在水中的溶解(可以通过构建新的交叉缔合参数来进行模拟)。事实上,CO_2 在水中的溶解可能会影响储层流体组分组成以及 PVT 性质在水体以上深度中的垂向分布。

参 考 文 献

Carnahan N F, Starling K E. 1969. Equation of state for nonattracting rigid spheres. J. Chem. Phys. 51, 635 – 636.

Chapman W G, Gubbins K E, Jackson G, et al. 1990. New reference equation of state for associating liquids. Ind. Eng. Chem. Res. 29, 1709 – 1721.

Economou I G, Donohue M D. 1991. Chemical, quasi-chemical and perturbation theories for associating fluids. AIChE J. vol. 37 (no 12), 1875 – 1894.

Firoozabadi A. 2015. Thermodynamics and Applications of Hydrocarbons Energy Production. McGraw Hill Professional, New York.

Gonzalez D L, Vargas F M, Hirasaki G J, et al. 2008. *Modeling study of CO₂-induced asphaltene precipitation.* Energy Fuels 22, 757 – 762.

Huang S H, Radosz M. 1990. Equation of state for small, large, polydisperse and associationg molecules: extension to fluid mixtures. Ind. Eng. Chem. Res. 29, 2284.

Jackson G, Chapman W G, Gubbins K E. 1988. Phase equilibria of associating fluids. Spherical molecules with multiple bonding sites. Mol. Phys. Vol. 65 (No. 1), 1 – 31.

Jindrová T, Mikyska J, Firoozabadi A. 2016. Phase behavior modeling of bitumen and light normal alkanes and CO₂ by PR-EOS and CPA-EOS. Energy Fuels 30, 515 – 525.

Jossi J A, Stiel L I, Thodos G. 1962. The viscosity of pure substances in the dense gaseous and liquid phases. AIChE J. 8 (1), 59 – 63.

Kontogeorgis G M, Folas, G K. 2010. Thermodynamic Models for Industrial Applications: From Classical to Advanced Mixing Rules to Association Theories. John Wiley & Sons Ltd, Chichester, UK.

Kontogeorgis G M, Michelsen M L, Folas G K, Derawl S, von Solms N, Stenby E H. 2006a. Ten years with the

CPA (Cubic – Plus – Association) equation of state. Part 1. Pure compounds and self-associating systems. Ind. Eng. Chem. Res. 45 (14), 4855 – 4868.

Kontogeorgis G M, Michelsen M L, Folas G K, Derawl S, von Solms N, Stenby E H. 2006b. Ten years with the CPA (Cubic – Plus – Association) equation of state. Part 2. Cross-associating and multicomponent systems. , Ind. Eng. Chem. Res. 45 (14), 4869 – 4878.

Kontogeorgis G M, Voutsas E C, Yacoumis L V, Tassios D P. 1996. An equation of state for associating fluids. Ind. Eng. Chem. Res. 35, 4310 – 4318.

Li Z, Firoozabadi A. 2009. Cubic – plus – association equation of state for water – containing mixtures: is "cross association" necessary? AIChE J. 55 (7), 1803 – 1813.

Li Z, Firoozabadi A. 2010a. Modeling asphaltene precipitation by n-alkanes from heavy oils and bitumens using cubic – plus – association equation of state. Energy Fuels 24, 1106 – 1113.

Li Z, Firoozabadi A. 2010b. Cubic plus association equation of state for asphaltene precipitation in live oils. Energy Fuels 24, 2956 – 2963.

Mullins O C. 2010. The modified Yen model. Energy Fuels 24 (4), 2179 – 2207.

Wertheim M S. 1984a. Fluids with highly directional attractive forces. I—Statistical thermodynamics. J. Stat. Phys. 35, 19 – 34.

Wertheim M S. 1984b. Fluids with highly directional attractive forces. II—Thermodynamic perturbation theory and integral equations. J. Stat. Phys. 35, 35 – 47.

Zuo J Y, Mullins O C, Freed D, Elshahawy H, Dong C, Seifert DJ. 2013. Advances in the Flory – Huggins – Zuo equation of state for asphaltene gradients and formation evaluation. Energy Fuels 27 (4), 1722 – 1735.

8 总评和观点

本书案例中的模拟计算结果，目的并不是为了把读者引向明确的结论，而是为开展新的讨论以及提出新的假设、前提和思路而奠定基础，从而有助于提升组分组成分异的预测可靠性。需要强调的是，尽管从理论公式到实际应用的综合价值来看，这门学科颇具吸引力，但是应该清楚地认识到它的更重要的用途在于流体性质预测以及油气储层连通性判断。这里强烈建议流体模拟工程师与地质人员、地球化学人员和地球物理人员之间多多进行互动交流，汇总不同领域的信息从不同的角度证实通过组分组成分异计算得到的结论。在许多情况下，这些不同相关领域的信息可以作为已有数学模型或者修正后新模型的输入参数。本章将为未来的研究工作提出一些建议，从而有助于改进当前的模拟预测质量。我们正在通过学术界和工业界联手的一些合资项目开展其中的部分工作。

8.1 热扩散新模型的开发

Glasstone 等(1941)提出了一个热传输模型，Dougherty 和 Drickamer(1955)对此进一步进行了描述。鉴于这个模型的半经验性，需要建立一个更加稳定的理论模型对微观尺度的能量传输进行计算。对于不同温度和压力条件下具有不同组分组成的混合物，很难通过实验测得可靠的热传输数据(或者 Soret 系数)，这样就不利于研究人员开发出更可靠的热传输模型。Hashmi 等(2016)新进研制了一套热传输实验设备，至少能够测定二元混合物的热扩散系数以及 Soret 系数的实验值。此外，还有一种重要的策略能够与上述方法相辅相成，即开发出分子模拟技术通过计算得到这些系数(Furtado 等，2015a、b)。Firoozabadi 等(2000)把原始的理论模型由二元混合物推广到多组分混合物。通过同样的方式，也有可能建立新的更稳健模型。与 τ_i 相比，其可调参数应该更加稳定。此类模型的开发是一项中长期目标。与这个研究方向平行的还有另外一种研究，这里建议对参考文献中提出的半经验性模型与第 4 章提出的理论模型(Firoozabadi 等，2000；Pedersen 和 Lindeloff，2003)进行一致性检验。在此基础上，可以提出第三种方法(或许更加稳健)，即在两种理论模型之间建立相等关系。Firoozabadi 等(2000)提出的多组分混合物热传输广义模型的表达式如下：

$$Q_i^* = -\frac{1}{\tau_i}\overline{U}_i + \frac{\overline{V}_i}{\sum\limits_{j=1}^{nc} x_j \overline{V}_j}\sum_{k=1}^{nc} x_k \frac{1}{\tau_k}\overline{U}_k \quad (i=1,\cdots,nc) \tag{8.1}$$

对于第 nc 个组分，可以得到：

$$Q_{nc}^* = -\frac{1}{\tau_{nc}}\overline{U}_{nc} + \frac{\overline{V}_{nc}}{\sum\limits_{j=1}^{nc} x_j \overline{V}_j}\sum_{k=1}^{nc} x_k \frac{1}{\tau_k}\overline{U}_k \tag{8.2}$$

Pedersen 和 Lindeloff(2003)提出：

$$Q_i^* - Q_{nc}^* = \overline{h}_{nc} - \overline{h}_i \quad (i = 1, \cdots, nc - 1) \tag{8.3}$$

将式(8.1)和式(8.2)代入式(8.3),可以得到:

$$-\frac{1}{\tau_i}\overline{U}_i + \frac{\overline{V}_i}{\sum\limits_{j=1}^{nc}x_j\overline{V}_j}\sum_{k=1}^{nc}x_k\frac{1}{\tau_k}\overline{U}_k + \frac{1}{\tau_{nc}}\overline{U}_{nc} - \frac{\overline{V}_{nc}}{\sum\limits_{j=1}^{nc}x_j\overline{V}_j}\sum_{k=1}^{nc}x_k\frac{1}{\tau_k}\overline{U}_k = \overline{h}_{nc} - \overline{h}_i,$$

$$(i = 1, \cdots, nc - 1) \tag{8.4}$$

其中

$$\overline{h}_i = h_i^{IG}(T) + \overline{h}_i^R \quad (i = 1, \cdots, nc) \tag{8.5}$$

式中,$\overline{h}_i^R$ 为组分 i 的偏摩尔残余焓,h_i^{IG} 为在假定的理想气体条件下组分 i 的热焓值(因此是上标为"IG")。

同时存在:

$$h_i^{IG}(T) = h_i^{IG}(273.15K) + \int_{273.15}^{T} Cp_i dT \quad (i = 1, \cdots, nc) \tag{8.6}$$

Pedersen 和 Hjermstad(2006)提出:

$$h_i^{IG}(273.15K) = (-1342 + 8.367M_i)R \quad (i = 1, \cdots, nc) \tag{8.7}$$

鉴于 h_i^{IG} 与烃类组分的摩尔质量相关,式(8.7)的应用不是很方便。对于不同的储层,流体组分组成不同,因此需要重新计算理想气体状态热焓值。

因此,如果能够建立一种适当的方法替代式(8.7)计算理想气体状态热焓值(主要是计算不固定的拟组分的理想气体状态热焓值),那么对于多种不同类型的储层流体都可以通过式(8.4)重新计算参数 τ_i 的数值大小,例如用于本书案例研究中参数 τ_i 的数值计算。

8.2　考虑水中 CO_2 溶解度的组分组成分异计算

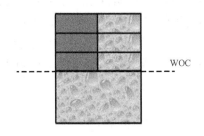

图 8.1　考虑 CO_2 同时溶解在油和水中的情况下储层流体分布示意图

组分组成分异模拟方案为:在油水界面以上,把油区和过渡区分为多个离散深度水平,油(图中棕色区域,纸质版为深灰色)和水(图中蓝色区域,纸质版为浅灰色)之间用可渗透的绝热刚性膜隔开。模拟计算需要考虑毛细管力,并且采用适于极性流体系统的状态方程

对于储层流体中 CO_2 含量较高的油田,一部分 CO_2 会溶解在原生油和水体中,从而影响到其他组分在储层中的分布预测,但对井间未钻区域内组分组成预测的影响仍然未知。这里用一个等温流体系统进行说明。如果只考虑重力作用而不考虑毛细管力作用,油区中不可能存在液相水。此外,必须利用适用于极性缔合多相流体的热力学模型(比如 CPA 状态方程)进行模拟。图 8.1 给出了该流体系统中的流体分布示意图。从图中可以看出,在重力作用下水体位于油区下方。除了水体之外,还有一部分地层水在毛细管力的作用下进入油区中最致密的那部分孔隙。在模拟过程中,可以把这部分水作为与油共存的第二液相

进行处理。油水处于同一深度,被可渗透的绝热刚性膜隔开。

假设图 8.1 所示为等温流体系统,对于油水共存的每一个离散深度水平,每一个组分的等逸度方程可以表示为:

$$f_i^{\text{oil}} = f_i^{\text{oil,ref}} \exp\left[-\frac{M_i g(z - z_{\text{ref}})}{RT} \right] \quad (i = 1, \cdots, nc) \tag{8.8}$$

$$f_i^{\text{oil}} = f_i^{\text{aq}} \quad (i = 1, \cdots, nc) \tag{8.9}$$

式中,Z_{ref} 为基准深度水平;f_i^{aq}、f_i^{oil} 和 $f_i^{\text{oil,ref}}$ 分别为液相水、液相油以及参考状态下液相油中组分 i 的逸度。

此外,液相油压力(p^{oil})和液相水压力(p^{aq})之差为毛细管压力(p_c,可通过实验测定):

$$p^{\text{oil}} - p^{\text{aq}} = p_c(S_w) \tag{8.10}$$

式中,S_w 为含水饱和度,即多孔介质中的水相体积分数。

至此,可以将上述问题重新表述如下:给定 T、$p_{\text{ref}}^{\text{oil}}$、$x_{\text{ref}}^{\text{oil}}$ 和毛细管压力曲线,可获得 p^{oil}、x^{oil}、p^{aq}、x^{aq} 和 S_w 沿深度 的变化情况。

液相油压力和液相水压力之间的关系还可以表示为另外两种独立的表达式:

$$p^{\text{oil}} - p^{\text{aq}} = \frac{2\sigma}{r} \tag{8.11}$$

式中,σ 为表面张力,可以通过等张比容关系式(Danesh,1998)计算获得;r 为孔隙半径,是储层深度的函数。

油水界面深度(z^{WOC})以上的压力梯度需要满足以下限制条件:

$$p^{\text{oil}} - p^{\text{aq}} = \int_{z^{\text{WOC}}}^{z} (\rho^{\text{aq}} - \rho^{\text{oil}}) g \, dz \tag{8.12}$$

鉴于电解质会间接地通过矿化度或直接影响到不同组分在水中的溶解度,流体模拟可能还需要考虑电解质(本书对电解质模拟不做阐述)。可以通过拟合实验结果来估算原生地层水中的矿化度。Goncalves (2014)给出了多种经验公式,用于预测在考虑矿化度的情况下 CO_2 在水中的溶解度,这样可以在模拟过程中采用较为简单的状态方程。

8.3 发生化学反应的流体系统

在采取注水(或者水气交替注入,即 WAG)开发方式的碳酸盐岩储层中,岩石和流体可能会发生相互作用,比如流体中的酸性成分与多孔介质发生反应,生成可溶性离子,从而影响 CO_2 在油水液相中的分配系数(Nghiem 等,2011)。通过在具有反应活性的岩心柱中进行水驱实验有助于获取岩石流体反应(Pegoraro,2012)中的反应动力学参数。岩石和流体中含有多种盐类成分,其中的碳酸钙和碳酸镁会在岩石基质表面发生溶解和沉淀,导致此类储层的渗透率和孔隙度随时间发生变化。在对此类储层进行数值模拟时必须对此予以考虑。其他的高浓度惰性离子比如 Na^+ 和 Cl^- 也会间接地影响如式[8.13(a)]所示反应的平衡状态,以及如式[8.13(b)]和式[8.13(c)]所示反应的动力学参数,从而对溶液中的离子强度(Nghiem 等,

2011)产生强烈的影响。

$$CO_2 + H_2O \longleftrightarrow H^+ + HCO_3^- \tag{8.13a}$$

$$CaCO_3 + H^+ \longrightarrow Ca^{2+} + HCO_3^- \tag{8.13b}$$

$$CaMg(CO_3)_2 + 2H^+ \longrightarrow Ca^{2+} + Mg^{2+} + 2HCO_3^- \tag{8.13c}$$

为了计算处于静态或稳定状态下储层流体中的组分组成分异,除了等逸度方程和毛细管力方程[式(8.8)至式(8.10)]之外,还需要考虑化学平衡。在之前的案例中,曾经对地质成藏过程中油—水—岩石系统中的化学平衡进行过研究。在对二维或三维储层进行流体模拟时,必须要在物质平衡微分方程(表4.1)中考虑化学反应引起的附加源项。如果仅仅考虑基准深度处的液相油组分组成而不考虑该深度处的液相水分布,就不足以清楚完整地表述储层流体的分布问题,因为离子不会溶解在液相油中而仅仅存留在液相水中。有必要在完成地层水样的闪蒸过程后在实验室条件下测定其中的离子浓度。目前,在对多相流体进行组分组成分异预测时,如何计算含水区中的离子浓度以及如何利用一个统一的热力学模型对整个流体系统进行回归拟合仍然是一项挑战。如果岩石中含有硬石膏(硫酸钙)成分,岩石与流体可能会通过硫酸盐的热化学还原反应产生 H_2S 等杂质气体。其中一种反应物为液相油中的烃类组分,主要为甲烷。该反应方程式如下:

$$CH_4 + CaSO_4 \longrightarrow H_2S + H_2O + CaCO_3 \tag{8.14}$$

当温度高于130℃时,有利于该反应的进行。沙特阿拉伯 Ghawar 油田自发现至今,在其开发过程中持续产出 H_2S 气体(Temeng 等,1998)。H_2S 气体只是产自于一定深度之下的储层中,在地温梯度的作用下,那里的储层温度已经达到了130℃。虽然浅层储层温度不利于该还原反应的进行,但是在缓慢的扩散作用下,浅层储层流体中也观察到了低浓度的 H_2S 组分。根据 Temeng 等(1998)的研究,尽管数据较为分散,但是从中可以发现包括 C_{7+} 在内的所有烃类组分浓度都随深度降低。所有烃类组分的浓度均与 H_2S 含量存在很好的相关性。这里提出一个很有意思的研究思路,建议在计算组分组成分异时把基准深度设在足够浅的水平上,以保证那里的 H_2S 含量为0。Temeng 等(1998)给出了其他深度水平上烃类组分浓度的观测值和计算值。二者之间的差异与 H_2S 气体的产量有关。如果能够确定该差异的大小,那么就会有助于预测在该油田的整个开发生命周期内产出气体中的 H_2S 含量。另外一个建议是,在这些组分的物质平衡方程中同时考虑 H_2S 和甲烷的消耗速率,并且重新确定反应动力学参数的取值,在此基础上对实验数据进行拟合。一般需要在产出 H_2S 的储层深度处采集流样进行组分组成分析。为了准确拟合组分组成分析结果,需要在物质平衡方程中逐步考虑重质组分的消耗速率。

8.4 其他建议

第7章采用 CPA 状态方程对含有沥青质以及高浓度 CO_2 的储层流体进行了模拟。相关参考文献中采用的是其他的计算方法,比如 SAFT 状态方程。本书建议将沥青质初始沉淀压力曲线模拟进一步应用于其他更多案例中,然后对比评价 SAFT 状态方程(包括硬球亥姆霍兹

能项 A^{HS}、色散力效应项 A^{disp} 以及扰动链项 A^{chain})和 CPA 状态方程的预测精度。迄今为止,组分组成分异计算均采用传统的闪蒸算法。对于复杂流体系统(注气混相驱,沥青质沉淀,水气交替注入等),传统闪蒸算法存在的局限性会使油气藏数值模拟以及二维和三维组分组成分异计算出现不收敛问题。与第 2 章中给出的闪蒸算法类似,这些算法在基于立方型状态方程进行模拟时仅仅考虑了汽—液平衡,把水相作为不溶于凝析油的液相单独进行模拟。此外,在临界区域附近(在注气膨胀试验中如果观测到饱和压力从泡点压力转为露点压力,则可以确定地认为流体处于临界区域附近),这些算法的精度会受到鲁棒性的限制。在对多相流体系统进行组分组成分异计算时,必须采用能够考虑分子缔合的鲁棒性更强的算法。6.3 节讲述了一个具有古气水界面的储层。在原油充注进入圈闭后储层流体中确定会存在 CO_2 —水—油三相流体(水、轻质油、重质油,以及气顶)。如果能够同时考虑这三相流体的存在,那就可以对该流体系统进行模拟,模拟结果可证实在古气水界面之上的储层流体已经达到了稳定状态。基于一种类似的优化算法(如附录 E 所述),本书作者正在研发一种 PVT 模拟器,适用于包含 CO_2 和沥青质的流体系统,比如 7.3 节中讲述的案例。该算法主要基于这种特殊流体系统的液—液—汽三相平衡数据对 CPA 状态方程的参数进行拟合回归。简而言之,考虑到近期新发现油气藏中的流体相态行为越来越复杂,尤其是富含 CO_2 的储层流体,非常有必要建立一种统一的理论模型,能够同时模拟所有储层流体,包括水、电解质及其与储层岩石的相互反应。年轻一代的研究人员有机会突破这种挑战,从而加深对该学科的理解,提高新研发项目的产出率。

参 考 文 献

Danesh A. 1998. PVT and Phase Behavior of Petroleum Reservoir Fluids. Elsevier Science, Amsterdam (Netherlands).

Dougherty Jr E L, Drickamer H G. 1955. Thermal diffusion and molecular motion in liquids. J. Phys. Chem. 59 (5), 443 – 449.

Firoozabadi A, Ghorayeb K, Shukla K. 2000. Theoretical model of thermal diffusion factors in multicomponent mixtures. AIChE J. 46 (5), 892 – 900.

Furtado F A, Silveira A J, Abreu C R A, et al. 2015a. Non-equilibrium molecular dynamics used to obtain Soret coefficients of binary hydrocarbon mixtures. Braz. J. Chem. Eng. 32 (3), 683 – 698.

Furtado F A, Abreu C R, Tavares F W. 2015b. A low-disturbance nonequilibrium molecular dynamics algorithm applied to the determination of thermal conductivities. AIChE J. 61 (9), 2881 – 2890.

Glasstone S, Laidler K J, Eyring H. 1941. The Theory of Rate Processes. McGraw Hill Book Co, New York (USA).

Gonccalves N P F. 2014. "*Solubilidade do CO_2 em aquíferos salinos de reservatórios de petróleo*", Tese de Mestrado, Universidade de Aveiro, Departamento de Química.

Gonzalez D L, Vargas F M, Hirasaki G J, et al. 2008. *Modeling study of CO_2-induced asphaltene precipitation.* Energy Fuels 22, 757 – 762.

Hashmi S M, Senthilnathan S, Firoozabadi A. 2016. Thermodiffusion of polycyclic aromatic hydrocarbons in binary mixtures. J. Chem. Phys. 145 (18), 184503. Available from: http:// dx. doi. org/10. 1063/1. 4966191.

Nghiem L, Shrivastava V, Kohse B. 2011. "*Modeling aqueous phase behavior and chemical reactions in compositional simulation*", SPE 141417, Reservoir Simulation Symposium, The Woodlands, Texas, EUA.

Pedersen K S, Hjermstad H P. 2006. Modeling of large hydrocarbon compositional gradient. Abu Dhabi International Petroleum Exhibition and Conference. Society of Petroleum Engineers, SPE – 101275 – MS, November, 2006.

Pedersen K S, Lindeloff N. 2003. *"Simulations of compositional gradients in hydrocarbon reservoirs under the influence of a temperature gradient"*, SPE 84364, SPE Annual Technical Conference and Exhibition, Colorado, USA.

Pegoraro R T. 2012. *Escoamento Trifásico em Meios Porosos: Permeabilidade Relativa Óleo-Gás-Água"*, MSc. Thesis. Federal University of Rio de Janeiro, Brazil.

Temeng K O, Al-Sadeg M J, Al-Mulhim W A. 1998. *"Compositional grading in the Ghawar Khuff reservoirs"*, SPE 49270, Annual Technical Conference and Exhibition, New Orleans, Lousiana.

附录 A 基于不可逆热力学理论推导热传输方程

本附录基于不可逆热力学理论推导熵产项,得出的表达式可用于计算质量扩散流率,进而用于求解式(4.10)(见第 4 章,不可逆热力学及其在油藏工程中的应用)。质量扩散流率是温度、压力和组分组成的函数。下面将给出该表达式的完整推导过程。这里还推导了另外一些公式,可将相对于质量平均速度轴的流率转换为相对于摩尔平均速度轴的流率,然后进一步用于求解式(4.13)。

A.1 能量传输方程

De Groot 和 Mazur(1962)、Fitts(1962)和 Haase(1969)的著作是研究不可逆热力学的主要参考文献。这些作者推导出了适用于普遍流体的公式。在此基础上,本附录将进一步推导出适用于油气储层流体模拟的公式。这些公式中引入了熵产项。推导过程沿用了 Fitts(1962)的相关术语。作为广延性质的内能 $\rho e \mathrm{d} V$ 正比于流体的质量单元 $\rho \mathrm{d} V$。其中 e 是流体的比内能。另外,体积单元流体的动能等于 $(1/2)\rho \mid \boldsymbol{u} \mid^2 \mathrm{d} V$,其中 $\mid \boldsymbol{u} \mid^2 = \boldsymbol{u} \cdot \boldsymbol{u}$,$\boldsymbol{u}$ 是流体的速度矢量。相对于外部固定参考轴,任意大小体积 V 的流体所具有的总能量为:

$$E_{\text{total},V} = \int_V \rho [e + (1/2) \mid \boldsymbol{u} \mid^2] \mathrm{d} V \tag{A.1}$$

总能量的变化率为:

$$\frac{\mathrm{d} E_{\text{total},V}}{\mathrm{d} t} = \int_V \frac{\partial}{\partial t} \rho [e + (1/2) \mid \boldsymbol{u} \mid^2] \mathrm{d} V \tag{A.2}$$

经由表面 A 的总能量流率(穿过体积 V 的液体速率)由两部分组成,对流流率和传导流率。单位时间内经由表面 A 穿过体积 V 的流体流率为 $\boldsymbol{u} \cdot \boldsymbol{n} \mathrm{d} A$(正法向矢量指向单元体外面)。对流引起的能量流率可表示为 $\int_A \rho [e + (1/2) \mid \boldsymbol{u} \mid^2] \boldsymbol{u} \cdot \boldsymbol{n} \mathrm{d} A$。传导流率指的是扩散和热传导共同引起的能量流率,因此表示为 $\boldsymbol{j}_E$。

综上所述,经由表面积 A 穿过体积 V 的液体能量流率("入口流率"–"出口流率")可表示为:

$$E_{\text{cross}} = - \int_A \{\boldsymbol{j}_E + \rho [e + (1/2) \mid \boldsymbol{u} \mid^2 \boldsymbol{u}]\} \cdot \boldsymbol{n} \mathrm{d} A \tag{A.3}$$

对体积为 V 的流体所做的功 W 也由两部分组成:一部分是体积力($\boldsymbol{X}$)所做的功,另一部分为表面力 $\boldsymbol{\sigma} \cdot \boldsymbol{n} \mathrm{d} A$ 所做的功,其中 $\boldsymbol{\sigma}$ 是应力张量。

对于本书的绝大多数研究案例来说,主要的体积力是重力($\boldsymbol{X} = \boldsymbol{g}$)。由此可以得到:

$$\frac{\mathrm{d}W}{\mathrm{d}t} = \int_V \sum_{i=1}^{nc} \boldsymbol{u}_i \cdot \rho_i \boldsymbol{X}_i \mathrm{d}V + \int_A \boldsymbol{u} \cdot \boldsymbol{\sigma} \cdot \boldsymbol{n} \mathrm{d}A \tag{A.4}$$

组分 i 的扩散流率与流体总流率的关系可以表示为:

$$\boldsymbol{j}_i = \rho_i(\boldsymbol{u}_i - \boldsymbol{u}) \rightarrow \rho_i \boldsymbol{u}_i = \boldsymbol{j}_i + \rho_i \boldsymbol{u} \quad (i=1,2,\cdots,nc) \tag{A.5}$$

进一步可以得到:

$$\sum_{i=1}^{nc} \boldsymbol{u}_i \cdot \rho_i \boldsymbol{X}_i = \sum_{i=1}^{nc} (\boldsymbol{j}_i + \rho_i \boldsymbol{u}_i) \cdot \boldsymbol{X}_i = \sum_{i=1}^{nc} \boldsymbol{j}_i \cdot \boldsymbol{X}_i + \sum_{i=1}^{nc} \rho_i \boldsymbol{X}_i \cdot \boldsymbol{u} \tag{A.6}$$

式(A.4)可以改写为:

$$\frac{\mathrm{d}W}{\mathrm{d}t} = \int_V [\sum_{i=1}^{nc} (\boldsymbol{j}_i \cdot \boldsymbol{X}_i + \rho_i \boldsymbol{X}_i \cdot \boldsymbol{u})] \mathrm{d}V + \int_A \boldsymbol{u} \cdot \boldsymbol{\sigma} \cdot \mathrm{d}A \tag{A.7}$$

体积为 V 的流体的能量变化率和经由表面 A 的流率(已经考虑了热传导效应)应该等于对该流体所做的功。由此可得:

$$\int_V \frac{\overline{\partial}}{\partial t} \rho [e + (1/2)|\boldsymbol{u}|^2] \mathrm{d}V + \int_A \{\boldsymbol{j}_E + \rho [e + (1/2)|\boldsymbol{u}|^2] \boldsymbol{u}\} \boldsymbol{n} \mathrm{d}A$$
$$= \int_V [\sum_{i=1}^{nc} (\boldsymbol{j}_i \cdot \boldsymbol{X}_i + \rho_i \boldsymbol{X}_i \cdot \boldsymbol{u})] \mathrm{d}V + \int_A \boldsymbol{u} \cdot \boldsymbol{\sigma} \cdot \boldsymbol{n} \mathrm{d}A \tag{A.8}$$

对面积积分应用高斯定理,可以得到:

$$\int_A \boldsymbol{u} \cdot \boldsymbol{\sigma} \cdot \boldsymbol{n} \mathrm{d}A = \int_V \nabla \cdot (\boldsymbol{u} \cdot \boldsymbol{\sigma}) \mathrm{d}V \tag{A.9}$$

$$\int_A \{\boldsymbol{j}_E + \rho [e + (1/2)|\boldsymbol{u}|^2] \boldsymbol{u}\} \boldsymbol{n} \mathrm{d}A = \int_V \nabla \cdot \{\boldsymbol{j}_E + \rho [e + (1/2)|\boldsymbol{u}|^2] \boldsymbol{u}\} \mathrm{d}V \tag{A.10}$$

将式(A.9)和式(A.10)代入式(A.8)中可以得到:

$$\int_V \{\frac{\partial}{\partial t} \rho [e + (1/2)|\boldsymbol{u}|^2] + \nabla \cdot \{\boldsymbol{j}_E + \rho [e + \left(\frac{1}{2}\right)|\boldsymbol{u}|^2] \boldsymbol{u}\} -$$
$$\nabla \cdot (\boldsymbol{u} \cdot \boldsymbol{\sigma}) - [\sum_{i=1}^{nc} (\boldsymbol{j}_i \cdot \boldsymbol{X}_i + \rho_i \boldsymbol{X}_i \cdot \boldsymbol{u})]\} \mathrm{d}V = 0 \tag{A.11}$$

鉴于体积 V 可取任意数值,式(A.11)的被积函数必须等于0,则有:

$$\frac{\partial}{\partial t} \rho [e + (1/2)|\boldsymbol{u}|^2] + \nabla \cdot \{\rho [e + \left(\frac{1}{2}\right)|\boldsymbol{u}|^2] \boldsymbol{u}\}$$
$$= \sum_{i=1}^{nc} \boldsymbol{j}_i \cdot \boldsymbol{X}_i + \rho \boldsymbol{u} \cdot \boldsymbol{X} + \nabla \cdot (\boldsymbol{u} \cdot \boldsymbol{\sigma}) - \nabla \cdot \boldsymbol{j}_E \tag{A.12}$$

考虑到 $\frac{\partial \rho}{\partial t} + \nabla \cdot (\rho \boldsymbol{u}) = 0$ (连续性方程)以及 $\frac{\partial}{\partial t}[e + \left(\frac{1}{2}\right)|\boldsymbol{u}|^2] + \boldsymbol{u} \cdot \nabla$

$\left[e + \left(\dfrac{1}{2} \right) \mid \boldsymbol{u} \mid^2 \right] = \dfrac{D}{Dt} \left[e + \left(\dfrac{1}{2} \right) \mid \boldsymbol{u} \mid^2 \right]$，把式（A.12）中左侧的项展开，可以得到：

$$\dfrac{\partial}{\partial t} \rho \left[e + \left(\dfrac{1}{2} \right) \mid \boldsymbol{u} \mid^2 \right] + \nabla \cdot \left\{ \rho \left[e + \left(\dfrac{1}{2} \right) \mid \boldsymbol{u} \mid^2 \right] \boldsymbol{u} \right\}$$

$$= \dfrac{\partial \rho}{\partial t} \left[e + \left(\dfrac{1}{2} \right) \mid \boldsymbol{u} \mid^2 \right] + \rho \dfrac{\partial}{\partial t} \left[e + \left(\dfrac{1}{2} \right) \mid \boldsymbol{u} \mid^2 \right] + \rho \boldsymbol{u} \cdot \nabla \left[e + \left(\dfrac{1}{2} \right) \mid \boldsymbol{u} \mid^2 \right] + \left[e + \left(\dfrac{1}{2} \right) \mid \boldsymbol{u} \mid^2 \right] \nabla \cdot (\rho \boldsymbol{u})$$

$$= \left[e + \left(\dfrac{1}{2} \right) \mid \boldsymbol{u} \mid^2 \right] \underbrace{\left[\dfrac{\partial \rho}{\partial t} + \nabla \cdot (\rho \boldsymbol{u}) \right]}_{0} + \rho \underbrace{\left\{ \dfrac{\partial}{\partial t} \rho \left[e + \left(\dfrac{1}{2} \right) \mid \boldsymbol{u} \mid^2 \right] + \boldsymbol{u} \cdot \nabla \left[e + \left(\dfrac{1}{2} \right) \mid \boldsymbol{u} \mid^2 \right] \right\}}_{\frac{D}{Dt} \left[e + \left(\frac{1}{2} \right) \mid u \mid^2 \right]}$$

$$= \rho \dfrac{D}{Dt} \left[e + (1/2) \mid \boldsymbol{u} \mid^2 \right] = \rho \dfrac{De}{Dt} + \rho (1/2) \dfrac{D}{Dt} (\boldsymbol{u} \cdot \boldsymbol{u}) = \rho \dfrac{De}{Dt} + \rho \boldsymbol{u} \cdot \dfrac{D\boldsymbol{u}}{Dt} \qquad (A.13)$$

至此，鉴于 $\boldsymbol{\sigma}$ 是对称的，可以通过添加下标对 $\nabla \cdot (\boldsymbol{u} \cdot \boldsymbol{\sigma})$ 进行展开：

$$\nabla \cdot (\boldsymbol{u} \cdot \boldsymbol{\sigma}) = \sum_{k=1}^{3} \dfrac{\partial}{\partial x_k} \sum_{l=1}^{3} u_l \, \sigma_{lk} = \sum_{k=1}^{3} \sum_{l=1}^{3} \dfrac{\partial}{\partial x_k} u_l \, \sigma_{lk}$$

$$= \sum_{k=1}^{3} \sum_{l=1}^{3} u_l \dfrac{\partial \sigma_{kl}}{\partial x_k} + \sum_{k=1}^{3} \sum_{l=1}^{3} \sigma_{lk} \dfrac{\partial u_l}{\partial x_k} = \boldsymbol{u} \cdot (\nabla \cdot \boldsymbol{\sigma}) + \boldsymbol{\sigma} : \nabla \boldsymbol{u} \qquad (A.14)$$

将式（A.13）和式（A.14）代入式（A.12）中，可以得到：

$$\sum_{i=1}^{nc} \boldsymbol{j}_i \cdot \boldsymbol{X}_i + \rho \boldsymbol{u} \cdot \boldsymbol{X} + \boldsymbol{u} \cdot (\nabla \cdot \boldsymbol{\sigma}) + \boldsymbol{\sigma} : \nabla \boldsymbol{u} - \nabla \cdot \boldsymbol{j}_E = \rho \dfrac{De}{Dt} + \rho \boldsymbol{u} \cdot \dfrac{D\boldsymbol{u}}{Dt} \qquad (A.15)$$

调整式（A.15）中各项的位置，可得：

$$\rho \dfrac{De}{Dt} = \boldsymbol{\sigma} : \nabla \boldsymbol{u} + \sum_{i=1}^{nc} \boldsymbol{j}_i \cdot \boldsymbol{X}_i + \boldsymbol{u} \left(\dfrac{\rho \boldsymbol{X} + \nabla \cdot \boldsymbol{\sigma} - \rho D \boldsymbol{u}}{Dt} \right) \qquad (A.16)$$

式（A.16）等号右边的最后一项因动量守恒而被消掉。最后即可以得到能量传输方程：

$$\rho \dfrac{De}{Dt} = \boldsymbol{\sigma} : \nabla \boldsymbol{u} + \sum_{i=1}^{nc} \boldsymbol{j}_i \cdot \boldsymbol{X}_i - \nabla \cdot \boldsymbol{j}_E \qquad (A.17)$$

A.2　基于局域平衡的能量传输方程

使用局域平衡假设对式（A.17）进行推导。

根据这项假设，每个无穷小体积单元都处于平衡状态。鉴于分子弛豫时间远低于局部宏观现象的特征时间，热力学基本关系式能够成立。考虑到比内能等于偏质量内能 $\tilde{e}_i$ 之和，可以得到：

$$\dfrac{\mathrm{d}E_{\text{tatal},V}}{\mathrm{d}t} = \int_V \dfrac{\partial}{\partial t} \left\{ \sum_{i=1}^{nc} \rho_i \left[\tilde{e}_i + (1/2) \mid \boldsymbol{u}_i \mid^2 \right] \right\} \mathrm{d}V \qquad (A.18)$$

根据 $j_i = \rho_i(u_i - u) \to u_i = \dfrac{1}{\rho_i}j_i + u$,可以得到:

$$|u_i|^2 = u_i \cdot u_i = \left(\frac{1}{\rho_i}j_i + u\right) \cdot \left(\frac{1}{\rho_i}j_i + u\right) = \frac{1}{\rho_i^2}|j_i|^2 + \frac{2}{\rho_i}j_i \cdot u + u \cdot u \quad (A.19)$$

扩散是一个缓慢的过程,只有在局域平衡假设成立时这个过程才能进行。因此可以忽略 $\dfrac{1}{\rho_i^2}|j_i|^2$ 项,得到:

$$\sum_{i=1}^{nc} \rho_i\left[\tilde{e}_i + (1/2)|u_i|^2\right] = \sum_{i=1}^{nc} \rho_i\left[\tilde{e}_i + (1/2)\left(\frac{2}{\rho_i}j_i \cdot u + u \cdot u\right)\right] = \rho e + (1/2)\rho|u|^2$$

$$(A.20)$$

因此,总能量变化率与式(A.2)相同。不同的是,式(A.2)的成立并不需要局域平衡假设这个前提条件。

在质量流动(对流传质)作用下经由表面积 A 穿过体积 V 的能量流可表示为:

$$\dot{E}\Big|_{\substack{\text{through } A \text{ due} \\ \text{to mass flow}}} = \int_A \sum_{i=1}^{nc} \rho_i\left[\tilde{e}_i + (1/2)|u_i|^2\right]u_i \cdot n \mathrm{d}A \quad (A.21)$$

值得注意的是,式(A.21)不同于式(A.3)。后者是在没有局域平衡假设的情况下得出的。而前者既包含了扩散流率也包含了对流流率,但不包含热流率。这种情况下,热流率即为热传导的总流率,必须作为单独的项添加进能量流方程中。热传导的总流率称为"纯热流率" $\dot{q}$ (与质量流量无关)。所以,式(A.21)变为:

$$E\Big|_{\substack{\text{through } A \text{ due} \\ \text{to mass flow}}} = \int_A \left\{\dot{q} + \sum_{i=1}^{nc} \rho_i\left[\tilde{e}_i + (1/2)|u_i|^2\right]u_i\right\} \cdot n \mathrm{d}A \quad (A.22)$$

考虑到 $u_i = \dfrac{1}{\rho_i}j_i + u$ 以及 $|u_i|^2 = \dfrac{2}{\rho_i}j_i \cdot u + |u|^2$,可以写出:

$$\sum_{i=1}^{nc} \rho_i\left[\tilde{e}_i + \left(\frac{1}{2}\right)|u_i|^2\right]u_i = \sum_{i=1}^{nc} \rho_i\left[\tilde{e}_i + \left(\frac{1}{2}\right)\left(\frac{2}{\rho_i}j_i \cdot u + |u|^2\right)\right]\left[\frac{1}{\rho_i}j_i + u\right]$$

$$= \sum_{i=1}^{nc} \rho_i \tilde{e}_i\left[\frac{1}{\rho_i}j_i + u\right] + \sum_{i=1}^{nc} \rho_i\left(\frac{1}{2}\right)|u|^2\left[\frac{1}{\rho_i}j_i + u\right] + \underbrace{\sum_{i=1}^{nc} j_i \cdot u\left[\frac{1}{\rho_i}j_i + u\right]}_{0}$$

$$= \sum_{i=1}^{nc} \tilde{e}_i j_i + \sum_{i=1}^{nc} \rho_i \tilde{e}_i u + \underbrace{\sum_{i=1}^{nc}(1/2)|u|^2 j_i}_{0} + \sum_{i=1}^{nc} \rho_i(1/2)|u|^2 u$$

$$= \sum_{i=1}^{nc} \widetilde{e}_i j_i + \rho\left[e + (1/2)|u_i|^2\right]u \quad (A.23)$$

因此,式(A.22)简化为:

$$\int_A \left\{\dot{q} + \sum_{i=1}^{nc} \rho_i\left[\tilde{e}_i + (1/2)|u_i|^2\right]u_i\right\} \cdot n \mathrm{d}A = \int_A \left\{\dot{q} + \sum_{i=1}^{nc} \tilde{e}_i j_i + \rho\left[e + (1/2)|u|^2\right]u\right\} \cdot n \mathrm{d}A$$

$$(A.24)$$

再次强调,式(A.3)是在没有局域平衡假设的情况下得出的。对比式(A.24)和式(A.3)可以得到:

$$j_E = \dot{q} + \sum_{i=1}^{nc} j_i \, \tilde{e}_i \tag{A.25}$$

如此,则能量传输方程可以表示为:

$$\rho \frac{De}{Dt} = \boldsymbol{\sigma} : \nabla \boldsymbol{u} - \nabla \cdot \dot{q} - \nabla \cdot \sum_{i=1}^{nc} j_i \, \tilde{e}_i + \sum_{i=1}^{nc} j_i \cdot X_i \tag{A.26}$$

现在定义另一个重要参数——热传导率 $\boldsymbol{q}$:

$$\boldsymbol{q} \equiv \dot{q} - \sum_{i=1}^{nc} j_i p \, \tilde{v}_i \tag{A.27}$$

将式(A.25)代入式(A.27),可以得到:

$$\boldsymbol{q} \equiv j_E - \sum_{i=1}^{nc} j_i (\tilde{e}_i + p \, \tilde{v}_i) \tag{A.28}$$

或

$$j_E = \boldsymbol{q} + \sum_{i=1}^{nc} j_i \, \tilde{h}_i \tag{A.29}$$

因此,能量传输方程可以表示成与 $\boldsymbol{q}$ 有关的表达式:

$$\rho \frac{De}{Dt} = \boldsymbol{\sigma} : \nabla \boldsymbol{u} - \nabla \cdot \boldsymbol{q} - \nabla \cdot \sum_{i=1}^{nc} j_i \, \tilde{h}_i + \sum_{i=1}^{nc} j_i \cdot X_i \tag{A.30}$$

此处需要说明的是,热传导率 $\boldsymbol{q}$ 是 Fitts(1962)定义的参数变量,De Groot 和 Mazur(1962)也定义了自己的参数变量。感兴趣的读者可把二者对照关联起来进行理解。De Groot 和 Mazur(1962)关于这主题的研究是另外一篇经典的参考文献,其对式(A.29)定义如下:

$$J'_q = J_q - \sum_{i=1}^{nc} j_i \, \tilde{h}_i \tag{A.31}$$

比较式(A.31)和式(A.29),可以发现: $\boldsymbol{q} = J'_q$, $j_E = J_q$ 。

A.3 熵平衡

如前所述,能量传输方程成立的前提是储层中任何地方均存在局域平衡。对于存在不可逆熵产生过程的全域非平衡储层,熵平衡方程和能量传输方程的耦合可为储层流体的组分分布计算提供理论基础。本节将在热力学基本关系式的基础上,代入式(A.30),推导出熵平衡方程。根据熵平衡方程,可以对所有的熵源进行计算。这些熵源可用于解释储层流体在多孔介质内的流动。

假设 Y 为任意热力学性质。接下来从 Y 守恒定律开始推导熵平衡方程。对于任意控制体积 V , Y 平衡方程的一般形式可表示为:

$$\int_A \frac{\partial}{\partial t}(\rho y)\mathrm{d}V = -\int_A N_Y \cdot \mathrm{d}A + \int_V r_Y \mathrm{d}V \qquad (A.32)$$

式中,y 为单位质量的性质 Y;N_Y 为经由表面积 A 穿过体积 V 的 Y 流率;r_Y 为单位时间内单位体积中 Y 的生成项。将高斯定理应用于表面积分并重新整理,可以得到:

$$\int_V \left[\frac{\partial}{\partial t}(\rho y) + \nabla \cdot N_Y - r_Y\right]\mathrm{d}V = 0 \qquad (A.33)$$

鉴于 V 是任意大小体积,使式(A.33)成立的唯一方法就是使被积函数等于0,因此可得:

$$\left[\frac{\partial}{\partial t}(\rho y) + \nabla \cdot N_Y - r_Y\right] = 0 \qquad (A.34)$$

对于 Y 是体系总质量的特定情况,可得 $y=1$,$N_Y = \rho u$ 且 $r=0$(因为没有质量产生)。这种情况下,式(A.34)可写为:

$$\frac{\partial \rho}{\partial t} + \nabla \cdot (\rho u) = 0 \qquad (A.35)$$

然而,如果 Y 被定义为任意单一组分的质量,则 $y = w_i$(质量分数),$N_Y = \rho_i u_i$,r_i 是组分 i 通过化学反应的生成速率。这种情况下,可得:

$$\left[\frac{\partial}{\partial t}(\rho w_i) + \nabla \cdot (\rho_i u_i) - r_i\right] = 0 \qquad (A.36)$$

由于 $w_i = \rho_i/\rho$ 和 $j_i = \rho_i(u_i - u)$,则式(A.36)可被改写为:

$$\rho \frac{\partial w_i}{\partial t} + w_i \frac{\partial \rho}{\partial t} + \nabla \cdot \left[\rho_i\left(\frac{j_i}{\rho_i} + u\right)\right] = r_i \qquad (A.37)$$

$$\rho \frac{\partial w_i}{\partial t} + w_i \frac{\partial \rho}{\partial t} + \nabla \cdot j_i + \nabla \cdot (\rho_i u) = r_i \qquad (A.38)$$

考虑到 $\rho_i = \rho w_i$,则式(A.38)变为:

$$\rho \frac{\partial w_i}{\partial t} + w_i \frac{\partial \rho}{\partial t} + \nabla \cdot j_i + w_i \nabla \cdot (\rho u) + \rho u \cdot \nabla w_i = r_i \qquad (A.39)$$

合并同类项可以得到:

$$\rho \left[\frac{\partial w_i}{\partial t} + u \cdot \nabla w_i\right] + w_i\left[\frac{\partial \rho}{\partial t} + \nabla \cdot (\rho u)\right] + \nabla \cdot j_i = r_i \qquad (A.40)$$

考虑到连续性方程[式(A.35)],式(A.40)左边的第二项等于零。应用物质导数概念,可以得到:

$$\rho \frac{Dw_i}{Dt} + \nabla \cdot j_i = r_i \qquad (A.41)$$

现在假设 Y 是熵,此时 $y=s$,则式(A.34)可表示为:

$$\left[\frac{\partial}{\partial t}(\rho s) + \nabla \cdot \mathbf{N}_S - r_s \right] = 0 \tag{A.42}$$

需要强调的是,在式(A.42)中,流率 $\mathbf{N}_S$ 不仅仅取决于 $\rho s \mathbf{u}$,因为单个组分的扩散流率中也包含有熵。ρs 的物质导数的表达式如下:

$$\frac{D(\rho s)}{Dt} = \frac{\partial(\rho s)}{\partial t} + \mathbf{u} \cdot \nabla(\rho s) \tag{A.43}$$

将式(A.42)代入式(A.43)中,可以得到:

$$\frac{D(\rho s)}{Dt} - \mathbf{u} \cdot \nabla(\rho s) + \nabla \cdot \mathbf{N}_S - r_s = 0 \tag{A.44}$$

$$\rho \frac{Ds}{Dt} + \underbrace{s \frac{D\rho}{Dt} + \rho s \nabla \cdot \mathbf{u}}_{\substack{\text{由连续性方程可知:}\\ \text{该项等于}0}} - \nabla \cdot \rho s \mathbf{u} + \nabla \cdot \mathbf{N}_s - r_s = 0 \tag{A.45}$$

$$\rho \frac{Ds}{Dt} + \nabla \cdot (\mathbf{N}_S - \rho s \mathbf{u}) - r_s = 0 \tag{A.46}$$

现在定义仅仅通过热扩散引起的熵流率 $\mathbf{j}_s \equiv \mathbf{N}_S - \rho s \mathbf{u}$。其中已经减去了对流流率。这里将熵产生项重新定义为 $r_s \equiv \frac{\Phi}{T}$,由此可得:

$$\rho \frac{Ds}{Dt} = \frac{\Phi}{T} - \nabla \cdot \mathbf{j}_s \tag{A.47}$$

基于局域平衡假设,热力学基本关系式可表示如下:

$$\frac{De}{Dt} = T \frac{Ds}{Dt} - p \frac{D\left(\frac{1}{\rho}\right)}{Dt} + \sum_{i=1}^{nc} \mu_i \frac{Dw_i}{Dt} \tag{A.48}$$

对式(A.48)进行调整,可以得到:

$$\rho \frac{Ds}{Dt} = \frac{\rho}{T} \frac{De}{Dt} - \frac{p}{\rho T} \frac{D\rho}{Dt} - \frac{\rho}{T} \sum_{i=1}^{nc} \mu_i \frac{Dw_i}{Dt} \tag{A.49}$$

接下来需要把 $\frac{De}{Dt}$[式(A.30)]、$\frac{D\rho}{Dt}$(连续性方程)和 $\frac{Dw_i}{Dt}$[式(A.41)]的表达式代入式(A.49)中,然后把得到的表达式代入式(A.47)左边。

首先得到的是焓和熵之间的关系式:

$$\tilde{h}_i = \tilde{e}_i + p \tilde{v}_i = T \tilde{s}_i - p \tilde{v}_i + \tilde{\mu}_i + p \tilde{v}_i \rightarrow \tilde{h}_i = T \tilde{s}_i + \tilde{\mu}_i \tag{A.50}$$

式中,$\tilde{\mu}_i = \mu_i / M_i$ 为单位质量的化学势(以及其他以质量单位为基础的热力学性质)。

将式(A.50)代入式(A.30)中可得:

$$\rho \frac{De}{Dt} = \boldsymbol{\sigma} : \nabla \mathbf{u} - \nabla \cdot q - \nabla \cdot \sum_{i=1}^{nc} \mathbf{j}_i (T \tilde{s}_i + \tilde{\mu}_i) + \sum_{i=1}^{nc} \mathbf{j}_i \cdot \mathbf{X}_i \tag{A.51}$$

需要注意的是:

$$T \nabla \cdot \left(\frac{\boldsymbol{q}}{T} \right) = \nabla \cdot \boldsymbol{q} + T\boldsymbol{q} \nabla \left(\frac{1}{T} \right) = \nabla \cdot \boldsymbol{q} + T\boldsymbol{q} \left(-\frac{1}{T^2} \right) \nabla T = \nabla \cdot \boldsymbol{q} - \boldsymbol{q} \nabla \ln T \quad (\text{A.52})$$

将 $\nabla \cdot \boldsymbol{q} = T \nabla \cdot \left(\frac{\boldsymbol{q}}{T} \right) + \boldsymbol{q} \cdot \nabla \ln T$ 代入式(A.48)中,可以得到:

$$\rho \frac{De}{Dt} = \boldsymbol{\sigma} : \nabla \boldsymbol{u} - T \nabla \cdot \left(\frac{\boldsymbol{q}}{t} \right) - \boldsymbol{q} \cdot \nabla \ln T - \nabla \cdot \sum_{i=1}^{nc} \boldsymbol{j}_i T \tilde{s}_i - \nabla \cdot \sum_{i=1}^{nc} \boldsymbol{j}_i \tilde{\mu}_i + \sum_{i=1}^{nc} \boldsymbol{j}_i \cdot \boldsymbol{X}_i$$

$$(\text{A.53})$$

还需要注意的是:

$$\nabla \cdot \sum_{i=1}^{nc} T \boldsymbol{j}_i \tilde{s}_i = T \nabla \cdot \sum_{i=1}^{nc} \boldsymbol{j}_i \tilde{s}_i + \left(\sum_{i=1}^{nc} \boldsymbol{j}_i \tilde{s}_i \right) \cdot \nabla T \quad (\text{A.54})$$

更加详细地重新定义 $\boldsymbol{j}_S$:

$$\boldsymbol{j}_S \equiv \frac{\boldsymbol{q}}{T} + \sum_{i=1}^{nc} \boldsymbol{j}_i \tilde{s}_i \quad (\text{A.55})$$

将式(A.54)和式(A.55)代入式(A.53)可以得到:

$$\rho \frac{De}{Dt} = \boldsymbol{\sigma} : \nabla \boldsymbol{u} - T \nabla \cdot \boldsymbol{j}_S - \boldsymbol{q} \cdot \nabla \ln T - \left(\sum_{i=1}^{nc} \boldsymbol{j}_i \tilde{s}_i \right) \cdot \nabla T - \nabla \cdot \sum_{i=1}^{nc} \boldsymbol{j}_i \tilde{\mu}_i + \sum_{i=1}^{nc} \boldsymbol{j}_i \cdot \boldsymbol{X}_i$$

$$(\text{A.56})$$

通过分部求导可得:

$$\nabla \cdot \sum_{i=1}^{nc} \boldsymbol{j}_i \tilde{\mu}_i = \sum_{i=1}^{nc} \boldsymbol{j}_i \cdot \nabla \tilde{\mu}_i + \sum_{i=1}^{nc} \tilde{\mu}_i \nabla \boldsymbol{j}_i \quad (\text{A.57})$$

以及

$$\nabla \tilde{\mu}_i = \nabla_T \tilde{\mu}_i - \tilde{s}_i \nabla T \quad (\text{A.58})$$

将式(A.57)和式(A.58)代入式(A.56)可以得到:

$$\rho \frac{De}{Dt} = \boldsymbol{\sigma} : \nabla \boldsymbol{u} - T \nabla \cdot \boldsymbol{j}_S - \boldsymbol{q} \cdot \nabla \ln T - \sum_{i=1}^{nc} \boldsymbol{j}_i \nabla_T \tilde{\mu}_i - \sum_{i=1}^{nc} \tilde{\mu}_i \cdot \nabla \boldsymbol{j}_i + \sum_{i=1}^{nc} \boldsymbol{j}_i \cdot \boldsymbol{X}_i \quad (\text{A.59})$$

现在,根据物质导数的定义重新整理连续性方程:

$$\frac{D\rho}{Dt} + \rho \nabla \cdot \boldsymbol{u} = 0 \quad (\text{A.60})$$

也可以将速度的散度写为:

$$\nabla \cdot \boldsymbol{u} = \boldsymbol{I} : \nabla \boldsymbol{u} \quad (\text{A.61})$$

式中,$\boldsymbol{I}$ 为等同张量。

将式（A.61）代入式（A.60）可以得到：

$$\frac{D\rho}{Dt} = -\rho\, \boldsymbol{I} : \nabla\boldsymbol{u} \qquad\qquad (A.62)$$

将式（A.41）、式（A.59）和式（A.62）代入式（A.49）中，最终得到：

$$\rho\frac{Ds}{Dt} = \frac{1}{T}\boldsymbol{\sigma}:\nabla\boldsymbol{u} - \nabla\cdot\boldsymbol{j}_s - \frac{\boldsymbol{q}}{T}\cdot\ln T - \frac{1}{T}\sum_{i=1}^{nc}\boldsymbol{j}_i\,\nabla_T\tilde{\mu}_i - $$

$$\sum_{i=1}^{nc}\frac{\tilde{\mu}_i}{T}\nabla\cdot\boldsymbol{j}_i + \frac{1}{T}\sum_{i=1}^{nc}\boldsymbol{j}_i\cdot\boldsymbol{X}_i - \frac{p}{\rho T}(-\rho\,\boldsymbol{I}:\nabla\boldsymbol{u}) - \frac{1}{T}\sum_{i=1}^{nc}\tilde{\mu}_i(\varphi_i - \nabla\cdot\boldsymbol{j}_i) \qquad (A.63)$$

将式（A.63）与式（A.47）进行比较，可以发现：

$$\Phi = (\boldsymbol{\sigma} + p\boldsymbol{I}):\nabla\boldsymbol{u} - \boldsymbol{q}\cdot\ln T - \sum_{i=1}^{nc}\boldsymbol{j}_i\cdot(\nabla_T\tilde{\mu}_i - \boldsymbol{X}_i) - \sum_{i=1}^{nc}\mu_i r_i \qquad (A.64)$$

式中，$\boldsymbol{X}_i$ 为作用于组分 i 上的体积力（通常为 $\boldsymbol{X}_i = -\boldsymbol{g}$）。

式（A.64）包含了四个熵产生项：

（1）$(\boldsymbol{\sigma} + p\boldsymbol{I}):\nabla\boldsymbol{u}$ 为黏性扩散；在平衡状态时，$\boldsymbol{\sigma} = -p\boldsymbol{I}$，该部分被抵消掉。

（2）$-\boldsymbol{q}\cdot\nabla\ln T$ 为热流率；在平衡状态时，$\nabla\ln T = 0$。

（3）$-\sum_{i=1}^{nc}\boldsymbol{j}_i\cdot(\nabla_T\tilde{\mu}_i - \boldsymbol{X}_i)$ 为等效的等温系统中的扩散项；在平衡状态时，$\nabla_T\tilde{\mu}_i = \boldsymbol{X}_i$。

（4）$-\sum_{i=1}^{nc}\tilde{\mu}_i r_i$ 为化学反应（或组分 i 的其他任何来源）；在平衡状态时，$r_i = 0$。

上面的每个熵产生项都可以被解释为作用力与流率的乘积。例如，在第一项（黏性耗散）中，$\boldsymbol{\sigma} + p\boldsymbol{I}$ 是流率，$\nabla\boldsymbol{u}$ 是其作用力。热流率和扩散流率是"温度梯度"和"化学势梯度"作用力的结果。显然，可以得到：

$$\Phi = \sum_{\alpha}\varphi_\alpha\,\mathfrak{I}_\alpha \qquad\qquad (A.65)$$

式中，φ_α 为流率，$\mathfrak{I}_\alpha$ 为作用力。当流率和作用力遵循上述关系时，也即当具有相同的下标 α 时，它们称为共轭关系。在熵方程推导过程中对流率和作用力的处理是一种特殊形式，其一般形式见文献 Onsager（1931a、1931b）。并非所有的实验传输关系都只是流率和作用力之间的简单乘积。当两个传输过程同时发生时，它们会相互干扰，产生交叉现象。一个典型的例子是扩散和热传导之间互相干扰，引发所谓的 Soret 和 Dufour 效应。

Soret 效应，或者说热扩散效应，指的是温度梯度的存在引发的质量流动。Soret 效应的数学表征很简单，可以通过向菲克定律中引入一个与温度梯度成比例的项即可。Dufour 效应指的是浓度梯度的存在引发的热流率。Dufour 效应的数学表征也很简单，只需向傅里叶定理中引入一个与温度梯度成比例的项即可。

总的来说，流率 φ_α 是作用力 $\mathfrak{I}_\alpha$ 的线性齐次函数：

$$\varphi_\alpha = \sum_{\beta}L_{\alpha\beta}\,\mathfrak{I}_\beta \qquad\qquad (A.66)$$

其中所谓的 Onsager 唯象系数 $L_{\alpha\beta}$ 与作用力无关。共轭流率通过系数 $L_{\alpha\alpha}$ 与共轭作用力关联起来,而 $L_{\alpha\beta}(\alpha \neq \beta)$ 则对应着交叉现象。

A.4 熵方程在油气藏数值模拟中的应用

从式(A.64)中可以很容易地发现,对于一个处于平衡状态的一维垂向等温流体柱,其内部不会产生熵。如果没有温度梯度,没有黏性耗散或发生化学反应,并且考虑到 $-\boldsymbol{X}_i = \boldsymbol{g}(z$ 指向上方),可以得到 $\dfrac{d\tilde{\mu}_i}{dz} + \boldsymbol{g} = 0$ 或 $d\mu_i = -M_i g dz$。为了计算重力场作用下流体组分组成的分异情况,第 3 章已经推导出了这个公式。

平衡状态是特殊情况,更一般的是非平衡状态。Ghorayeb 和 Firoozabadi(2000)对非平衡状态进行了研究。本节应用式(A.64)来模拟流体在储层内的运动现象。将式(A.64)两边同除以 T 并且再次忽略黏性耗散,可得:

$$\frac{\Phi}{T} = r_S = -\frac{1}{T^2}\boldsymbol{q}\cdot\nabla T - \frac{1}{T}\sum_{i=1}^{nc}\boldsymbol{j}_i(\nabla_T\tilde{\mu}_i + \boldsymbol{g}) \qquad (A.67)$$

已知 $\displaystyle\sum_{i=1}^{nc}\boldsymbol{j}_i = 0 \rightarrow \boldsymbol{j}_{nc} = -\sum_{i=1}^{nc-1}\boldsymbol{j}_i$,则有:

$$\sum_{i=1}^{nc}\boldsymbol{j}_i(\nabla_T\tilde{\mu}_i + \boldsymbol{g}) = \sum_{i=1}^{nc-1}\boldsymbol{j}_i(\nabla_T\tilde{\mu}_i + \boldsymbol{g}) + \boldsymbol{j}_{nc}(\nabla_T\tilde{\mu}_{nc} + \boldsymbol{g})$$

$$= \sum_{i=1}^{nc-1}\boldsymbol{j}_i(\nabla_T\tilde{\mu}_i - \nabla_T\tilde{\mu}_{nc}) \qquad (A.68)$$

将式(A.67)代入式(A.68)中,可以得到:

$$\frac{\Phi}{T} = r_S = -\frac{1}{T^2}\boldsymbol{q}\cdot\nabla T - \frac{1}{T}\sum_{i=1}^{nc}\boldsymbol{j}_i(\nabla_T\tilde{\mu}_i - \nabla_T\tilde{\mu}_{nc}) \qquad (A.69)$$

根据运算符"∇"的属性对式(A.69)重新整理可得:

$$\frac{\Phi}{T} = r_S = \boldsymbol{q}\cdot\nabla\left(\frac{1}{T}\right) - \frac{1}{T}\sum_{i=1}^{nc}\boldsymbol{j}_i\nabla_T(\tilde{\mu}_i - \tilde{\mu}_{nc}) \qquad (A.70)$$

式(A.70)中,熵产生项仍然表示为流率(热流率或者扩散流率)与相应作用力[$\nabla(1/T)$ 和 $\nabla_T(\tilde{\mu}_i - \tilde{\mu}_{nc})$]的乘积。但是,式(A.65)可以表示为更简洁的形式:

$$\frac{\Phi}{T} = \sum_{m=0}^{nc-1}\boldsymbol{\varphi}_m\cdot\mathfrak{I}_m \qquad (A.71)$$

其中 $\boldsymbol{\varphi}_m$ 表示流率:

$$\boldsymbol{\varphi}_0 = \boldsymbol{q}, \boldsymbol{\varphi}_i = \boldsymbol{j}_i \quad (i = 1, 2, \cdots, nc - 1) \qquad (A.72)$$

$\mathfrak{I}_m$ 是独立作用力:

$$\mathfrak{I}_0 = \nabla \left(\frac{1}{T} \right), \text{并且} \mathfrak{I}_i = - \frac{1}{T} \nabla_T (\tilde{\mu}_i - \tilde{\mu}_{nc})(i = 1, 2, \cdots, nc - 1) \tag{A.73}$$

把 $\boldsymbol{\varphi}_m$ 放在方程式左边,重新整理 Onsager 关系式可得:

$$\boldsymbol{\varphi}_m = \sum_{k=0}^{nc-1} L_{mk} \mathfrak{I}_k \tag{A.74}$$

将式(A.71)和式(A.74)合并,可以清楚地注意到熵产生受到交叉现象的影响。

$$\frac{\Phi}{T} = \sum_{m=0}^{nc-1} \sum_{k=0}^{nc-1} L_{mk} \mathfrak{I}_k \cdot \mathfrak{I}_m \tag{A.75}$$

再次回到式(A.74),如果把第一项从求和项中提取出来,就可以得到:

$$\boldsymbol{\varphi}_m = L_{m0} \mathfrak{I}_0 + \sum_{i=1}^{nc-1} L_{mi} \mathfrak{I}_i \tag{A.76}$$

将式(A.76)代入式(A.71)中可得:

$$\frac{\Phi}{T} = \sum_{m=0}^{nc-1} \left(L_{m0} \mathfrak{I}_0 + \sum_{i=1}^{nc-1} L_{mi} \mathfrak{I}_i \right) \cdot \mathfrak{I}_m \tag{A.77}$$

根据下标"0"合并同类项,可得:

$$\frac{\Phi}{T} = \left(L_{00} \mathfrak{I}_0 + \sum_{i=1}^{nc-1} L_{0i} \mathfrak{I}_i \right) \cdot \mathfrak{I}_0 + \sum_{k=1}^{nc-1} \left(L_{k0} \mathfrak{I}_0 + \sum_{i=1}^{nc-1} L_{ki} \mathfrak{I}_i \right) \cdot \mathfrak{I}_k \tag{A.78}$$

通过式(A.73)中的关系,对比式(A.70)和式(A.78)可以发现:

$$\boldsymbol{q} = L_{00} \nabla(1/T) + \sum_{i=1}^{nc-1} L_{0i} \left[-\frac{1}{T} \nabla_T (\tilde{\mu}_i - \tilde{\mu}_{nc}) \right] \tag{A.79}$$

$$\boldsymbol{j}_i = L_{i0} \nabla(1/T) + \sum_{k=1}^{nc-1} L_{ik} \left[-\frac{1}{T} \nabla_T (\tilde{\mu}_i - \tilde{\mu}_{nc}) \right] \tag{A.80}$$

式(A.79)和式(A.80)代表的扩散流率和热流率是交叉现象引起的重要结果。需要注意的是,傅里叶定律是式(A.79)的特例。傅里叶定律为: $L_{00} \nabla(1/T) = -K \nabla T \rightarrow -\frac{L_{00}}{T^2} \nabla T = -K \nabla T$

$\rightarrow K = \frac{L_{00}}{T^2}$。

式(A.79)的第二项可归结为 Dufour 效应(浓度梯度引起的热流率)。式(A.80)的第一项可归结为 Soret 效应(温度梯度引起的分子扩散流率,或简称为"热扩散")。

对于多组分储层流体,重要的是把扩散流率表示为温度、压力和组分组成的函数。化学势的高低取决于这三个主要变量。从式(A.80)开始,通过局域平衡热力学关系式,考虑唯象系数的对称性($L_{ik} = L_{ki}$),可推导出扩散流率的函数表达式。

已知 $\tilde{\mu}_k = \tilde{\mu}_k(T, p, w_1, w_2, \cdots, w_{nc-1})$,可以得到:

$$\nabla_T \tilde{\mu}_k = \left(\frac{\partial \tilde{\mu}_k}{\partial p} \right)_{T,x} \nabla p + \sum_{j=1}^{nc-1} \left(\frac{\partial \tilde{\mu}_k}{\partial w_j} \right)_{T,p,x_{i \neq j}} \nabla w_j \qquad (\text{A}.81)$$

恒温下的吉布斯—杜亥姆方程式可表示为:

$$\sum_{j=1}^{nc} w_j \nabla_T \tilde{\mu}_k = \tilde{v} \nabla p \qquad (\text{A}.82)$$

式中,$\tilde{v}$ 为比体积,即 $\tilde{v} = 1/\rho$;ρ 为整体质量浓度(kg/m³,SI)。

重新整理式(A.82)可得:

$$\sum_{j=1}^{nc-1} w_j \nabla_T \tilde{\mu}_j + w_{nc} \nabla_T \tilde{\mu}_{nc} = \frac{\nabla p}{\rho} \qquad (\text{A}.83)$$

将 $\nabla_T \tilde{\mu}_{nc}$ 从式(A.83)中提取出来单独置于等式左侧,整理可得:

$$\nabla_T \tilde{\mu}_{nc} = \frac{1}{w_{nc}} \left(-\sum_{j=1}^{nc-1} w_j \nabla_T \tilde{\mu}_j + \frac{\nabla p}{\rho} \right) \qquad (\text{A}.84)$$

现在,从式(A.81)中减去式(A.84),得到:

$$\nabla_T (\tilde{\mu}_k - \tilde{\mu}_{nc}) = \left(\frac{\partial \tilde{\mu}_k}{\partial p} \right)_{T,x} \nabla p + \sum_{j=1}^{nc-1} \left(\frac{\partial \tilde{\mu}_k}{\partial w_j} \right)_{T,p,x_{i \neq j}} \nabla w_j - \frac{1}{w_{nc}} \left(-\sum_{j=1}^{nc-1} w_j \nabla_T \tilde{\mu}_j + \frac{\nabla p}{\rho} \right) \qquad (\text{A}.85)$$

把式(A.81)代入式(A.84)中消掉 $\nabla_T \tilde{\mu}_j$,可以得到:

$$\nabla_T (\tilde{\mu}_k - \tilde{\mu}_{nc}) = \left(\frac{\partial \tilde{\mu}_k}{\partial p} \right)_{T,w} \nabla p + \sum_{j=1}^{nc-1} \left(\frac{\partial \tilde{\mu}_k}{\partial w_j} \right)_{T,p,x_{i \neq j}}$$

$$\nabla w_j - \frac{1}{w_{nc}} \left[-\sum_{j=1}^{nc-1} w_j \left(\frac{\partial \tilde{\mu}_j}{\partial p} \nabla p + \sum_{l=1}^{nc-1} \frac{\partial \tilde{\mu}_j}{\partial w_l} \nabla w_l \right) + \frac{\nabla p}{\rho} \right] \qquad (\text{A}.86)$$

重新整理式(A.86)可以得到:

$$\nabla (\tilde{\mu}_i - \tilde{\mu}_{nc}) = \sum_{j=1}^{nc-1} \left[\left(\frac{\partial \tilde{\mu}_k}{\partial w_j} \right)_{T,p,w_{i \neq j}} \nabla w_j + \frac{w_j}{w_{nc}} \sum_{l=1}^{nc-1} \left(\frac{\partial \tilde{\mu}_j}{\partial w_l} \right)_{T,p,w_{i \neq j}} \nabla w_l \right] +$$

$$\left[\left(\frac{\partial \tilde{\mu}_k}{\partial p} \right)_{T,w} + \sum_{j=1}^{nc-1} \frac{w_j}{w_{nc}} \left(\frac{\partial \tilde{\mu}_j}{\partial p} \right)_{T,w} - \frac{1}{w_{nc}\rho} \right] \nabla p \qquad (A.87)$$

重新整理式(A.87)右边的第一项,可以得到组分组成梯度的表达式。该表达式仅包含 ∇_{w_l} 项:

$$\sum_{j=1}^{nc-1} \left(\frac{\partial \tilde{\mu}_k}{\partial w_j} \right)_{T,p,w_{i \neq j}} \nabla w_j = \sum_{l=1}^{nc-1} \left(\frac{\partial \tilde{\mu}_k}{\partial w_l} \right)_{T,p,w_{i \neq l}} \nabla w_l = \sum_{j=1}^{nc-1} \sum_{l=1}^{nc-1} \left(\frac{\partial \tilde{\mu}_j}{\partial w_l} \right)_{T,p,w_{i \neq l}} \delta_{jk} \nabla w_l \quad (\text{A}.88)$$

由此可得:

$$\nabla(\tilde{\mu}_i - \tilde{\mu}_{nc}) = \sum_{j=1}^{nc-1} \left[\left(\frac{w_j}{w_{nc}} + \delta_{jk} \right) \sum_{l=1}^{nc-1} \left(\frac{\partial \tilde{\mu}_j}{\partial w_l} \nabla w_l \right) \right] +$$

$$\left[\left(\frac{\partial \tilde{\mu}_k}{\partial p} \right)_{T,w} + \sum_{j=1}^{nc-1} \frac{w_j}{w_{nc}} \left(\frac{\partial \tilde{\mu}_j}{\partial p} \right)_{T,w} - \frac{1}{w_{nc}\rho} \right] \nabla p \tag{A.89}$$

通过对比式（A.80）和式（A.89），可以得到扩散流率的表达式如下：

$$j_i = -\frac{L_{i0}}{T^2} \nabla T - \frac{1}{T} \sum_{k=1}^{nc-1} L_{ik} \sum_{j=1}^{nc-1} \left[\left(\frac{w_j}{w_{nc}} + \delta_{jk} \right) \sum_{l=1}^{nc-1} \left(\frac{\partial \tilde{\mu}_j}{\partial w_l} \nabla w_l \right) \right] -$$

$$\frac{1}{T} \sum_{k=1}^{nc-1} L_{ik} \left[\left(\frac{\partial \tilde{\mu}_k}{\partial p} \right)_{T,w} + \sum_{j=1}^{nc-1} \frac{w_j}{w_{nc}} \left(\frac{\partial \tilde{\mu}_j}{\partial p} \right)_{T,w} - \frac{1}{w_{nc}\rho} \right] \nabla p \tag{A.90}$$

现在，需要重新定义一些辅助变量，以便让扩散流率的表达式更加紧凑一些：

$$k_{T_i} \equiv \frac{Mw_i w_{nc} L_{i0}}{RTL_{ii}} (i = 1,2,\cdots,nc-1) \tag{A.91}$$

$$D_{ic} \equiv \frac{RL_{ii}}{\rho w_i w_{nc} a_{ic} M} (i = 1,2,\cdots,nc-1) \tag{A.92}$$

$$a_{ic} \equiv \frac{M_i M_{nc}}{M^2} (i = 1,2,\cdots,nc-1) \tag{A.93}$$

下面通过一些代数运算把这些变量引入式（A.90）中。结合式（A.91）至式（A.93）发现温度梯度可表示为：

$$-\frac{L_{i0}}{T^2} \nabla T = -\rho D_{ic} a_{ic} k_{Ti} \frac{\nabla T}{T} \tag{A.94}$$

现在重新考虑浓度梯度项。把 $\left(\frac{w_j}{w_{nc}} + \delta_{jk} \right)$ 重新整理为 $\frac{1}{w_{nc}}(w_j + \delta_{jk} w_{nc})$，这样就可以把 $\frac{1}{w_{nc}}$ 从以 j、k 和 l 为变数索引的求和表达式中提取出来。根据式（A.92），可以写出：

$$-\frac{1}{Tw_{nc}} = -\frac{\rho M w_i a_{ic} D_{ic}}{RTL_{ii}} \tag{A.95}$$

仍然采用以下热力学基本关系式：

$$\left(\frac{\partial \tilde{\mu}_j}{\partial w_l} \right)_{T,p,w_{i \neq l}} = \left(\frac{\partial \mu_j / M_j}{\partial w_l} \right)_{T,p,w_{i \neq l}} = \frac{RT}{M_j} \left(\frac{\partial \ln f_j}{\partial w_l} \right)_{T,p,w_{i \neq l}} \tag{A.96}$$

现在对压力梯度项进行处理可得：

$$-\frac{1}{T} \sum_{k=1}^{nc-1} L_{ik} \left[\left(\frac{\partial \tilde{\mu}_k}{\partial p} \right)_{T,w} + \sum_{j=1}^{nc-1} \frac{w_j}{w_{nc}} \left(\frac{\partial \tilde{\mu}_j}{\partial p} \right)_{T,w} - \frac{1}{w_{nc}\rho} \right] \nabla p = -\frac{1}{w_{nc}T} \sum_{k=1}^{nc-1} L_{ik} \left[w_{nc} \tilde{v}_k + \sum_{j=1}^{nc-1} w_j \tilde{v}_j - \frac{1}{\rho} \right] \nabla p$$

$$\tag{A.97}$$

这里应用以下基本关系式：

$$\left(\frac{\partial \tilde{\mu}_k}{\partial p}\right)_{T,w} = \tilde{v}_k \text{ 且} \left(\frac{\partial \tilde{\mu}_j}{\partial p}\right)_{T,w} = \tilde{v}_j \tag{A.98}$$

在式(A.90)中,将式(A.94)代入式(A.98)中,最终可以得到：

$$\boldsymbol{j}_i = -\rho D_{ic} a_{ic} \left[\frac{k_{Ti}}{T} \nabla T + \frac{w_i M}{L_{ii}} \sum_{k=1}^{nc-1} L_{ik} \sum_{j=1}^{nc-1} \sum_{l=1}^{nc-1} \left(\frac{w_j + w_{nc} \delta_{jk}}{M_j} \right) \left(\frac{\partial \ln f_j}{\partial w_l} \right) \nabla w_l \right.$$

$$\left. + \frac{M w_i}{RTL_{ii}} \sum_{k=1}^{nc-1} L_{ik} \left(w_{nc} \tilde{v}_k + \sum_{j=1}^{nc-1} w_j \tilde{v}_j - \frac{1}{\rho} \right) \nabla p \right] \tag{A.99}$$

此处需要定义一些辅助矩阵对式(A.99)进行简化：

$$\boldsymbol{D} \equiv [D_{ij}] = [a_{ic} D_{ic} \delta_{ij}] \tag{A.100}$$

$$\boldsymbol{K}_T \equiv [K_{Ti}] = \left[\frac{K_{Ti}}{T} \right] \tag{A.101}$$

$$\boldsymbol{M} \equiv [M_{ij}] = \left[\frac{M w_i}{L_{ii}} \delta_{ij} \right] \tag{A.102}$$

$$\boldsymbol{W}_{kj} \equiv [W_{kj}] = \left[\frac{w_j + w_{nc} \delta_{jk}}{M_j} \right] \tag{A.103}$$

$$\boldsymbol{F} \equiv [F_{jl}] = \left[\left(\frac{\partial \ln f_j}{\partial w_l} \right)_{T,p,w_m \neq l} \right] \tag{A.104}$$

$$\boldsymbol{v} \equiv [v_k] = \frac{1}{RT} \left(w_{nc} \tilde{v}_k + \sum_{j=1}^{nc-1} w_j \tilde{v}_j - \frac{1}{\rho} \right) \tag{A.105}$$

$$\boldsymbol{L} \equiv [L_{ij}] = \begin{bmatrix} L_{11} & \cdots & L_{1,nc-1} \\ \vdots & \ddots & \vdots \\ L_{nc-1,1} & \vdots & L_{nc-1,nc-1} \end{bmatrix} \tag{A.106}$$

$$\nabla \boldsymbol{T} = \begin{bmatrix} \dfrac{\partial T}{\partial x} \\ \dfrac{\partial T}{\partial y} \\ \dfrac{\partial T}{\partial z} \end{bmatrix}; \nabla p = \begin{bmatrix} \dfrac{\partial p}{\partial x} \\ \dfrac{\partial p}{\partial y} \\ \dfrac{\partial p}{\partial z} \end{bmatrix}; \nabla \boldsymbol{w}_i = \begin{bmatrix} \dfrac{\partial w_i}{\partial x} \\ \dfrac{\partial w_i}{\partial y} \\ \dfrac{\partial w_i}{\partial z} \end{bmatrix} \tag{A.107}$$

$$\nabla \boldsymbol{w}^t = \begin{bmatrix} \dfrac{\partial w_1}{\partial x} & \cdots & \dfrac{\partial w_{nc-1}}{\partial x} \\ \dfrac{\partial w_1}{\partial y} & \ddots & \dfrac{\partial w_{nc-1}}{\partial y} \\ \dfrac{\partial w_1}{\partial z} & \cdots & \dfrac{\partial w_{nc-1}}{\partial z} \end{bmatrix}; \boldsymbol{j} = \begin{bmatrix} j_{1,x} & \cdots & j_{nc-1,x} \\ j_{1,y} & \ddots & j_{nc-1,y} \\ j_{1,z} & \cdots & j_{nc-1,z} \end{bmatrix} \quad (A.108)$$

由此可得：

$$\boldsymbol{j}^t = -\rho \left[\boldsymbol{DMLWF} \left(\nabla \boldsymbol{w}^t \right)^t + \boldsymbol{DK}_T \left(\nabla T \right)^t + \boldsymbol{DMLV} (\nabla p)^t \right] \quad (A.109)$$

进一步简化可得：

$$\boldsymbol{j}^t = -\rho \left[\boldsymbol{D}^m \left(\nabla \boldsymbol{w}^t \right)^t + \boldsymbol{D}^{T,m} \left(\nabla T \right)^t + \boldsymbol{D}^{p,m} (\nabla p)^t \right] \quad (A.110)$$

其中

$$\boldsymbol{D}^m = \boldsymbol{DMLWF}, \boldsymbol{D}^{T,m} = \boldsymbol{DK}_T, 且 \boldsymbol{D}^{p,m} = \boldsymbol{DMLV}。$$

将式（A.110）与式（A.99）进行比较，可以得到：

$$D_{il}^m = a_{ic} D_{ic} \frac{w_i M}{L_{ii}} \sum_{k=1}^{nc-1} L_{ik} \sum_{j=1}^{nc-1} \sum_{l=1}^{nc-1} \left(\frac{w_j + w_{nc} \delta_{jk}}{M_j} \right) \left(\frac{\partial \ln f_j}{\partial w_l} \right)_{T,p,w_{m \neq l}} \quad (A.111)$$

$$D_i^{T,m} = a_{ic} D_{ic} \frac{k_{Ti}}{T} \quad (A.112)$$

$$D_i^{p,m} = a_{ic} D_{ic} \frac{M w_i}{R T L_{ii}} \sum_{k=1}^{nc-1} L_{ik} \left(w_{nc} \tilde{v}_k + \sum_{j=1}^{nc-1} w_j \tilde{v}_j - \frac{1}{\rho} \right) \quad (A.113)$$

$$\boldsymbol{j}_i = -\rho \left(\sum_{j=1}^{nc-1} D_{ij}^m \nabla w_j + D_i^{T,m} \nabla T + D_i^{p,m} \nabla p \right) \quad (A.114)$$

A.5 扩散质量流率和扩散摩尔流率之间的转换关系

扩散质量流率的表达式是相对于气压速度轴 $\boldsymbol{v} = \sum_{k=1}^{nc} w_i \boldsymbol{v}_i$ 建立的。通过一定的运算操作，可以将扩散质量流率转换为相对于摩尔平均速度轴 $\boldsymbol{v} = \sum_{k=1}^{nc} x_i \boldsymbol{v}_i$ 的扩散摩尔流率。

现有

$$\boldsymbol{v}_i = \frac{\boldsymbol{j}_i}{\rho_i} + \sum_{k=1}^{nc} w_k \boldsymbol{v}_k = \frac{\boldsymbol{J}_i}{c_i} + \sum_{k=1}^{nc} x_k \boldsymbol{v}_k \quad (A.115)$$

$$\boldsymbol{J}_i = \frac{\boldsymbol{j}_i}{M_i} - \frac{\rho_i}{M_i} \sum_{k=1}^{nc} \boldsymbol{v}_k (x_k - w_k) \quad (A.116)$$

以 i 为变数索引对式(A.116)中各项求和,可以得到:

$$\sum_{i=1}^{nc} \boldsymbol{J}_i = \sum_{i=1}^{nc} \frac{\boldsymbol{j}_i}{M_i} - \sum_{i=1}^{nc} \frac{\rho_i}{M_i} \sum_{k=1}^{nc} \boldsymbol{v}_k(x_k - w_k) = 0 \tag{A.117}$$

考虑到 $\sum_{i=1}^{nc} \dfrac{\rho_i}{M_i} = \sum_{i=1}^{nc} c_i = c$,可得:

$$\sum_{k=1}^{nc} \boldsymbol{v}_k(x_k - w_k) = \frac{\sum\limits_{i=1}^{nc} \dfrac{\boldsymbol{j}_i}{M_i}}{c} \tag{A.118}$$

将式(A.118)代入式(A.116)中,可以得到:

$$\boldsymbol{J}_i = \frac{\boldsymbol{j}_i}{M_i} - x_i \sum_{k=1}^{nc} \frac{\boldsymbol{j}_k}{M_k} \tag{A.119}$$

将式(A.119)右边求和项中的最后一项(nc^{th})分离出来单独成项,可得:

$$\boldsymbol{J}_i = \frac{\boldsymbol{j}_i}{M_i} - x_i \sum_{k=1}^{nc} \frac{\boldsymbol{j}_k}{M_k} - x_i \frac{\boldsymbol{j}_{nc}}{M_{nc}} \tag{A.120}$$

把关系式 $\boldsymbol{j}_{nc} = -\sum\limits_{k=1}^{nc-1} \boldsymbol{j}_k$ 代入式(A.120)中,可以得到:

$$\boldsymbol{J}_i = \frac{\boldsymbol{j}_i}{M_i} - x_i \sum_{k=1}^{nc-1} \frac{\boldsymbol{j}_k}{M_k} + x_i \sum_{k=1}^{nc-1} \frac{\boldsymbol{j}_k}{M_{nc}} \tag{A.121}$$

将式(A.121)右边的最后一项乘以 $\left(\dfrac{M_k}{M_k}\right)$,可得:

$$\boldsymbol{J}_i = \frac{\boldsymbol{j}_i}{M_i} - x_i \sum_{k=1}^{nc-1} \frac{\boldsymbol{j}_k}{M_k} + x_i \sum_{k=1}^{nc-1} \frac{\boldsymbol{j}_k}{M_k} \frac{M_k}{M_{nc}} \tag{A.122}$$

并把质量分数表示为摩尔分数的函数:

$$w_k = \frac{M_k x_k}{M}, \text{并且 } w_{nc} = \frac{M_{nc} x_{nc}}{M} \tag{A.123}$$

把式(A.123)代入式(A.122)的最后一项,可得:

$$\boldsymbol{J}_i = \frac{\boldsymbol{j}_i}{M_i} - x_i \sum_{k=1}^{nc-1} \frac{\boldsymbol{j}_k}{M_k} + x_i \sum_{k=1}^{nc-1} \frac{\boldsymbol{j}_k}{M_k} \frac{w_k}{w_{nc}} \frac{x_{nc}}{x_k} \tag{A.124}$$

在式(A.124)中,利用克罗内克函数(δ_{ik})对右边第一项进行变换,然后把右边所有项并入同一个求和项中,最终可以得到把扩散质量流率转换为扩散摩尔流率的公式:

$$\boldsymbol{J}_i = \sum_{k=1}^{nc-1} \frac{\boldsymbol{j}_k}{M_k} \left[\delta_{ik} - \frac{x_i}{x_k}\left(x_k - \frac{x_{nc}}{w_{nc}} w_k\right) \right] \tag{A.125}$$

把扩散摩尔流率转换为扩散质量流率的方法之一是,根据式(A.125)通过矩阵求逆法进行转换。或者,采用与上述推导步骤相同的思路建立转换公式。

把 j_i 从式(A.115)中分离出来作为单独项置于方程左侧,可得:

$$j_i = J_i \frac{\rho_i}{c_i} + \rho_i \sum_{k=1}^{nc} v_k(x_k - w_k) \tag{A.126}$$

可对式(A.126)稍做简化,得到:

$$j_i = J_i M_i + \rho_i \sum_{k=1}^{nc} v_k(x_k - w_k) \tag{A.127}$$

以 i 为变数索引对式(A.127)中的各项求和,可以得到:

$$\sum_{i=1}^{nc} j_i = \sum_{i=1}^{nc} J_i M_i + \sum_{i=1}^{nc} \rho_i \sum_{k=1}^{nc} v_k(x_k - w_k) = 0 \tag{A.128}$$

进一步可以得到:

$$\sum_{k=1}^{nc} v_k(x_k - w_k) = -\frac{\sum_{i=1}^{nc} J_i M_i}{\rho} \tag{A.129}$$

把式(A.129)代入式(A.127)中,可以得到

$$j_i = J_i M_i - w_i \sum_{k=1}^{nc} J_k M_k \tag{A.130}$$

将式(A.130)右边求和项中的最后一项(nc^{th})分离出来单独成项,可得:

$$j_i = J_i M_i - w_i \sum_{k=1}^{nc-1} J_k M_k - w_i J_{nc} M_{nc} \tag{A.131}$$

考虑到 $J_{nc} = -\sum_{k=1}^{nc-1} J_k$,式(A.130)右边的最后一项可表示为:

$$-w_i J_{nc} M_{nc} = w_i \sum_{k=1}^{nc-1} J_k M_{nc} \tag{A.132}$$

现在,将式(A.132)两边各项乘以 $\left(\frac{M_k}{M_k}\right)$,考虑到 $w_k = \frac{x_k M_k}{M}$ 和 $w_{nc} = \frac{x_{nc} M_{nc}}{M}$,可得:

$$w_i \sum_{k=1}^{nc-1} J_k M_k \frac{M_{nc}}{M_k} = w_i \sum_{k=1}^{nc-1} J_k M_k \frac{w_{nc}}{w_k} \frac{x_k}{x_{nc}} \tag{A.133}$$

将式(A.133)代入式(A.131)中,可以得到:

$$j_i = J_i M_i - w_i \sum_{k=1}^{nc-1} J_k M_k + w_i \sum_{k=1}^{nc-1} J_k M_k \frac{w_{nc}}{w_k} \frac{x_k}{x_{nc}} \tag{A.134}$$

在式(A.134)中,利用克罗内克函数(δ_{ik})对右边第一项进行变换,然后把右边所有项并

入同一个求和项中,最终可以得到把扩散摩尔流率转换为扩散质量流率的公式:

$$j_i = \sum_{k=1}^{nc-1} J_k M_k \left[\delta_{ik} + \frac{w_i}{w_k} \left(-w_k + \frac{w_{nc}}{x_{nc}} x_k \right) \right] \qquad (A.135)$$

从式(A.125)和式(A.135)中可以发现,相对于质量平均速度轴的扩散质量流率与相对于摩尔平均速度轴的扩散摩尔流率之间的转换不仅仅是一个只需要乘以或除以摩尔质量的单位转换过程。对于同一参考速度轴,各组分的扩散流率之和一定会等于0。因此,值得引起注意的是: $J_i \neq J_i^* = \dfrac{j_i}{M_i}$, $j_i \neq j_i^* = J_i M_i$ 。还要注意的是, $\sum\limits_{i=1}^{nc} J_i^* \neq 0$, $\sum\limits_{i=1}^{nc} j_i^* \neq 0$ 。

接下来利用式(A.125)或式(A.135)推导分子扩散系数、温度扩散系数以及压力扩散系数的计算公式,以及这些扩散系数在质量单位和摩尔单位之间的相互转换公式。首先需要定义以下辅助矩阵:

$$\boldsymbol{K} \rightarrow K_{ik} \equiv \delta_{ik} + \frac{w_i}{w_k} \left(-w_k + \frac{w_{nc}}{x_{nc}} x_k \right) ; 其中\ i,k = 1,\cdots,nc-1 \qquad (A.136a)$$

$$\boldsymbol{M}^M = \begin{bmatrix} M_1 & \cdots & 0 \\ \vdots & \ddots & \vdots \\ 0 & \cdots & M_{nc-1} \end{bmatrix} \qquad (A.136b)$$

$$\boldsymbol{J} = \begin{bmatrix} J_{1,x} & \cdots & J_{nc-1,x} \\ J_{1,y} & \ddots & J_{nc-1,y} \\ J_{1,z} & \cdots & J_{nc-1,z} \end{bmatrix} \qquad (A.136c)$$

$$\boldsymbol{j} = \begin{bmatrix} j_{1,x} & \cdots & j_{nc-1,x} \\ j_{1,y} & \ddots & j_{nc-1,y} \\ j_{1,z} & \cdots & j_{nc-1,z} \end{bmatrix} \qquad (A.136d)$$

可以发现:

$$\boldsymbol{j}^t = \boldsymbol{K} \boldsymbol{M}^M \boldsymbol{J}^t \qquad (A.137)$$

显然,扩散质量流率 j_i 和扩散摩尔流率 J_i 分别与 ∇w 和 ∇x 成正比。分子扩散流率在质量单位基础和摩尔单位基础之间的转换更加复杂一些。无论采用哪种单位基础, ∇T 和 ∇p 的数值不变,这样就使得 D^T 和 D^p 的转换简单很多。

约定运算符 ∇ 为列向量。接下来必须对矩阵 w 和 x 进行转置,从而在此基础上得到浓度梯度矩阵。如此则有:

$$\nabla \boldsymbol{w}^{t} = \begin{bmatrix} \dfrac{\partial}{\partial x} \\[6pt] \dfrac{\partial}{\partial y} \\[6pt] \dfrac{\partial}{\partial z} \end{bmatrix} \begin{bmatrix} w_1 w_2 \cdots w_{nc-1} \end{bmatrix} = \begin{bmatrix} \dfrac{\partial w_1}{\partial x} & \cdots & \dfrac{\partial w_{nc-1}}{\partial x} \\[6pt] \dfrac{\partial w_1}{\partial y} & \ddots & \dfrac{\partial w_{nc-1}}{\partial y} \\[6pt] \dfrac{\partial w_1}{\partial z} & \cdots & \dfrac{\partial w_{nc-1}}{\partial z} \end{bmatrix} \quad (A.138a)$$

$$\nabla \boldsymbol{x}^{t} = \begin{bmatrix} \dfrac{\partial}{\partial x} \\[6pt] \dfrac{\partial}{\partial y} \\[6pt] \dfrac{\partial}{\partial z} \end{bmatrix} \begin{bmatrix} x_1 x_2 \cdots x_{nc-1} \end{bmatrix} = \begin{bmatrix} \dfrac{\partial x_1}{\partial x} & \cdots & \dfrac{\partial x_{nc-1}}{\partial x} \\[6pt] \dfrac{\partial x_1}{\partial y} & \ddots & \dfrac{\partial x_{nc-1}}{\partial y} \\[6pt] \dfrac{\partial x_1}{\partial z} & \cdots & \dfrac{\partial x_{nc-1}}{\partial z} \end{bmatrix} \quad (A.138b)$$

扩散系数矩阵如下：

$$\boldsymbol{D}^{m} = \begin{bmatrix} D_{11}^{m} & \cdots & D_{1,nc-1}^{m} \\ \vdots & \ddots & \vdots \\ D_{nc-1,1}^{m} & \cdots & D_{nc-1,nc-1}^{m} \end{bmatrix} \quad (A.139a)$$

$$\boldsymbol{D}^{M} = \begin{bmatrix} D_{11}^{M} & \cdots & D_{1,nc-1}^{M} \\ \vdots & \ddots & \vdots \\ D_{nc-1,1}^{M} & \cdots & D_{nc-1,nc-1}^{M} \end{bmatrix} \quad (A.139b)$$

这里只给出相对于每个参考轴的分子扩散项：

$$\boldsymbol{J}_{\text{molecular}}^{t} = -\rho \boldsymbol{D}^{m} (\nabla \boldsymbol{w}^{t})^{t}; \boldsymbol{J}_{\text{molecular}}^{t} = -c \boldsymbol{D}^{M} (\nabla \boldsymbol{x}^{t})^{t} \quad (A.140)$$

综合式（A.137）和式（A.140）可以得到：

$$-\rho \boldsymbol{D}^{m} (\nabla \boldsymbol{w}^{t})^{t} = -\boldsymbol{K} \boldsymbol{M}^{M} c \boldsymbol{D}^{M} (\nabla \boldsymbol{x}^{t})^{t} \quad (A.141)$$

把质量分数表示为摩尔分数的函数，可以得到：

$$\begin{bmatrix} w_1 \\ w_2 \\ \cdots \\ w_{nc-1} \end{bmatrix} = \frac{1}{M} \begin{bmatrix} x_1 M_1 \\ x_2 M_2 \\ \cdots \\ x_{nc-1} M_{nc-1} \end{bmatrix} \quad (A.142)$$

式中，$1/M = c/\rho$；$M = \sum_{i=1}^{nc} x_i M_i$ 为总摩尔质量（这是一个标量，不要与矩阵 $\boldsymbol{M}^{M}$ 混淆）。

通过 $\boldsymbol{M}^M$ 矩阵,可将式(A.142)改写为:

$$
\begin{bmatrix} w_1 \\ w_2 \\ \cdots \\ w_{nc-1} \end{bmatrix} = \frac{c}{\rho} \begin{bmatrix} M_1 & \cdots & 0 \\ 0 & \ddots & 0 \\ 0 & \cdots & M_{nc-1} \end{bmatrix} \begin{bmatrix} x_1 \\ x_2 \\ x_{nc-1} \end{bmatrix}
\tag{A.143}
$$

还可根据对角矩阵 $\boldsymbol{W}$ 和 $\boldsymbol{X}$ 对式(A.143)重新进行表述:

$$
\underbrace{\begin{bmatrix} w_1 & \cdots & 0 \\ 0 & \ddots & 0 \\ 0 & \cdots & w_{nc-1} \end{bmatrix}}_{w} = \frac{c}{\rho} \underbrace{\begin{bmatrix} M_1 & \cdots & 0 \\ 0 & \ddots & 0 \\ 0 & \cdots & M_{nc-1} \end{bmatrix}}_{M} \underbrace{\begin{bmatrix} x_1 & \cdots & 0 \\ 0 & \ddots & 0 \\ 0 & \cdots & x_{nc-1} \end{bmatrix}}_{x}
\tag{A.144}
$$

现在把式(A.141)左侧的 $\boldsymbol{D}^m$ 提取出来单独成项并置于方程左侧。为此需要对式(A.141)两侧同时"右乘"$\nabla \boldsymbol{w}^t$。通过这步操作能够得到一个方阵,通过与其逆矩阵相乘就很容易抵消掉:

$$
\boldsymbol{D}^m = \left(\frac{c}{\rho}\right) \boldsymbol{K} \boldsymbol{M} \boldsymbol{D}^M (\nabla \boldsymbol{x}^t)^t (\nabla \boldsymbol{W}^t)^t \left[(\nabla \boldsymbol{w}^t)^t (\nabla \boldsymbol{w}^t) \right]^{-1}
\tag{A.145}
$$

对式(A.144)进行简化可得:

$$
\frac{c}{\rho} \boldsymbol{M} = \boldsymbol{W} \boldsymbol{X}^{-1}
\tag{A.146}
$$

对式(A.143)进行整理并重新进行表述,可得:

$$
\nabla \boldsymbol{w}^t = \nabla \left(\frac{c}{\rho} \boldsymbol{M} \boldsymbol{x}\right)^t = \nabla \left(\boldsymbol{x}^t \frac{c}{\rho} \boldsymbol{M}\right) = (\nabla \boldsymbol{x}^t) \frac{c}{\rho} \boldsymbol{M}
\tag{A.147}
$$

将式(A.146)和式(A.147)代入式(A.145)中。根据矩阵属性 $(AB)^{-1} = B^{-1}A^{-1}$ 以及 $(AB)^t = B^t A^t$,可知:

$$
\boldsymbol{D}^m = \boldsymbol{K} \boldsymbol{W} \boldsymbol{X}^{-1} \boldsymbol{D}^M (\nabla \boldsymbol{x}^t)^t \left[\frac{c}{\rho} \boldsymbol{M} (\nabla \boldsymbol{x}^t)^t \right]^{-1}
\tag{A.148}
$$

$$
\boldsymbol{D}^m = \boldsymbol{K} \boldsymbol{W} \boldsymbol{X}^{-1} \boldsymbol{D}^M \left(\frac{c}{\rho} \boldsymbol{M}\right)^{-1}
\tag{A.149}
$$

$$
\boldsymbol{D}^m = \boldsymbol{K} \boldsymbol{W} \boldsymbol{X}^{-1} \boldsymbol{D}^M (\boldsymbol{W} \boldsymbol{X}^{-1})^{-1}
\tag{A.150}
$$

$$
\boldsymbol{D}^m = \boldsymbol{K} \boldsymbol{W} \boldsymbol{X}^{-1} \boldsymbol{D}^M \boldsymbol{X} \boldsymbol{W}^{-1}
\tag{A.151}
$$

再次从式(A.140)开始,但只考虑热扩散,可以得到热扩散系数在质量单位基础和摩尔单位基础之间的转换公式:

$$
\boldsymbol{j}_{\text{thermal}}^t = -\rho \boldsymbol{D}^{T,m} (\nabla T)^t ; \boldsymbol{J}_{\text{thermal}}^t = -c \boldsymbol{D}^{T,M} (\nabla T)^t
\tag{A.152}
$$

$$- \rho \boldsymbol{D}^{T,m} (\nabla T)^t = - \boldsymbol{KM}^M c \boldsymbol{D}^{T,M} (\nabla T)^t \tag{A.153}$$

$$\boldsymbol{D}^{T,M} = \frac{c}{\rho} \boldsymbol{KM}^M \boldsymbol{D}^{T,M} \tag{A.154}$$

类似地,可以得到压力扩散系数在质量单位基础和摩尔单位基础之间的转换公式:

$$\boldsymbol{D}^{p,m} = \frac{c}{\rho} \boldsymbol{KM}^M \boldsymbol{D}^{p,M} \tag{A.155}$$

A.6　基于"传输热"的概念推导 ONSAGER 唯象系数的计算公式

如前所述,扩散系数是温度、压力和摩尔分数的函数。确定扩散系数的一个重要步骤是计算 Onsager 唯象系数 L_{i0} 和 L_{ik}。

再次考虑式(A.80)。从这个方程中可以看出,扩散流率是交叉现象引起的结果。对于等温系统,通过矩阵求逆,可以把式中的化学势梯度提取出来,由此可得:

$$- \frac{1}{T} \nabla_T (\tilde{\mu}_k - \tilde{\mu}_{nc}) = \sum_{i=1}^{nc-1} [\boldsymbol{L}]_{ki}^{-1} \boldsymbol{j}_i \tag{A.156}$$

将式(A.156)代入式(A.79)中,得到:

$$\boldsymbol{q} = \sum_{i=1}^{nc-1} L_{0i} \sum_{l=1}^{nc-1} [\boldsymbol{L}]_{il}^{-1} \boldsymbol{j}_l \equiv \sum_{l=1}^{nc-1} (Q_l^* - Q_{nc}^*) \boldsymbol{j}_l \tag{A.157}$$

式中, $(Q_l^{*,m} - Q_{nc}^{*,m}) \equiv \sum_{l}^{nc-1} L_{0i} [\boldsymbol{L}]_{il}^{-1}$; $Q_l^{*,m}$ 为组分 l 的传输热,即单位质量组分 l 的等温扩散所传输的热量(见附录 B)。由此可得:

$$\boldsymbol{q} = \sum_{l=1}^{nc-1} \widehat{\boldsymbol{Q}}_l^{*,m} \boldsymbol{j}_l (\nabla T = 0) \tag{A.158}$$

其中

$$\widehat{\boldsymbol{Q}}^{*,m} = \boldsymbol{L}^{-1} \boldsymbol{L}_0 = \begin{bmatrix} (Q_1^{*,m} - Q_{nc}^{*,m}) \\ \vdots \\ (Q_{nc-1}^{*,m} - Q_{nc}^{*,m}) \end{bmatrix} \tag{A.159}$$

从式(A.159)可以看出,向量 $\widehat{\boldsymbol{Q}}^*$ 中的每一个元素均被称为组分 $l = 1, 2, \cdots, nc-1$ 对应的净运输热,因为其值等于这些组分的传输热与参考组分 nc 的传输热之差(Fitts, 1962)。基于 Glasstone 等(1941)和 Dougherty 和 Drickamer(1955)提出的动力黏度理论,Shukla 和 Firoozabadi(1998)建立了适用于二元混合物的热传输本构方程,Firoozabadi 等(2000)又进一步把这个本构方程推广适用于多组分混合物。把摩尔平均速度轴作为参考轴,则热传输本构方程的表达式如下:

$$Q_i^{*,M} = - \frac{\overline{U}_i}{\tau_i} + \Big[\sum_{j=1}^{nc} x_j \frac{\overline{U}_j}{\tau_j} \Big] \frac{\overline{V}_i}{\sum_{j=1}^{nc} x_j \overline{V}_j} \qquad (A.160)$$

式中,$Q_i^{*,M}$ 为相对于摩尔平均速度轴(因此上标为 M)的组分 i 的传输热;$\overline{U}_i$ 和 $\overline{V}_i$ 分别为组分 i 的偏摩尔内能和偏摩尔体积(可以通过状态方程式进行计算);$\tau_i = \dfrac{\Delta U_i^{vap}}{\Delta U_i^{vis}}$,其中 ΔU_i^{vap} 和 ΔU_i^{vis} 分别为纯组分 i 的汽化内能和所谓的黏性流率能量(Glasstone 等,1941)。通常认为 τ_i 是这个热传输模型的可调参数。根据 Shukla 和 Firoozabadi(1998)的推荐,对于碳氢化合物,$\tau_i = 4.0$ 是一个很好的估计值。附录 B 中给出了式(A.160)的完整推导过程。需要强调的是,在式(A.160)中传输热的表达式($Q_i^{*,M}$)以摩尔单位为基础,在将传输热应用于式(A.159)之前,需要将其转换为以质量单位为基础的表达式($Q_i^{*,m}$)。

由此产生一个问题:如何从 Shukla 和 Firoozabadi(1998)提出的运输热表达式中得到扩散流率的各项?

答案很简单,但非常重要。这些作者采用了一个重要的操作来近似计算 Onsager 系数,仅仅根据传输热的大小[式(A.157)或式(A.158)],使等温热流率的表达式近似等于式(A.79)给出的一般表达式。由此可得:

$$\sum_{i=1}^{nc-1} (Q_i^{*,m} - Q_{nc}^{*,m}) j_i = L_{00} \nabla (1/T) + \sum_{k=1}^{nc-1} L_{0k} \Big[- \frac{1}{T} \nabla_T (\tilde{\mu}_k - \tilde{\mu}_{nc}) \Big] \qquad (A.161)$$

将式(A.161)代入式(A.82)的左侧,得到:

$$\sum_{i=1}^{nc-1} (Q_i^{*,m} - Q_{nc}^{*,m}) \Big\{ L_{i0} \nabla \Big(\frac{1}{T} \Big) + \sum_{k=1}^{nc-1} L_{ik} \Big[- \frac{1}{T} \nabla_T (\tilde{\mu}_k - \tilde{\mu}_{nc}) \Big] \Big\}$$

$$= L_{00} \nabla (1/T) + \sum_{k=1}^{nc-1} L_{0k} \Big[- \frac{1}{T} \nabla_T (\tilde{\mu}_k - \tilde{\mu}_{nc}) \Big] \qquad (A.162)$$

比较式(A.162)左右两边的等价项,可以发现:

$$L_{00} = \sum_{i=1}^{nc-1} (Q_i^{*,m} - Q_{nc}^{*,m}) L_{i0} \qquad (A.163)$$

$$L_{0k} = \sum_{i=1}^{nc-1} (Q_i^{*,m} - Q_{nc}^{*,m}) L_{ik} \qquad (A.164)$$

式(A.164)与已经推导出的式(A.159)相同,以矩阵的形式可以表示为:

$$\boldsymbol{L}_0 = \boldsymbol{L} \cdot \widehat{\boldsymbol{Q}}^{*,m} \qquad (A.165)$$

根据式(A.91)以及向量 $\boldsymbol{K}_T$ 的定义,可以得到:

$$\boldsymbol{K}_T = \frac{w_{nc}}{RT^2} \boldsymbol{M} \cdot \boldsymbol{L} \cdot \widehat{\boldsymbol{Q}}^{*,m} \qquad (A.166)$$

同理,式(A.110)中的 $\boldsymbol{D}^{T,m}$ 可表示为:

$$D^{T,m} = \frac{w_{nc}}{RT^2} DM \cdot L \cdot \widehat{Q}^{*,m} \qquad (A.167)$$

式（A.109）中的扩散流率也可表示为：

$$j^t = -\rho\left[DMLWF\,(\nabla w^t)^t + \frac{w_{nc}}{RT^2}DML\,\widehat{Q}^{*,m}\,(\nabla T)^t + DML\,V\,(\nabla p)^t \right] \qquad (A.168)$$

通过 Leahy – Dios 和 Firoozabadi（2007）提出的经验公式可以对式（A.111）中定义的分子扩散系数 D^m 直接进行计算。附录 C 中给出了该经验公式。在此基础上，可以通过下式计算得到矩阵 L：

$$L = (DM)^{-1}D^m\,(WF)^{-1} \qquad (A.169)$$

然后将 L 代入式（A.165）中求得 L_0，或者直接求出式（A.167）中的 $D^{T,m}$。

总之，如果给定系统的温度（T）、压力（p）和组分组成（w），就可通过以下步骤计算得到扩散流率：

（1）利用式（A.135），式（A.159）和式（A.160）计算得到净传输热矢量 $\widehat{Q}^{*,m}$。

（2）通过 Leahy – Dios 和 Firoozabadi（2007）提出的关系式计算得到分子扩散系数 D^m——具体步骤参见附录 C。

（3）根据式（A.169）计算矩阵 L。

（4）得到 $\widehat{Q}^{*,m}$ 后，通过式（A.167）求出 $D^{T,m}$。

（5）通过式（A.113）求得 $D^{p,m}$。

参 考 文 献

De Groot S R, Mazur P. 1962. Nonequilibrium Thermodynamics. North-Holland Publishing Co. , Amsterdam.

Dougherty E L, Drickamer H G. 1955. A theory of thermal diffusion in liquids. J. Chem. Phys. 23 (2), 295.

Firoozabadi A, Ghorayeb K, Shukla K. 2000. Theoretical model of thermal diffusion factors in multicomponent mixtures. AIChE J. 46 (5), 892 – 900.

Fitts D D. 1962. Nonequilibrium Thermodynamics. A Phenomenological Theory of Irreversible Processes in Fluid Systems. McGraw-Hill, New York.

Ghorayeb K, Firoozabadi A. 2000. Modeling multicomponent diffusion and convection in porous media. SPE J. 5(2), 158 – 171.

Glasstone S, Laidler K J, Eyring H. 1941. The Theory of Rate Processes. McGraw-Hill Book Co, New York.

Haase R. 1969. Thermodynamics of Irreversible Processes. Addison-Wesley, London.

Leahy-Dios A, Firoozabadi A. 2007. Unified model for nonideal multicomponent molecular diffusion coefficients. AIChE J. 53 (11), 2932 – 2939.

Onsager L. 1931a. Reciprocal relations in irreversible processes I. Phys. Rev. E 37, 405 – 426.

Onsager L. 1931b. Reciprocal relations in irreversible processes II. Phys. Rev. E 38, 2265 – 2279.

Shukla K, Firoozabadi A. 1998. A new model of thermal diffusion coefficients in binary hydrocarbon mixtures. Ind. Eng. Chem. Res. 37, 3331 – 3342.

附录 B 传 输 热

在本附录中,将对以下两个半经验公式进行推导,其一为 Shukla 和 Firoozabadi(1998)提出的适用于二元系统的热传输模型,其二为 Firoozabadi 等(2000)推广适用于多组分混合物的热传输模型。这些方程中涉及的概念最早可追溯至 20 世纪 40 年代,但目前仍然缺乏统一的理论基础。根据 Dougherty 和 Drickamer(1955)的观点,传输热 Q_i 指的是在没有温度梯度的情况下流经一个平面的单位摩尔流体组分所携带的能量。该平面与该组分的扩散流率 i 相互垂直。

Glasstone 等早在 1941 年最先对液体混合物开展分子运动模拟研究。这些作者把流体视作一个由一个个分子组成的系统。分子占据了一部分空间,分子与分子之间存在空位。液体流动过程由两个步骤组成。在第一个步骤中,一些分子被驱替离开原位,从而产生空位,这个步骤需要吸收能量才能得以完成。在第二个步骤中,其他分子被驱替进入这些空位,同时释放出能量。一些空间点处的分子密度涨落与流体分子的布朗运动相关。组分 i 的净传输热是两种能量之差。作为被减数的能量指的是,当确定数量的 i 类分子通过扩散作用离开一定流体区域时所需要吸收的能量。作为减数的能量指的是,当其他 i 类分子占据之前那些扩散分子留下的空位时所释放的能量。

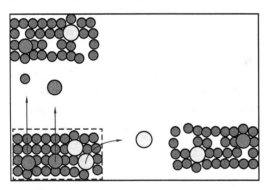

图 B.1　不同类型的分子离开某个流体区域
（产生空位,但需要吸收能量）
去占据其他区域的空位(填补空位并释放能量)

如图 B.1 所示为液体流动过程的示意图。从图中可以看到,一些不同类型的分子离开了液体区域,从而在这个区域中产生空位,同时去往其他区域填补之前留下的空位。

任意选择一个流体区域。假设 dn_i 摩尔的分子越过其表面限制从该流体区域扩散出去。根据上述对传输热 Q_i 的定义,扩散流率应该会伴随着能量流率 $Q_i dn_i$ 穿过流体区域边界。为了保证系统温度不变,这个过程需要吸收热量 dq,同时该区域内滞留的那部分流体会在准静止的状态下做出一定量的功 dw。该区域流体的内能变化为:

$$dU = -Q_i dn_i + dq - dw \tag{B.1}$$

由于温度和压力是恒定的,内能的变化可表示为 $-\overline{U}_i dn_i$,体积的变化可表示为 $-\overline{V}_i dn_i$。因此,作用在该流体区域边界上的功可表示为 $-p\overline{V}_i dn_i$。式(B.1)可变为:

$$-\overline{U}_i dn_i = -Q_i dn_i + dq + p\overline{V}_i dn_i \quad (i = 1,2,\cdots,nc) \tag{B.2}$$

这部分流体区域吸收的热量为:

$$dq = (Q_i - \overline{U}_i - p\overline{V}_i)dn_i = (Q_i - \overline{H}_i)dn_i = Q_i^* dn_i \quad (i = 1,2,\cdots,nc) \tag{B.3}$$

对于越过表面限制从该流体区域扩散出去的单位摩尔数量的组分 i，该流体区域必须吸收大小为 $Q_i^* = (Q_i - \bar{H}_i) = \dfrac{\mathrm{d}q}{\mathrm{d}n_i}$ 的净能量才能保证其温度和压力不变。

对于二元混合物，每一个组分的流体传输热可以由两部分组成。第一是一个分子脱离相邻分子离开原位产生空位所需要的能量。根据 Dougherty 和 Drickamer(1955) 的命名法，这部分能量可以称之为 W_H。第二是一个分子填补该区域内的一个空位时所释放出的能量，可以称之为 W_L。通过假设分子在流体区域内完全随机分布，Dougherty 和 Drickamer(1955) 认为，为了填补第 1 类和第 2 类分子扩散产生的空位所需要的总能量 W_L 可表示为：

$$W_L = x_1 W_{H1} + x_2 W_{H2} \tag{B.4}$$

对于不同尺寸和形状的分子，两种类型分子所占据的空位体积和形状也不同。这里可以合理地假设，对于由大小两种类型分子组成的混合物，基本上大分子和小分子都会移向较大分子留下的空位，而对于较小分子留下的空位则不会发生这种现象(只有小分子才会移向这种空位)。假设有 ψ_1 个分子向一个第 1 类分子留下的空位迁移，类似地假设有 ψ_2 个分子向一个第 2 类分子留下的空位迁移。净传输热可表示如下：

$$Q_1^* = W_{H1} - \psi_1 W_L \tag{B.5}$$

$$Q_2^* = W_{H2} - \psi_2 W_L \tag{B.6}$$

将吉布斯—杜亥姆关系式应用于 Q_i^*，可以得到：

$$x_1 \psi_1 + x_2 \psi_2 = 1 \tag{B.7}$$

式(B.7)说明，平均而言，离开该流体区域的分子数量等于进入该区域的分子数量，这样可以使得其体积保持不变，同时仍然遵守以下限制：

$$x_1 \to 1, \psi_1 \to 1; x_2 \to 1, \psi_2 \to 1$$

这里再详细阐述一下参数 ψ_1 的概念。当 N_1 个第 1 类分子离开这个流体区域后会留下一些空位。填补这些空位需要的分子数量(第 1 类和第 2 类都包括在内)为 $N_{1,s1} + N_{2,s1}$。ψ_1 指的是这两个数量之比，可以表示为：

$$\psi_1 = \frac{N_{1,s1} + N_{2,s1}}{N_1} \tag{B.8}$$

式中，$N_{1,s1}$ 和 $N_{2,s1}$ 分别为占据空位的第 1 类和第 2 类分子的数量。这些空位是 N_1 个第 1 类分子离开这个区域后所留下的那些空位。同样，也可以类似地定义 ψ_2：

$$\psi_2 = \frac{N_{1,s2} + N_{2,s2}}{N_2} \tag{B.9}$$

需要注意的是：$\psi_1 + \psi_2 \neq 1$。

进入该区域的分子总数为：

$$N = N_{1,s1} + N_{2,s1} + N_{1,s2} + N_{2,s2} = N_1 \psi_1 + N_2 \psi_2 \tag{B.10}$$

因此,鉴于在该区域内分子随机分布,可以认为进入该区域的第 1 类分子的数量为:

$$N_{1,s1} + N_{1,s2} = x_1 N = x_1 (N_1 \psi_1 + N_2 \psi_2) = x_1^2 N \psi_1 + x_1 x_2 N \psi_2 \tag{B.11}$$

类似地,进入该区域的第 2 类分子的数量可表示为:

$$N_{2,s1} + N_{2,s2} = x_2 N = x_2 (N_1 \psi_1 + N_2 \psi_2) = x_2 x_1 N \psi_1 + x_2^2 N \psi_2 \tag{B.12}$$

通过引入偏摩尔体积,进入该区域的分子总体积可以从式(B.11)和式(B.12)计算得出:

$$V_t^{in} = (x_1^2 N \psi_1 + x_1 x_2 N \psi_2) \overline{V}_1 + (x_2 x_1 N \psi_1 + x_2^2 N \psi_2) \overline{V}_2 \tag{B.13}$$

离开该区域的分子总体积由下式给出:

$$V_t^{out} = x_1 N \overline{V}_1 + x_2 N \overline{V}_2 \tag{B.14}$$

现在只考虑第 1 类分子。它们留下的空位体积($x_1 N \overline{V}_1$)将被移向该位置的所有分子所占据。所有这些分子占据的体积为:$x_1^2 N \psi_1 \overline{V}_1 + x_2 x_1 N \psi_1 \overline{V}_2$。鉴于这两种体积是相等的,可以得到:

$$\psi_1 = \frac{\overline{V}_1}{x_1 \overline{V}_1 + x_2 \overline{V}_2} \tag{B.15}$$

类似地,对于第 1 类分子,也可以得到:

$$\psi_2 = \frac{\overline{V}_2}{x_1 \overline{V}_1 + x_2 \overline{V}_2} \tag{B.16}$$

将适用于二元混合物的关系式推广到多组分混合物中,可以得到:

$$\psi_i = \frac{\overline{V}_i}{\sum_{j=1}^{nc} x_j \overline{V}_j} \quad (i = 1, 2, \cdots, nc) \tag{B.17}$$

现在再回到式(B.5)和式(B.6),可利用 ψ_i 的概念建立传输热的最终表达式。由文献 Shukla 和 Firoozabadi(1998)可知,可以合理地假设第 1 类分子脱离相邻分子从而产生空位的过程所需的能量 W_{H1} 与其偏摩尔内能成正比。偏摩尔内能的定义为:$\overline{U}_1 = \left(\frac{\partial U}{\partial n1} \right)_{T,p,n_j \neq 1}$。将这个比例称为常数 $\frac{1}{\tau_1}$。由此可得:

$$W_{H1} = -\frac{1}{\tau_1} \overline{U}_1 \tag{B.18}$$

因此,对于二元混合物,可将式(B.4)、式(B.15)和式(B.18)代入式(B.5)中,由此得到:

$$Q_1^* = -\frac{1}{\tau_1} \overline{U}_1 + \frac{\overline{V}_1}{x_1 \overline{V}_1 + x_2 \overline{V}_2} \left(x_1 \frac{1}{\tau_1} \overline{U}_1 + x_2 \frac{1}{\tau_2} \overline{U}_2 \right) \tag{B.19}$$

可直接将式(B.19)进一步推广到多组分混合物:

$$Q_i^{*,M} = -\frac{1}{\tau_i}\overline{U}_i + \frac{\overline{V}_i}{\sum_{j=1}^{nc} x_j \overline{V}_j}\sum_{k=1}^{nc} x_k \frac{1}{\tau_k}\overline{U}_k \quad (i = 1,2,\cdots,nc) \qquad (\text{B.}20)$$

式中给净传输热项添加上标 M 是强调此处的参考轴是摩尔平均整体速度。这样可以使式(B.20)与第 4 章和附录 A 中所使用的净传输热参数保持一致。

除了可调参数 τ_i 之外,式(B.20)中的所有其他变量均可通过状态方程计算得到。在计算前需要基于状态方程对 PVT 分析进行高质量的拟合。

参 考 文 献

Dougherty E L, Drickamer H G. 1955. A theory of thermal diffusion in liquids. J. Chem. Phys. 23 (2), 295.

Firoozabadi A, Ghorayeb K, Shukla K. 2000. Theoretical model of thermal diffusion factors in multicomponent mixtures. AIChE J. 46 (5), 892 – 900.

Glasstone S, Laidler K J, Eyring H. 1941. The Theory of Rate Processes. McGraw-Hill Book Co, New York.

Shukla K, Firoozabadi A. 1998. A new model of thermal diffusion coefficients in binary hydrocarbon mixtures. Ind. Eng. Chem. Res. 37, 3331 – 3342.

附录 C 分子扩散系数的计算

本附录讲述的是分子扩散系数 D^M 的计算过程。计算公式来自文献 Leahy – Dios 和 Firoozabadi (2007)。这里建议读者仔细阅读文献 Taylor 和 Krishna(1993),以便熟悉 Stefan – Maxwell 扩散流率计算方法。尽管与第 4 章提出的菲克方法完全等价,但是这种方法把依赖于状态方程的非理想项从扩散系数项中分离出来了。本附录只介绍计算 Stefan – Maxwell 公式所必需的方程。在该方法中,以摩尔平均整体速度作为参考轴的扩散流率(已在第 4 章中定义)可表示为:

$$J^t = -c(B^M)^{-1} \Gamma \nabla x^t \tag{C.1}$$

其中

$$B_{ii}^M = \frac{x_i}{D_{i,nc}} + \sum_{\substack{k=1 \\ i \neq k}}^{nc} \frac{x_k}{D_{ik}} \quad (i = 1,2,\cdots,nc-1) \tag{C.2}$$

$$B_{ij}^M = -x_i\left(\frac{1}{D_{ij}} - \frac{1}{D_{i,nc}}\right) \quad [i,j = 1,2,\cdots,nc-1(i \neq j)] \tag{C.3}$$

$$\Gamma_{ij} = x_i\left(\frac{\partial \ln f_i}{\partial x_j}\right)_{T,p,x_{k \neq j}} \quad (i,j = 1,2,\cdots,nc-1) \tag{C.4}$$

通过直接对比式(C.1)与式(4.17a),可以发现:

$$D^M = (B^M)^{-1} \Gamma \tag{C.5}$$

对于二元混合物,在无限稀释的情况下,即组分 i 在组分 j 中无限稀释($x_i \to 0$ 和 $x_j \to 1$),可以发现 D_{ij}、D_{ij}^M 和 D_{ij}^m 均趋于同一值 D^∞,而与参考轴无关。

对于多组分混合物,文献 Leahy – Dios 和 Firoozabadi(2007)中实际上提供了在无限稀释情况下任意配对的两组分的扩散系数 D_{ij}^∞,$(i,j = 1,2\cdots nc)$。由此可得:

$$\frac{cD_{ij}^\infty}{(cD)^0} = A_0\left(\frac{Tr_j pr_i}{Tr_i pr_j}\right)^{A_1}\left(\frac{\mu}{\mu^0}\right)^{[A_2(\omega_1,\omega_2)+A_3(p_r,T_r)]} \tag{C.6}$$

其中,T_r 和 P_r 分别为对比温度和对比压力:

$$A_0 = e^{a_1} \tag{C.7a}$$

$$A_1 = 10a_2 \tag{C.7b}$$

$$A_2 = a_3(1 + 10\omega_j - \omega_j + 10\omega_j\omega_i) \tag{C.7c}$$

$$A_3 = a_4(pr_j^{3a_5} - 6pr_i^{3a_5} + 6Tr_i^{10a_6}) + a_7 Tr_i^{-a_6} + a_2\left(\frac{Tr_j pr_i}{Tr_i pr_j}\right) \tag{C.7d}$$

式中各系数的取值如下:

$$a_1 = -0.0472$$

$$a_2 = 0.0103$$

$$a_3 = -0.0147$$

$$a_4 = -0.0053$$

$$a_5 = -0.3370$$

$$a_6 = -0.1852$$

$$a_7 = -0.1914$$

根据 Poling 等(2001)提出的 Fuller 关系式,设 $(cD)^0$ 为其中的扩散系数与稀释气体密度的乘积:

$$(cD)^0 = (0.0101)T^{0.75} \frac{\left(\frac{1}{M_j} + \frac{1}{M_i}\right)^{0.5}}{R\left[\left(\sum V_j\right)^{1/3} + \left(\sum V_i\right)^{1/3}\right]^2} \qquad (C.8)$$

根据 Poling 等(2001)的研究,式(C.8)中的 $\left(\sum V_j\right)$ 是组分 j 扩散引起的体积增量,具体数值见表 C.1。

表 C.1　组分 j 扩散引起的体积增量 $\left(\sum V_j\right)$

官能团		简单分子		官能团		简单分子	
C	15.90	He	2.67	Br	21.90	CO_2	26.90
H	2.31	H_2	6.12	I	29.80	NH_3	20.70
O	6.11	O_2	16.30	S	22.90	SO_2	41.80
N	4.54	N_2	18.50	芳香环	-18.30	H_2O	13.10
F	14.70	Ar	19.70	杂环	-18.30	SF_6	71.30
CL	21.00	CO	18.00				

注:数值源自 Poling 等(2001)。

对于给定温度(T)、压力(p)和组分组成($\boldsymbol{x}$)的混合物,Stiel 和 Thodos(1961)提出了一个与 $\left(\frac{\mu}{\mu^0}\right)$ 有关的关系式,可用于计算其分子黏度 μ。

$$\left[(\mu - \mu^0)\xi + 10^{-4}\right]^{0.25} = a_0 + a_1\rho_r + a_2\rho_r^2 + a_3\rho_r^3 + a_4\rho_r^4 \qquad (C.9)$$

式中,$\rho_r = \dfrac{\rho_{mix}}{\rho_{c,mix}}$ 为配对组分 i 和 j 的对比密度。

ξ 可表示为:

$$\xi = \frac{T_{c,mix}^{1/6}}{M_{mix}^{1/2} P_{c,mix}^{2/3}} \qquad (C.10)$$

式中,下标 mix 指的是配对组分 i 和 j。

低压黏度 (μ^0) 可表示为：

$$\mu_i^0 \xi_i = 34 \times 10^{-8} T_{r,i}^{0.94} \quad (\text{适用于} T_{r,i} < 1.5, \text{其中} i = 1, 2, \cdots, nc) \qquad (\text{C.11})$$

$$\mu_i^0 \xi_i = 17.78 \times 10^{-8} (4.58 T_{r,i} - 1.67)^{5/8} \quad (\text{适用于} T_{r,i} > 1.5, \text{其中} i = 1, 2, \cdots, nc)$$

$$(\text{C.12})$$

其中

$$\xi_i = \frac{T_{c,i}^{1/6}}{M_i^{1/2} p_{c,i}^{2/3}} \quad (i = 1, 2, \cdots, nc) \qquad (\text{C.13})$$

$$\mu^0 = \frac{\mu_i^0 M_j^{1/2} + \mu_j^0 M_i^{1/2}}{M_j^{1/2} + M_i^{1/2}} \qquad (\text{C.14})$$

式中，$T_{c,i}$ 的单位为开尔文(K)；$p_{c,i}$ 的单位为大气压。

在计算出混合物中每一对组分 i 和 j 的无限稀释系数后，可用 Leahy – Dios 和 Firoozabadi (2007)提出的 Vignes 关系式(Vignes,1966)来确定实际组分组成条件下的 Stefan – Maxwell 扩散系数：

$$D_{ij} = (D_{ij}^{\infty})^{x_j} (D_{ji}^{\infty})^{x_i} \prod_{\substack{k=1 \\ k \neq i,j}}^{nc} (D_{ik}^{\infty} D_{jk}^{\infty})^{x_k/2} \quad [i,j = 1, 2, \cdots, nc(i \neq j)] \qquad (\text{C.15})$$

综上所述，矩阵 $\boldsymbol{B}^M$ 可以通过式(C.2)和式(C.3)进行计算。在利用状态方程对 PVT 分析进行拟合的基础上，计算得到矩阵 $\boldsymbol{\Gamma}$，最后通过式(C.5)计算出 $\boldsymbol{D}^M$。

参 考 文 献

Leahy – Dios A, Firoozabadi A. 2007. Unified model for nonideal multicomponent molecular diffusion coefficients. AIChE J. 53 (11), 2932 – 2939.

Poling B E, Prausnitz J M, O'Connell J P. 2001. The Properties of Gases and Liquids, 5th Edition McGraw Hill, New York.

Stiel L I, Thodos G. 1961. The viscosity of nonpolar gases at normal pressures. AICHE J. 7, 611 – 615.

Taylor R, Krishna R. 1993. Multicomponent Mass Transfer. John Wiley & Sons, Inc., New York.

Vignes A. 1966. Diffusion in binary mixtures. Ind. Eng. Chem. Fund 5, 189 – 199.

附录 D 计算传输热的另一种方法

本附录讲述基于热传输模型计算扩散流率的另外一种方法。Haase 在 1969 年提出了最初的方法思路，Pedersen 和 Lindeloff（2003）在此基础上建立了这种方法并进行了实际应用。这里需要重新回到附录 A 中的式（A.29）。该式把总热流率 j_E 定义为传导项和扩散项携带热焓的函数。其表达式如下：

$$j_E = q + \sum_{i=1}^{nc} j_i \widehat{h}_i \tag{A.29}$$

对于一个等温流体系统，可以把式（A.29）表示的总热流率重新表示为相对于摩尔平均整体速度轴的总热流率，如式（D.1）所示。根据附录 A 中的定义，式（D.1）中的净传输热项 $\widehat{Q}_i^{*,M}$ 包含了式（A.29）中的传导热流项。

$$J_E = \sum_{i=1}^{nc-1} \widehat{Q}_i^{*,M} J_i + \sum_{i=1}^{nc} J_i \frac{\overline{H}_i}{M_i}^{❶} \tag{D.1}$$

将第二个求和项中的最后一项分离出去单独作为一项，可得：

$$J_E = \sum_{i=1}^{nc-1} \widehat{Q}_i^{*,M} J_i + \sum_{i=1}^{nc-1} J_i \frac{\overline{H}_i}{M_i} + J_{nc} \frac{\overline{H}_{nc}}{M_{nc}}^{❶} \tag{D.2}$$

由于 $\sum_{i=1}^{nc} J_i = 0$，所以 $J_{nc} = -\sum_{i=1}^{nc-1} J_i$。由此可得：

$$J_E = \sum_{i=1}^{nc-1} \left(\widehat{Q}_i^{*,M} + \frac{\overline{H}_i}{M_i} - \frac{\overline{H}_{nc}}{M_{nc}} \right) J_i^{❶} \tag{D.3}$$

根据 Pedersen 和 Lindeloff（2003）的研究，在等温系统中，由于传导热流被扩散携带的热能流率抵消掉，所以总热流率 J_E 为零，即：

$$J_E = 0(\nabla T = 0) \Longrightarrow \widehat{Q}_i^{*,M} = Q_i^{*,M} - Q_{nc}^{*,M} = \frac{\overline{H}_{nc}}{M_{nc}} - \frac{\overline{H}_i}{M_i} \quad (i = 1,2,\cdots,nc) \tag{D.4}$$

Firoozabadi 等（2000）提出的传输热计算方法与 Pedersen 和 Lindeloff（2003）提出的传输热计算方法之间存在显著差异。下面对此进行论述。后一种热传输计算方法不需要建立额外的诸如式（A.160）所示的模型，但是需要通过状态方程拟合对任意参考状态下（例如，298K 的理想气体）每一组分的热焓值进行优化校正。只要预先确定了单组分的热焓值，那么就可以通过积分计算 $\int_{T_{ref}}^{T} C_p^{ig}(T) dT$ 以及状态方程在调参后得到的残余焓直接求得式（D.4）中的绝对

---

❶ $\frac{\overline{H}_i}{M_i}$ 原书为 $\overline{H}_i$，$\frac{\overline{H}_{nc}}{M_{nc}}$ 原书为 $\overline{H}_{nc}$，原书有误——译者注。

热焓值。值得着重说明的是,这两种方法有一个共同点:针对特殊情况(等温流体系统)推导出传输热模型,然后应用于温度不再保持恒定的一般情况。考虑到传输热属于流体的固有性质,等温传输热模型在通常情况下可有效应用于非等温流体系统。

如附录 A 所述,Firoozabadi 及其合作者在得到传输热 $Q_i^{*,M}$ 模型后进一步推导出了Onsager 系数的计算公式,然后才建立扩散流率的计算模型。接下来看一看 Pedersen 和 Lindeloff(2003)的做法。在稳定状态下 j_i 等于 0,此时式(A.80)可重新表示为:

$$L_{i0} \nabla (1/T) = - \sum_{k=1}^{nc-1} L_{ik} \left[- \frac{1}{T} \nabla_T \left(\frac{\mu_k}{M_k} - \frac{\mu_{nc}}{M_{nc}} \right) \right] \tag{D.5}$$

从附录 A 中可知:

$$\boldsymbol{L_0} = \boldsymbol{L} \, \widehat{\boldsymbol{Q}}^{*,m} \tag{A.165}$$

把式(A.165)转换为库尔单位后代入式(D.5)的左侧,由此可得:

$$\sum_{k=1}^{nc-1} L_{ik}^M (Q_k^{*,M} - Q_{nc}^{*,M}) \nabla(1/T) = - \sum_{k=1}^{nc-1} L_{ik}^M \left[- \frac{1}{T} \nabla_T \left(\frac{\mu_k}{M_k} - \frac{\mu_{nc}}{M_{nc}} \right) \right]^{\textbf{❶}} \tag{D.6}$$

通过比较式(D.6)两端求和符号内的运算项可以得到:

$$(Q_k^{*,M} - Q_{nc}^{*,M}) \nabla(1/T) = \frac{1}{T} \nabla_T \left(\frac{\mu_k}{M_k} - \frac{\mu_{nc}}{M_{nc}} \right)^{\textbf{❶}} \quad (k = 1,2,\cdots,nc-1) \tag{D.7}$$

鉴于式(D.7)对于二元混合物总能成立,因此可认为对多组分混合物中的每一个组分也都成立。

将式(D.4)代入式(D.7)中,将下标 k 变为 i。鉴于 $\nabla(1/T) = - \frac{1}{T^2} \nabla T$,由此可得:

$$- \left(\frac{\overline{H}_{nc}}{M_{nc}} - \frac{\overline{H}_i}{M_i} \right) \frac{\nabla T}{T} = \nabla_T \left(\frac{\mu_i}{M_i} - \frac{\mu_{nc}}{M_{nc}} \right)^{\textbf{❶}} \quad (i = 1,2,\cdots,nc) \tag{D.8}$$

将式(D.8)应用到一维垂向流体系统中,可以得到:

$$- \left(\frac{\overline{H}_{nc}}{M_{nc}} - \frac{\overline{H}_i}{M_i} \right) \frac{\dfrac{dT}{dz}}{T} = - \frac{d}{dz} \left(\frac{\mu_i}{M_i} - \frac{\mu_{nc}}{M_{nc}} \right)_T^{\textbf{❶}} \quad (i = 1,2,\cdots,nc) \tag{D.9}$$

两种方法的差异从这里开始显现。Pedersen 和 Lindeloff(2003)在式(D.9)的基础上得到一个一般关系式,将组分 i 的化学势与整个一维垂向非等温流体柱的组分组成分布剖面关联起来。这一步操作打消了计算 Onsager 系数的需要。把恒温化学势的导数单独提取出来,可得:

$$- \left(\frac{\overline{H}_{nc}}{M_{nc}} - \frac{\overline{H}_i}{M_i} \right) \frac{\dfrac{dT}{dz}}{T} = - \left[\left(\frac{d \dfrac{\mu_i}{M_i}}{dz} \right)_T - \left(\frac{d \dfrac{\mu_{nc}}{M_{nc}}}{dz} \right)_T \right]^{\textbf{❶}} \quad (i = 1,2,\cdots,nc) \tag{D.10}$$

---

❶ $\frac{\mu_k}{M_k}$ 原书为 μ_k,$\frac{\mu_{nc}}{M_{nc}}$ 原书为 μ_{nc},$\frac{\overline{H}_{nc}}{M_{nc}}$ 原书为 $\overline{H}_{nc}$,$\frac{\overline{H}_i}{M_i}$ 原书为 $\overline{H}_i$,$\frac{\mu_i}{M_i}$ 原书为 μ_i,原书有误——译者注。

附录 A 中式(A.64)至式(A.68)把 ($\nabla_T \tilde{\mu}_i - X_i$) 作为扩散引起的熵产生的驱动力。需要指出的是,该表达式以质量单位为基础。Pedersen 和 Lindeloff(2003)重新定义了等温系统中熵产生的驱动力 (F_i) 为:

$$F_i \equiv g + \left(\frac{\mathrm{d}\frac{\mu_i}{M_i}}{\mathrm{d}z}\right)_T \quad (i = 1,2,\cdots,nc) \tag{D.11}$$

将式(D.11)代入式(D.10)中,可以得到:

$$F_i - F_{nc} = -\left(\frac{\overline{H}_i}{M_i} - \frac{\overline{H}_{nc}}{M_{nc}}\right)\frac{\frac{\mathrm{d}T}{\mathrm{d}z}}{T} \quad (i = 1,2,\cdots,nc) \tag{D.12}$$

吉布斯—杜亥姆关系式如下:

$$-S\frac{\mathrm{d}T}{\mathrm{d}z} + V\frac{\mathrm{d}p}{\mathrm{d}z} - \sum_{i=1}^{nc} x_i \frac{\mathrm{d}\mu_i}{\mathrm{d}z} = 0 \tag{D.13}$$

在恒定温度下,式(D.13)会简化为:

$$V\frac{\mathrm{d}p}{\mathrm{d}z} = \sum_{i=1}^{nc} x_i \left(\frac{\mathrm{d}\mu_i}{\mathrm{d}z}\right)_T \tag{D.14}$$

使用流体静力学关系式 $\frac{\mathrm{d}p}{\mathrm{d}z} = -\rho g$,将式(D.11)代入式(D.14)中,可以得到:

$$-V\rho g = \sum_{i=1}^{nc} x_i M_i(-g + F_i) \tag{D.15}$$

鉴于 ρV 是混合物的总摩尔质量$\left(M = \sum_{i=1}^{nc} x_i M_i\right)$,可以得到:

$$V\rho g = g\sum_{i=1}^{nc} x_i M_i \tag{D.16}$$

将式(D.16)代入式(D.15)中,可以得到

$$\sum_{i=1}^{nc} x_i M_i F_i = 0 \tag{D.17}$$

因此,如果将式(D.12)乘以 x_i,并对所有 $i = 1,\cdots,nc$ 组分进行相加,则可以得到:

$$\underbrace{\sum_{i=1}^{nc} x_i F_i}_{0} - \sum_{i=1}^{nc} x_i F_{nc} = -\frac{\mathrm{d}T/\mathrm{d}z}{T}\sum_{i=1}^{nc} x_i\left(\frac{\overline{H}_i}{M_i} - \frac{\overline{H}_{nc}}{M_{nc}}\right)^{●} \tag{D.18}$$

● F_i 原书为 $M_i F_i$,F_{nc} 原书为 $M_{nc} F_{nc}$,$\frac{\overline{H}_i}{M_i}$ 原书为 $\overline{H}_i$,$\frac{\overline{H}_{nc}}{M_{nc}}$ 原书为 $\overline{H}_{nc}$,原书有误——译者注。

进一步整理可得:

$$F_{nc} = \frac{\mathrm{d}T/\mathrm{d}z}{T} \sum_{i=1}^{nc} x_i \left(\frac{\overline{H}_i}{M_i} - \frac{\overline{H}_{nc}}{M_{nc}} \right)^{\mathbf{❶}}$$ (D. 19)

对偏摩尔热焓使用欧拉定理可得:

$$H = \sum_{i=1}^{nc} x_i \overline{H}_i$$ (D. 20)

式中,H 为混合物的摩尔热焓。

式(D. 19)可简化为:

$$F_{nc} = \frac{\mathrm{d}T/\mathrm{d}z}{T} \left(\frac{H}{M} - \frac{\overline{H}_{nc}}{M_{nc}} \right)^{\mathbf{❶}}$$ (D. 21)

将式(D. 21)代入式(D. 12)中,可得:

$$F_i = \frac{\mathrm{d}T/\mathrm{d}z}{T} \left(\frac{H}{M} - \frac{\overline{H}_i}{M_i} \right)^{\mathbf{❶}} \quad (i = 1,2,\cdots,nc)$$ (D. 22)

把式(D. 22)代入 F_i 的定义[即式(D. 11)],可以得到:

$$F_i \equiv g + \left(\frac{\mathrm{d}\frac{\mu_i}{M_i}}{\mathrm{d}z} \right)_T = \frac{\mathrm{d}T/\mathrm{d}z}{T} \left(\frac{H}{M} - \frac{\overline{H}_i}{M_i} \right)^{\mathbf{❶}} \quad (i = 1,2,\cdots,nc)$$ (D. 23)

对式(D. 23)重新进行调整,把化学势提取出来单独置于方程左边,可得:

$$\mathrm{d}\mu_i = -M_i g\mathrm{d}z + M_i \left(\frac{H}{M} - \frac{\overline{H}_i}{M_i} \right) \frac{\mathrm{d}T}{T} \quad (i = 1,2,\cdots,nc)$$ (D. 24)

通过用逸度取代化学势并在从基准深度 z_{ref} 到任何其他深度 z 的深度范围内对式(D. 24)进行积分,可以得到最终形式的 Pedersen 和 Lindeloff(2003)方程。该方程与式(3. 27)非常类似,除了增加了一个表征温度梯度的项:

$$\widehat{f}_i^z = \widehat{f}_i^{z_{ref}} \exp\left[\frac{M_i g(z - z_{ref})}{RT} \right] \exp\left[\frac{M_i}{RT} \int_{T_{z_{ref}}}^{T_z} \left(\frac{H}{M} - \frac{\overline{H}_i}{M_i} \right) \frac{\mathrm{d}T}{T} \right] \quad (i = 1,2,\cdots,nc)$$ (D. 25)

Pedersen 和 Lindeloff(2003)还建议根据 z_{ref} 和 z 之间平均温度和平均压力来近似计算式(D. 25)中的热焓值,如式(D. 25)所示。这样做的好处是能够把变量热焓从积分中分离出去,从而使流体模拟更为容易。

$$\widehat{f}_i^z = \widehat{f}_i^{z_{ref}} \exp\left[\frac{M_i g(z - z_{ref})}{RT} \right] \exp\left[\frac{(M_i H - M\overline{H}_i)}{MRT} \ln\left(\frac{T_z}{T_{z_{ref}}} \right) \right] \quad (i = 1,2,\cdots,nc)$$ (D. 26)

❶ F_{nc} 原书为 $M_{nc}F_{nc}$,$\frac{H}{M}$ 原书为 H,$\frac{\overline{H}_{nc}}{M_{nc}}$ 原书为 $\overline{H}_{nc}$,F_i 原书为 M_iF_i,$\frac{\overline{H}_i}{M_i}$ 原书为 $\overline{H}_i$,g 原书为 M_ig(若已有 M_ig 时与原书同),$\frac{\mu_i}{M_i}$ 原书为 μ_i,M_iH 原书为 H,$M\overline{H}_i$ 原书为 $\overline{H}_i$,原书有误——译者注。

z_{ref} 和 z 越接近,这种近似方法的计算值就越精确。选用哪种方法取决于使用者的选择。需要指出的是,这种方法有两个不方便之处。

第一处在于,传输热的计算针对的是特定的等温流体,也即式(D.23)左端中化学势对高度求导的操作基于的是等温假设。为了推导得出式(D.26),需要对方程两端的导数进行积分。然而,方程右端的积分中包含了一个非等温项。在这种情况下,式(D.25)右端的第二项原本可以作为常数项进行处理,而且至少在 z_{ref} 和 z 之间,这种处理是合理的。这种近似处理方法比式(D.26)求出的近似值稍微精确一些,因为不需要对温度 T 进行任何积分操作。

假设 $\dfrac{\mathrm{d}T}{\mathrm{d}z}$ 为常数,则可通过下面的当时对式(D.24)进行积分:

$$\mathrm{d}\mu_i = -M_i g \mathrm{d}z + \left(\frac{H}{M} - \frac{\overline{H}_i}{M_i}\right)\frac{\mathrm{d}T/\mathrm{d}z}{T}\mathrm{d}z \quad (i = 1,2,\cdots,nc) \tag{D.27}$$

$$\widehat{f}_i = \widehat{f}_i^{z_{\text{ref}}} \exp\left[\frac{M_i g(z - z_{\text{ref}})}{RT}\right] \exp\left[\frac{(M_i H - M\overline{H}_i)}{MRT^2}\frac{\mathrm{d}T}{\mathrm{d}z}(z - z_{\text{ref}})\right]^{❶} \quad (i = 1,2,\cdots,nc)$$

$$\tag{D.28}$$

式(D.28)比式(D.25)更为连贯,因为它保证了方程所有项中化学势导数的温度都恒定不变,甚至包括热焓。在我们看来,式(D.28)更应该是 Pedersen 和 Lindeloff(2003)提出方程的最终形式,而不是该文献附录 C 中的式(C.14)。

第二个不方便之处在于该模型的可调参数过多,包括理想气体参考状态下的所有组分的热焓值。根据定义,热焓值是流体组分的固有性质。鉴于此,对于不同的研究案例,为了拟合组分组成分异的实验结果,必须对组分热焓值进行优化校正。有意思的一点是,在对流动过程进行模拟时就不会存在这样的问题。在模拟中,能量平衡计算针对的是流体系统中从一个点到另外一个点之间的热焓变化,而该计算过程总是基于同一参考状态,这样就可以自然而然地抵消了理想气体参考状态热焓值。

参 考 文 献

Firoozabadi A, Ghorayeb K, Shukla K. 2000. Theoretical model of thermal diffusion factorsin multicomponent mixtures. AIChE J. 46 (5), 892 – 900.

Haase R. 1969. Thermodynamics of Irreversible Processes. Addison – Wesley, London.

Pedersen K S, Lindeloff N. *Simulations of compositional gradients in hydrocarbon reservoirs under the influence of a temperature gradient*, SPE 84364, SPE Annual Technical Conference and Exhibition, Denver, Colorado, October/ 2003.

---

❶ 式(D.28)在原书中为: $\widehat{f}_i^z = \widehat{f}_i^{z_{\text{ref}}} \exp\left[\dfrac{M_i g(z - z_{\text{ref}})}{RT}\right] \exp\left[\dfrac{(H - \overline{H}_i)}{RT^2}\dfrac{\mathrm{d}T}{\mathrm{d}z}(z - z_{\text{ref}})\right]$,原书有误——译者注。

附录 E 参 数 估 计

本附录简要介绍本书中用到的参数估计方法。根据第 4 章至第 6 章内容可知,热扩散模型的计算结果对于参数 τ_i 的取值很敏感。为了提升对 PVT 实验结果的拟合质量以及模拟预测的精度,有必要采取具有鲁棒性的方法估计参数 τ_i 的取值。第 4 章中推导建立的模型具有高度非线性(详细推导过程见附录 A),从而加剧了参数估计的难度。常规参数估计采用的是基于导数的方法,经常会导致在雅可比矩阵中产生奇异值以及局部极值(极大值和/或极小值)。从本书正文内容还可以看出,利用状态方程对 PVT 实验结果进行拟合时也会存在同样的问题。在利用商业热力学软件进行模拟时可以观察到状态方程的拟合回归存在局限性。

有鉴于此,本书采用了一种混合式优化算法,在初始迭代过程中采用启发式方法,然后再基于确定性模型进行计算。通过这种耦合算法,一方面可以避免奇异值,因为启发式方法不用计算导数;另一方面可以避免局部极值问题,因为采用启发式方法进行初始扫描,就无须再给参数设置初始值。然后给出这种参数估计方法的一般规则。如果读者想要更加详细了解这种方法,建议可阅读文献 Bard(1974)、Schwaab 和 Pinto(2007)以及 Schwaab 等(2008)。

E.1 参数估计问题

参数估计技术是在特定的物理问题和解释之间建立联系的基本工具。在对物理现实进行描述时,研究人员通常需要基于实验观测和理论假设建立数学模型,然后通过模型进行描述。数学模型通常只是对物理现实的近似,因为可用的实验数据总是存在不确定性,有一些变量并不总是容易进行测量或观察(Schwaab 和 Pinto,2007)。

在形式上,在模型参数估计过程中需要持续改变参数取值,直至模型预测结果尽可能接近于实验结果。这个过程需要充分顾及实验不确定性。对实验不确定性的突出强调并非随意偶然,因为如果忽略检测过程中的实验误差可能导致模型的过度拟合以及统计学意义上的错误解释。

参数估计过程可以分为三个步骤:目标函数的设立,目标函数的最小化以及预测结果的统计分析(Severo Jr. ,2011)。然而在石油天然气工业中,即使有可用的实验数据,但数量也不够多,测试成本还很高,而且精确度通常也不够高。重复性分析有助于推断出这些不确定性,但是很少有公开文献采取这种做法。在本书中研究案例所做的参数估计过程中,由于缺乏足够的实验信息对此类不确定性予以确定,所以没有进行严格的基于实验误差的调参质量统计分析。

E.2 目标函数设立

在统计学意义上对目标函数进行严格定义是合理参数估计过程中的基本步骤。如前所述,实验变量总是存在误差,可被认为是遵循确定概率密度函数(z^e,z^*,V_e)的随机变量。如果给定未知的真实变量值 z^* 并且事先对协方差矩阵 V_e 中的误差进行分析(Severo Jr. ,2011),那么概率密度函数描述的就是不同实验数据的分布概率。

最大似然估计法的目标是保证能够产生实验数据的最大概率,同时充分考虑确定性模型的限制条件。其数学表达式为:

$$f(z,\theta) = 0 \tag{E.1}$$

式中,z 为包含因变量和自变量的向量;f 为表征模型方程的向量;θ 为模型参数向量。

假设所用模型正确无误而且实验过程严格按照相关规范进行,那么有理由认为测得的实验数据在统计学意义上具有实际的最大分布概率(Bard,1974)。考虑到完美模型的假设,因此可以认为模型计算得到的数值(z^m)等于未知的真实值(z^*)。

通常认为实验数据遵循正态高斯概率分布。基于此,最大似然法的目的在于使以下函数的计算值达到最大值(Severo Jr.,2011):

$$L(z^m,\theta) = \frac{(2\pi)^{-N/2}}{\sqrt{\det(V_e)}}\exp\left[-\frac{1}{2}(z^e-z^m)^T V_e^{-1}(z^e-z^m)\right] \tag{E.2}$$

式中,N 为测量数据点的总数。

最大化式(E.2)意味着最小化下面的函数:

$$S(z^m,\theta) = (z^e-z^m)^T V_e^{-1}(z^e-z^m) \tag{E.3}$$

如果每次实验都是相互独立的,则协方差矩阵 V_e 的非对角线元素为空,由此可得:

$$S(z^m,\theta) = \sum_{i=1}^{NE}(z^e-z^m)^T V_e^{-1}(z^e-z^m) \tag{E.4}$$

式中,NE 为总实验次数。

通常把表征变量 z 的向量划分为因变量(y)和自变量(x)。自变量之间通常互不相关,这样就可以把它们各自的协方差矩阵分开表示,由此可得:

$$S(x^m,\theta) = \sum_{i=1}^{NE}\left[y_i^e - y_i^m(x_i^e,\theta)\right]^T V_{y_i}^{-1}\left[y_i^e - y_i^m(x_i^e,\theta)\right] + \sum_{i=1}^{NE}(x_i^e - x_i^m)^T V_{x_i}^{-1}(x_i^e - x_i^m) \tag{E.5}$$

式中,V_{x_i} 和 V_{y_i} 为第 i 次实验的协方差矩阵,分别表示自变量和因变量。

通常情况下,可以忽略自变量的实验误差($x^m = x^e$),因为在实验室实验中能够精确控制自变量的大小。因此,式(E.5)右边的第二个求和项可以忽略不计。另外,如果测量过程能够保证因变量之间没有相关性(也就是说因变量的偏差互不相关),则式(E.5)可重新表示为:

$$S(\theta) = \sum_{i=1}^{NE}\sum_{j=1}^{NY}\frac{\left[y_i^e - y_i^m(x_i^e,\theta)\right]^2}{\sigma_{ij}^2} \tag{E.6}$$

式中,NY 为因变量的数目;σ_{ij}^2 为与第 i 次实验中第 j 个因变量的方差。式(E.6)被称作加权最小二乘函数。如果因变量的误差是常数(也就是说,独立于第 j 个变量),则可以得到众所周知的普通最小二乘函数:

$$S(\theta) = \sum_{i=1}^{NE} \left[y_i^e - y_i^m(x_i^e, \theta) \right]^2 \qquad (E.7)$$

普通最小二乘目标函数广泛用于优化和参数估计过程。然而,基于最大似然函数推导式(E.7)时,必须要注意其假设条件。如果不加分析地任意使用最小二乘法,可能就会导致错误的统计解释和失败的参数估计。对于变量和实验偏差强烈相关的情况,同样也需要注意其假设条件,因为在催化过程评价中这种情况很常见(Cerqueira 等,1999;Rawet 等,2001)。

E.3 目标函数最小化

在选定模型并定义好目标函数后,下一步需要基于实验数据通过调整模型参数取值使目标函数最小化。这个过程实际上就是一个优化问题。正如人们所知,目标函数最小化的过程可能非常复杂,特别是在处理非线性模型时。Schwaab 和 Pinto(2007)指出了优化问题中的一系列常见问题:实验数据过多,模型非线性,目标函数具有许多局部最小值,参数强相关,而且有时候强相关参数还非常多。此外,只有在非常特殊的情况下才可能得到优化问题的解析解,比如目标函数不考虑自变量的偏差,模型中自变量和因变量之间存在线性关系。

因此,对于大多数工程问题(模型参数通常存在非线性关系),必须采用数值解法。就本书而言,实验成本昂贵,实验数据稀少,测量数据的方差计算很困难。对于这种情况,普通(或加权)最小二乘目标函数就是一种合理的选择。鉴于此,本书中所有案例均采用一种混合优化方法对式(E.6)或式(E.7)进行最小化处理,首先通过启发式方法进行全局最优搜索,然后再使用经典的基于导数的算法进行局部微调。

E.3.1 粒子群优化算法(PSO)

为了模拟动物(鱼类、鸟类、蜜蜂等)的群居行为,Kennedy 和 Eberhart 在 1995 年建立了粒子群优化算法(PSO)。这是一种启发式优化算法。在这种算法中,一群元素(粒子)在搜索空间内不断调整自己的移动速度,通过粒子之间的信息交换使目标函数最小化。这种算法已被证明具有高效、鲁棒性以及简单易实现的特点(Severo Jr.,2011)。

该方法不需要对参数值进行初始估计,仅需要确定参数空间的有限域。在每次迭代时每个粒子的运动方向和速度取决于三项因素:(1)粒子在给定"参数搜索"空间中移动时具有的惯性;(2)粒子对其自身发现的目标函数最低值的吸引力;(3)粒子对全体粒子(或其中一部分)发现的目标函数最低值的吸引力。Shi 和 Eberhart 在 1998 年对最初的算法进行了小幅改动,引入了一个相对于之前粒子速度的惯性权重,得到了以下递归过程:

$$v_{i,d}^{k+1} = w \cdot v_{i,d}^k + c_1 \cdot r_1 \cdot (p_{i,d}^k - x_{i,d}^k) + c_2 \cdot r_2 \cdot (p_{g,d}^k - x_{i,d}^k) \qquad (E.8)$$

式中,v 为第 i 个粒子的速度;x 为该粒子在其搜索空间中的位置;p_i 为该粒子相对于目标函数最低值的位置;p_g 为该粒子相对于所有粒子的目标函数最低值的位置。上下标指数 i、d 和 k 分别表示粒子、搜索方向和交互计数器;c_1 和 c_2 为两个任意的正值常数,分别称为认知参数和社会参数;w 为惯性权重;r_1 和 r_2 为在 0 和 1 之间均匀分布的两个随机数,对于每个方向和每种相互作用以及每个粒子取不同值。在每次迭代过程中都按以下方式对每个粒子的位置进行调整:

$$x_{i,d}^{k+1} = x_{i,d}^k + v_{i,d}^{k+1} \tag{E.9}$$

粒子群优化算法的一个有趣特征在于最初进行全局搜索,然后通过迭代搜寻局部最小值,最后经过多次迭代后可确定全局最小值。此外,该算法通过调整 c_1 和 c_2 以及惯性参数 w 的取值,搜索得到局部最小值和全局最小值。最后,与基于导数的算法相反,启发式方法得益于全局搜索而对参数值的初始值不敏感(对初始值的依赖不强)。

启发式方法常见的问题在于需要经过很多次的目标函数计算才能确定全局最小值。与基于导数的方法相比,该问题的存在显著降低了启发式方法的优越性。然而,混合最优化方法可以弱化这个问题:仅在初始迭代中采用启发式方法进行全局搜索,然后在最终迭代中采用基于导数的方法对最优解进行微调使之满足收敛条件。本书采用的是高斯—牛顿型迭代法,如下所述。

E.3.2　Gauss-Newton 法

考虑到因变量存在正常波动而自变量不存在误差,高斯—牛顿迭代法使用二阶截断的泰勒级数近似地代替目标函数。二阶泰勒展开式常用来逼近线性目标函数。该展开式可以表示为:

$$S(\theta) \approx S(\theta_0) + (\theta - \theta_0) \nabla S \Big|_{\theta_0} + \frac{1}{2}(\theta - \theta_0)^T H \Big|_{\theta_0}(\theta - \theta_0) \tag{E.10}$$

式中, $\theta = (\theta_1, \cdots, \theta_N)$ 和 $\theta_0 = (\theta_{0,1}, \cdots, \theta_{0,N})$ 分别为扰动参数向量和原始参数向量;梯度向量 (∇S) 和 Hessian 矩阵 (H) 可以表示为:

$$\nabla S = \begin{bmatrix} \dfrac{\partial S}{\partial \theta_1} \\ \vdots \\ \dfrac{\partial S}{\partial \theta_N} \end{bmatrix} \tag{E.11}$$

$$H = \begin{bmatrix} \dfrac{\partial^2 S}{\partial \theta_1^2} & \cdots & \dfrac{\partial^2 S}{\partial \theta_N \theta_1} \\ \vdots & \ddots & \vdots \\ \dfrac{\partial^2 S}{\partial \theta_1 \theta_N} & \cdots & \dfrac{\partial^2 S}{\partial \theta_N^2} \end{bmatrix} \tag{E.12}$$

因此,在对目标函数相对于模型参数进行连续导数之后可对梯度向量和 Hessian 矩阵进行计算。作为优化的必要条件,目标函数在最优点的梯度必须等于零,即 $\nabla S = 0$。忽略式(E.10)中的二阶项并相对于模型参数进行求导,可得:

$$\nabla S \big|_{\theta_0} + H \big|_{\theta_0}(\theta - \theta_0) = 0 \tag{E.13}$$

继续按照这种方式进行计算,可以在每次迭代时更新参数向量的数值。当采用二阶展开式近似替代目标函数时,可以得到精确解。在该方法的有效性得到验证后,可反复迭代进行这个过程,然后将计算得到的参数值作为下一次级数展开和数值求解导数运算的起始值(从而得到参数向量的新值),直至迭代达到收敛。这就意味着:在确定的迭代误差范围内,每一次迭代得到的参数向量的新值等于前一次迭代得到的参数向量值,或者基于参数向量的新值计算出目标函数值等于基于前一次迭代得到的参数向量值计算出的目标函数值。因此,每次迭代时参数更新的递归过程可定义如下:

$$\theta^{k+1} = \theta^k - \lambda^k \left(H\,|_{\theta_k}\right)^{-1} \cdot \nabla S\,|_{\theta_k} \tag{E.14}$$

式中,下标 k 代表迭代计数器;θ 为参数向量;λ 为在乘积 $\left(H\,|_{\theta_k}\right)^{-1} \cdot \nabla S\,|_{\theta_k}$ 定义的搜索方向上给定的步长大小。

此外,该算法通过步长控制以避免搜索方向偏离最优点。该方法还通过监测导数信号以避免到达最大值点,因为最大值点也同样满足导数等于零的收敛标准。

Gauss 提出了计算 Hessian 矩阵的近似方法。该方法适用于自变量取值不存在误差而且各次实验之间不存在相关性的参数估计问题。如此则 Hessian 矩阵可以近似表示为:

$$H \approx 2 \sum_{i=1}^{NE} \left(\frac{\partial y_i^m}{\partial \theta}\right)^T V_{y_i}^{-1} \left(\frac{\partial y_i^m}{\partial \theta}\right) \tag{E.15}$$

当使用如式(E.15)所示的近似公式时,上述的牛顿法就被称为高斯—牛顿法。它的主要优点是仅仅通过目标函数关于模型参数的一阶导数就有可能对 Hessian 矩阵进行计算,在对目标函数的梯度向量进行排序时必须已经计算得到了这些一阶导数的数值。

E.4　激发性示例

本节采用一个通过 PR 状态方程对流体 PVT 分析结果进行拟合的例子来说明上述的参数估计过程。例子中的流体来自 2.2 节中的案例。

尽管粒子群优化算法不依赖于参数的初始值,但有必要定义每个参数的搜索区间。从这个意义上说,搜索区间的上限和下限应该距离参数参考值不远。2.5 节中给出了这些参考值的计算公式。表 E.1 列出了实验数据的参数类型及其在目标函数中的权重。这些权重用于对参数估计过程中各变量的重要程度进行定义。如果所有参数的权重相同,则所有变量与实验数据之间的偏差对目标函数的影响程度相同。具有较高权重的变量对目标函数的影响更大,而具有较低权重的变量影响较小。因此,该算法会优先调整具有更大权重的变量。在表 E.1 中的示例中,对饱和压力的调整优先于其他变量。权重在目标函数中起到乘子的作用,相当于加权最小二乘法中方差的倒数。

表 E.1　PR 状态方程参数优化过程涉及的实验数据及其权重

变量	权重	变量	权重	变量	权重
饱和压力(p_{sat})	10	溶解气油比 R_S[2]	0.1	相对体积 V_{rel}[4]	0.1
原油体积系数 B_O[1]	0.1	原油密度[3]	0.1	液体体积百分数 Liq_{vtotal}[5]	0.1

① 测试温度和压力下的原油体积与标准条件下的残余油体积之比。

② 测试温度和压力下原油中溶解的气体体积(在标准条件下进行测量)与标准条件下的残余油体积之比。

③ 测试温度和压力下含气油的密度。

④ 相对体积:测试温度和压力下液体和气体的总体积与饱和压力下的流体总体积之比。

⑤ 液体体积百分数与测试温度和压力下的 PVT 筒总体积相关。

该示例中的实验数据来自一次差异分离测试（DL）和五次恒质膨胀测试（CCE）。这五次恒质膨胀测试采用的流体来自五次注气膨胀实验，注入气的摩尔比例分别为 0、5.03%、10.02%、20.01% 和 35.02%。从差异分离测试的测量参数中选用了原油体积系数 B_o、溶解气油比 R_s 和原油密度。从恒质膨胀测试的测量参数中选用了相对体积（V_{rel}）和低于饱和压力 p_{sat} 时的液体体积百分数（Liq_{vtotal}）。此外，还必须把五次恒质膨胀测试中得到的每一个饱和压力值都作为拟合变量。实验数据的总个数为273。

表 E.2 中列出了这次参数估计过程中主要计算参数的相关信息。

表 E.2　2.2 节示例中粒子群优化方法的主要计算参数

参数描述	值	参数描述	值
最小化过程数量（在每个最小化过程内重复所有参数估计过程）	1	PSO 算法中的常数（c_1，c_2）	1.5,1.5
最大迭代次数	50	PSO 算法中的惯性权重（w_o，w_f）	0.75,0.2
粒子数量	10	待优化参数的数量	40

表 E.2 中的参数 c_1、c_2、w_o 和 w_f 用于式（E.8）。该方程由 Shi 和 Eberhart 在 1998 年提出。在粒子群优化算法中，可以在每一次迭代中更新惯性权重的取值。第一次迭代中惯性权重为 w_o，最后一次迭代中惯性权重为 w_f。随着迭代次数的增加，惯性权重的取值线性增加。

表 2.3 中列出了储层流体和注入气体的近似组分组成。优化后的参数包括纯组分的性质（临界温度 T_c、临界压力 p_c、偏心因子 ω、摩尔质量 M 和体积偏移量）以及 CO_2 和 N_2—CH_4（唯一非零）与所有其他拟组分之间的二元交互作用系数（k_{ij}），总共 40 个需要优化估计的参数。

图 2.13 至图 2.23 显示了该流体相关 PVT 特性的实验值和计算值。对于差异分离测试以及注入气含量较低（上限为 10%）的恒质膨胀测试，通过合理调参可以得到比较高的拟合质量。对于注入气含量高于 10% 的恒质膨胀测试，属性参数的实验值和计算值之间存在较大的差异（图 2.20 和图 2.21），其原因可能在于采用的热力学模型具有局限性。

参 考 文 献

Bard Y. 1974. Non – linear Parameter Estimation. Academic Press Inc, San Diego.

Cerqueira H S, Rawet R, Pinto J C. 1999. The influence of experimental errors during laboratory evaluation of FCC catalysts. Appl. Catal. A, v 181, 209 – 220.

Kennedy J, Eberhart R C. 1995. "Particle swarm optimization". In: Proc. IEEE International Conference on Neural Networks, Perth, Australia, pp. 1942 – 1948.

Rawet R, Cerqueira H S, Pinto J C. 2001. The influence of covariances during laboratory evaluation of FCC catalyst. Appl. Catal. A, v 207, 199 – 209.

Schwaab M, Pinto J C. 2007. Análise de Dados Experimentais, I: Fundamentos de Estatística e Estimação de Parâmetros. E – papers, Rio de Janeiro.

Schwaab M, Biscaia Jr, E C, et al. 2008. Nonlinear parameter estimation through particle swarm optimization. Chem. Eng. Sci. 63, 1542 – 1552.

Severo J B Jr. 2011. Avaliação de Técnicas de Planejamento de Experimentos no Reconhecimento do Equilíbrio de

Adsorção em Sistemas Cromatográficos, Tese de D. Sc. , PEQ/COPPE, Universidade Federal do Rio de Janeiro, Rio de Janeiro, RJ, Brasil.

Shi Y, Eberhart R. 1998. "Amodified particle swarm optimizer". In: Proc. Conference on Evolutionary Computation, Anchorage, Alaska, pp. 69 – 73.

拓 展 阅 读

Noronha, F B, Pinto, J C, Monteiro, J L, Lobão and M W, Santos, T J, (1993), ESTIMA—Um Pacote Computacional para Estimação de Parâmetros e Projeto de Experimentos. Guia de Usuários, PEQ/COPPE/UFRJ, Rio de Janeiro.

附录 F 统计热力学和微扰理论的基本原理

本附录的目的在于简要介绍统计热力学和微扰理论的基本内容,在此基础上搭建第 7 章中分子缔合理论发展的框架。此外,还推导出了立方型状态方程中的分子位形项。对这些热力学工具的完整解释超出了本书内容。这里仅提供一些基本概念以便读者直接理解热力学模型的起源。对统计力学概念更深入的阐述请参阅文献 McQuarrie(2000)。文献 Sandler(2011)中展示了更广泛的应用统计热力学观点。状态方程的推导基于统计力学。对该推导过程的解释可追溯到 20 世纪 90 年代的两篇论文:一篇针对的是纯物质(Sandler,1990a);另一篇针对的是混合物(Sandler,1990b)。这里引用的是这两篇论文的大部分内容。

F.1 统一化范德华配分函数:从统计力学到经典热力学

从中可以推导出热力学模型的分子理论即为统计力学。对于温度 T、体积 V 和分子数量 N 是独立变量的情况,正则配分函数可以表示如下:

$$Q(T,V,N) \equiv \sum_{i}^{\text{states}} e^{-\beta E_i(V,N)} \tag{F.1}$$

式中,变数索引 i 为在体积 V 内 N 个分子的量子态;$\beta = (kT)^{-1}$,k 为玻尔兹曼常数;E_i 为量子态 i 具有的能量。

从来自正则配分函数的微观信息中可推导出宏观热力学模型,比如状态方程。在这个推导过程中必须用到经典热力学所研究的各宏观性质之间的相互关系。例如,亥姆霍兹能可以表示为:

$$A(T,V,N) = -kT\ln Q(T,V,N) \tag{F.2}$$

基于此,状态方程可以写为:

$$p = -\left(\frac{\partial A}{\partial V}\right)_{T,N} = kT\left(\frac{\partial \ln Q}{\partial V}\right)_{T,N} \tag{F.3}$$

根据各自的定义也可以得到所有其他热力学性质的表达式:

$$S = -\left(\frac{\partial A}{\partial T}\right)_{V,N} = k\ln Q + kT\left(\frac{\partial \ln Q}{\partial T}\right)_{V,N} \tag{F.4}$$

$$\mu = \left(\frac{\partial A}{\partial N}\right)_{T,V} = -kT\left(\frac{\partial \ln Q}{\partial N}\right)_{T,V} \tag{F.5}$$

$$U = kT^2\left(\frac{\partial \ln Q}{\partial T}\right)_{V,N} \tag{F.6}$$

为复杂分子定义准确的配分函数是一项艰巨的任务,除了一些特殊情形,比如理想气体。对于简单分子(除了长链烃类或聚合物),一群分子的总能量可以分为内能(电子能、平移能、转动能和振动能)和外能(分子间相互作用)两个组成部分,每一种能量都相互独立(Sandler, 1990a)。对于每一个单个分子,可以分别考虑其内部自由度。对于由 N 个相同分子组成的纯流体,正则配分函数可以表示如下:

$$Q(T,V,N) = \frac{q^N(T)}{N!} \Lambda^{-3N} \cdot Z(T,V,N) \qquad (F.7)$$

式中, q^N 为分子的配分函数,代表转动能、振动能和电子能的自由度;Λ 为德布罗意波长,与平移运动有关,可定义为:

$$\Lambda \equiv \left(\frac{h^2}{2m\pi kT}\right)^{1/2} \qquad (F.8)$$

式中,m 为粒子质量;h 为普朗克常数。

式(F.7)中的最后一项 $Z(T,V,N)$ 被明确定义为位形积分,与分子间相互作用有关(McQuarrie,2000):

$$Z(T,V,N) \equiv \int \cdots \int e^{-\frac{\varphi(r_1,r_1,\cdots,r_N)}{kT}} dr_1 dr_2 \cdots dr_N \qquad (F.9)$$

式中, $\varphi(r_1,r_2,\cdots,r_N)$ 为分子间相互作用势能,其中第一个分子处于位置矢量 r_1 和 $r_1 + dr_1$ 之间,第二个分子处于 r_2 和 $r_2 + dr_2$ 之间,依此类推。体积 V 中所有可能的位置矢量都需进行积分,因此式中存在多重积分。

一个有趣的特殊情况是理想气体状态方程,即将分子间相互作用势能设为零时,由此可得:

$$Z(T,V,N) \equiv \int \cdots \int dr_1 dr_2 \cdots dr_N = V^N \qquad (F.10)$$

对位置矢量 dr_i 在空间上进行积分,即可以得到体积 V 本身。因此,正则配分函数可以简化为:

$$Q(T,V,N) = \frac{q^N(T)}{N!} \Lambda^{-3N} V^N \qquad (F.11)$$

将式(F.3)代入式(F.11),可得:

$$p = kT \left(\frac{\partial \ln Q}{\partial V}\right)_{T,N} = kT \left(\frac{\partial \ln V^N}{\partial V}\right) = kT \frac{N}{V} \rightarrow pV = NkT \qquad (F.12)$$

对于任何其他状态方程,必须引入某种相互作用能来表征势能 $\varphi(r_1,r_2,\cdots,r_N)$。根据文献 Sandler(1990a),$\varphi(r_1,r_2,\cdots,r_N)$ 是 $Z(T,V,N)$ 相对于温度的导数,描述的是分子间平均相互作用能。Sandler 将这种整体平均能量称为位形能 E^{conf}。实际上,在厘清 U 的位形部分并把式(F.7)代入式(F.6)后,可以得到:

$$E^{conf} = U^{conf} = kT^2 \left(\frac{\partial \ln Z}{\partial T}\right)_{V,N} \qquad (F.13)$$

接下来将要定义一些前提条件。这些前提可用于推导范德华状态方程。该方程是第一个半经验立方型方程,构成了 PR 状态方程建立的基础。此处假设,对于任何特定的位形,通过对所有可能的配对分子之间的相互作用能进行叠加即可以得到整个分子集合的相互作用能。也就是说,该叠加过程遵循以下假设:

$$\varphi(\boldsymbol{r}_1, \boldsymbol{r}_2, \cdots, \boldsymbol{r}_N) = \sum_i \sum_j \varphi(r_{ij})(i > j) \tag{F.14}$$

式中,r_{ij} 为第 i 个分子和第 j 个分子质心之间的距离。

假设每一对分子均在方阱势的作用下发生相互作用,如图 F.1 所示。当然,此处也可以采用其他势能表征相互作用。方阱势的取值可分为三种明显不同的情况,具体取决于距离 r。去掉下标 i 和 j,方阱势可表示为:

$$\varphi(r) = \begin{cases} \infty, & r < \sigma \\ -\varepsilon, & \sigma \leqslant r \leqslant \lambda\sigma \\ 0, & \lambda\sigma < r \end{cases} \tag{F.15}$$

其中 σ 是分子直径,因为此处的分子被认为是球形分子。

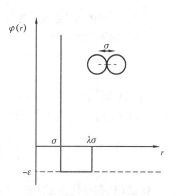

图 F.1　方阱势是两个分子
质心之间距离的函数
由于分子无法穿透彼此壁面,所以
当分子间距小于分子直径时,方阱
势趋于发散至无穷大

这个简单的模型包含了真实相互作用的基本特征:对于 $r < \sigma$ 的区域(分子无法穿透彼此壁面),分子间相互作用力表现为排斥力;对于 $\sigma \leqslant r \leqslant \lambda\sigma$ 的区域,分子间相互作用力表现为吸引力;当分子间距很大时,分子间相互作用力消失。如果确定采用方阱势来表示分子间相互作用,那么可以通过简单分析即可获得平均总能或位形能:针对在温度 T 下具有数量密度 ρ 的流体,如果给定中心分子,则可假定 $N_c(\rho, T)$ 为所谓的配位数,即 σ 和 $\lambda\sigma$ 之间的平均分子数。中心分子与其他所有分子之间的相互作用能量为 $-N_c(\rho, T)\varepsilon$。由于每一个分子均可被选为中心分子,因此共有 N 种选择。如此,则总位形能可以表示为:

$$E^{\mathrm{conf}} = -\frac{N N_c(\rho, T)\varepsilon}{2} \tag{F.16}$$

需要说明的是,考虑到分子对中的每一个分子均可以视作中心分子,则在计算分子间相互作用能量时会把每一对相互作用均计算两次,因此上式中出现一个为 2 的分母项。

针对 E^{conf} 的表达式即式(F.13),从 $T \to \infty$ 到系统的实际温度 T 进行积分,可以得到位形积分的数值结果:

$$\ln Z(T, V, N) = \ln Z(T \to \infty, V, N) + \int_\infty^T \frac{E^{\mathrm{conf}}}{kT^2}\mathrm{d}T \tag{F.17}$$

由式(F.17)右边第一项可知,在无限温度的极限下,只有排斥力很重要,因此势能 φ 也趋于发散($\varphi \to \infty$)。在这些条件下,位形积分的结果是一个有限数值,是总体积中的部分体积的 N 次幂:

$$Z(T \to \infty, V, N) = (\alpha V)^N = V_f^N \qquad (F.18)$$

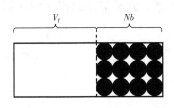

图 F.2 　自由体积是系统中驻留
分子的紧凑体积的函数
这是一个简化的范德华分子模型

根据定义,该部分体积称为自由体积(V_f),表征的是系统中可用的空间,也即从总体积中扣除驻留分子占据的体积以及分子间相互作用所需要的体积。后者被称为紧凑体积或范德华协体积。如图 F.2 所示,紧凑体积并不是分子体积的简单求和,因为还包括与流体种类相关的分子间隙空间。因此,如果将广泛协体积定义为 Nb,则可以得到自由体积的表达式为:

$$V_f = V - Nb \qquad (F.19)$$

假设(如同推导范德华状态方程所做的假设)配位数 N_C 不是温度的函数,仅与密度($N_C = \alpha \rho$)成正比。如此可以把式(F.16)代入式(F.17)右边第二项进行积分,则可以得到:

$$\int_\infty^T \frac{E^{conf}}{kT^2} dT = -\frac{N \alpha \rho \varepsilon}{2k} \left[-\frac{1}{T} \right]_\infty^T = \frac{N \alpha \rho \varepsilon}{2kT} \qquad (F.20)$$

将式(F.20)代入式(F.17)中得到:

$$\ln Z(T, V, N) = N\ln(V - Nb) + \frac{N^2 \alpha \varepsilon}{2kTV} \qquad (F.21)$$

最后,通过式(F.3)得到如下的状态方程:

$$p = kT \left(\frac{\partial \ln Q}{\partial V} \right)_{T,N} = kT \left(\frac{\partial \ln Z}{\partial V} \right)_{T,N} = \frac{NkT}{V - Nb} - \frac{\alpha \varepsilon N^2}{2V^2} = \frac{RT}{\overline{V} - b} - \frac{a}{\overline{V}^2} \qquad (F.22)$$

式中,$a = \alpha \varepsilon / 2$ 为范德华状态方程的吸引力参数;$R = Nk$。

Sandler(1990a)还提出了自由体积和配位数的一些其他表达式,从中可以推导出其他状态方程。表 F.1 中列出了其中一部分表达式,它们分别对应于石油工业中最常用的立方体模型。

表 F.1 　石油工业中最常用的立方型状态方程及其推导过程所基于的
自由体积(V_f)和配位数(N_c)的近似表达式(Sandler,1990a)

状态方程		自由体积 V_f	配位数 N_c
范德华	$p = \frac{RT}{\overline{V} - b} - \frac{a}{\overline{V}^2}$	$V - Nb$	$\alpha \rho$
RK	$p = \frac{RT}{\overline{V} - b} - \frac{a/\sqrt{T}}{\overline{V}(\overline{V} + b)}$	$V - Nb$	$\frac{\alpha}{\sqrt{T}}\ln(1 + b\rho)$
SRK	$p = \frac{RT}{\overline{V} - b} - \frac{a(T)}{\overline{V}(\overline{V} + b)}$	$V - Nb$	$\alpha(T)\ln(1 + b\rho)$
PR	$p = \frac{RT}{\overline{V} - b} - \frac{a(T)}{\overline{V}(\overline{V} + b) + b(\overline{V} - b)}$	$V - Nb$	$\alpha(T)\ln\left[\frac{1 + (1 + \sqrt{2})b\rho}{1 + (1 - \sqrt{2})b\rho} \right]$

F.2　通过微扰理论推导范德华状态方程

这一小节基于微扰理论对范德华状态方程进行推导,完全等同于上一小节建立的范德华方程。微扰理论还有助于推导第7章讨论过的分子缔合项。对于任意状态的流体,例如其分子为刚性球形且分子间仅存在排斥势,通过附加一个表征远程相互作用力的吸引力项,可以得到位形亥姆霍兹能。这种亥姆霍兹能相对于体积的导数即为压力。同时,压力还可以表示为温度 T、体积 V 和分子数量 N 的函数。该表达式即为状态方程。如果给定位形能,就可以通过吉布斯—亥姆霍兹方程得到位形亥姆霍兹能 A^{conf}:

$$\left[\frac{\partial(A/T)}{\partial T}\right]_{V,N} = -\frac{U}{T^2} \tag{F.23}$$

由此可得:

$$\frac{A^{\text{conf}}}{NkT} - \lim_{T\to\infty}\frac{A^{\text{conf}}}{NkT} = \int_0^{1/T}\frac{E^{\text{conf}}}{Nk}\mathrm{d}(1/T) \tag{F.24}$$

式(F.24)的右侧即是所谓的微扰亥姆霍兹能 A^{pert},或者是将分子从无限温度的位置迁移至实际温度的位形点所需的功。在实际温度位形点处,吸引势变得很重要。尽管前面已经定义了平均位形能 E^{conf},但可以在球形坐标系中将其重新表示为中心分子周围吸引势的积分。中心分子的存在局部扰乱了其他分子出现在其周围的随机分布概率。把在距中心分子质心的距离为 r 处出现其他分子的概率定义为径向分布函数 $g(r,T,\rho)$,可得:

$$E^{\text{conf}} = 4\pi\frac{N}{2}\int_0^\infty \rho g(r,T,\rho)\,\varphi^{\text{pert}}(r)r^2\mathrm{d}r \tag{F.25}$$

式中,因子 4π 源自在球坐标系中对所有角度的完全积分;$N/2$ 源自对重复计数的校正(把所有分子都作为中心分子进行计数会导致重复计数);ρ 为任何分子出现在中心位置的概率(属于随机分布概率);$g(r,T,\rho)$ 为其他分子在中心分子周围出现的概率,与随机分布相关;$\varphi^{\text{pert}}(r)$ 为分子间相互作用势,并不一定是方阱势。

将式(F.25)代入式(F.24)并重新排列各项,可得:

$$\frac{A^{\text{pert}}}{NkT} = \frac{2\pi\rho}{k}\int_\sigma^\infty\left[\int_0^{1/T}g(r,T,\rho)\mathrm{d}(1/T)\right]\varphi^{\text{pert}}(r)r^2\mathrm{d}r \tag{F.26}$$

无论选择哪种势能(比如方阱势)表示分子间相互作用势,为了使式(F.26)与范德华状态方程最接近,需要假设径向分布函数等于1,也就是说在中心分子周围发现其他分子的概率与随机分布相容,可以表示为:

$$g(r,T,\rho) = \frac{p(r)}{\rho} = 1 \tag{F.27}$$

将式(F.27)代入式(F.26)中,可得:

$$\frac{A^{\text{pert}}}{NkT} = \frac{2\pi\rho}{kT}\int_0^\infty \varphi^{\text{pert}}(r)r^2\mathrm{d}r \tag{F.28}$$

定义一个新参数:

$$a \equiv 2\pi \int_0^\infty \varphi^{\text{pert}}(r) r^2 \mathrm{d}r \qquad (\text{F.29})$$

将式(F.29)代入式(F.28)中,整理可得:

$$A^{\text{pert}} = a \frac{N^2}{V} \qquad (\text{F.30})$$

由此可以得到状态方程的吸引项:

$$p^{\text{pert}} = -\left(\frac{\partial A^{\text{pert}}}{\partial V}\right)_{T,N} = a \frac{N^2}{V^2} \qquad (\text{F.31})$$

正则配分函数(位形积分)和微扰理论的方法是等价的。假设选择方阱势代表分子间互相作用势 $\varphi^{\text{pert}}(r)$,虽然不再要求径向分布函数 $g(r,T,\rho)$ 满足随机分布的假设条件,但仍然可将配位数定义为式(F.28)中积分项的函数:

$$\frac{A^{\text{pert}}}{NkT} = -\frac{2\pi\rho\varepsilon}{k}\Big[\int_\sigma^{\lambda\sigma} g(r,T,\rho)\mathrm{d}(1/T)\Big]r^2\mathrm{d}r \equiv \frac{\varepsilon N_{\text{c}}(T,\rho)}{2k} \qquad (\text{F.32})$$

换句话说,如果给定不同的 $g(r,T,\rho)$ 函数关系,借助于从式(F.32)积分项得到的配位数表达式就可以得到文献中使用的多种不同状态方程。

参 考 文 献

McQuarrie D A. 2000. Statistical Mechanics. University Science Books.

Sandler S I. 1990a. From molecular theory to thermodynamic models. Part I. Pure fluids. Chem. Eng. Edu 24 (1), 12 – 19.

Sandler S I. 1990b. From molecular theory to thermodynamic models. Part 2: Mixtures. Chem. Eng. Edu. 24 (2), 80 – 87.

Sandler S I. 2011. An Introduction to Applied Statistical Thermodynamics. John Wiley & Sons, Inc, Hoboken, NJ.

附录 G 习题参考答案

第 1 章

【习题 1】解答过程如下：

根据流体 PVT 性质的定义，可以求得压力水平分别为 2500psia、2000psia、1000psia 和 500psia 时的原油体积系数 B_o、溶解气油比 R_s 和气体地层体积系数 B_g，列于下表中。读者可核对这些计算结果正确与否。

压力(psia)	原油体积系数(bbl/bbl)	溶解气油比(ft³/bbl)	气体体积系数(bbl/bbl)
2500	95/60 = 1.583	9000/60 = 150.0	—
2000	100/60 = 1.667	9000/60 = 150.0	—
1000	90/60 = 1.500	(9000 - 2000)/60 = 116.7	30/2000 = 0.0150
500	80/60 = 1.333	(9000 - 5000)/60 = 66.7	60/3000 = 0.0200

【习题 2】解答过程如下：

分离器的容量为 50bbl，等价于 47.62bbl（标准），分离器条件下原油体积系数为 1.05。平衡状态下与原油共存的自由气为 $47.62 \times (300 - 50) = 11904.75 \text{ft}^3$。当温度和压力从储层条件变为分离器条件时，从原油中会逸出这些气体，但是逸出气体的体积是在标准条件下的测量体积。通过偏差因子或者气体地层体积系数 $\text{FVF}(B_g)$ 可以把标准条件下的气体体积转化为分离器条件下的气体体积：

$$\frac{p_{\text{sep}} V_{\text{sep}}}{Z_{\text{sep}} N R T_{\text{sep}}} = \frac{p_{\text{std}} V_{\text{std}}}{N R T_{\text{std}}} \tag{G.1}$$

整理式(G.1)可以得到：

$$B_{g,\text{sep}} = \frac{V_{\text{sep}}}{V_{\text{std}}} = Z_{\text{sep}} \frac{T_{\text{sep}}}{T_{\text{std}}} \frac{p_{\text{std}}}{p_{\text{sep}}} \tag{G.2}$$

根据气体相对密度，通过 Sutton 关系式计算其拟临界常数。具体的 Sutton 关系式列于后面的习题中。

$$p_{\text{pc}} = 708.75 - 57.5 \times 0.7 = 668.5\text{psia}$$

$$T_{\text{pc}} = 169 + 314 \times 0.7 = 388.8\text{R}$$

$$p_{\text{pr}} = \frac{668.5}{900} = 0.71$$

$$T_{\text{pr}} = \frac{545.0}{388.8} = 1.40$$

从第 2 章中的 Standing - Katz 图版中可以查到，分离器条件下气体偏差因子大约为 $Z_{\text{sep}} = 0.97$。

由此可得：

$$B_{g,sep} = 0.97 \times \frac{545}{520} \times \frac{14.696}{900} = 0.0166$$

$$V_{g,sep} = 0.0166 \times 11904.75 = 197.6bbl$$

【习题3】解答过程如下：

通过原油地层体积系数 B_o，可以计算出标准条件下原油流量为 $\frac{98.5}{1.04} = 94.7m^3/d$。因此，在计量条件下的原油流量为 $94.7 \times 1.17 = 110.8m^3/d$。

误差率为：

$$Error = \frac{112.4 - 110.8}{110.8} \times 100\% = 1.4\%$$

将分离器条件下的气体流量折算到标准条件下为 $\frac{458.3}{0.0732} = 6260.9m^3/d$。基于溶解气油比 R_s 的差值，可以把计量条件下得到的从原油中逸出的气体体积转化为分离条件下的体积（同样折算到标准条件下）：

$$Gas\ evoloved_{meter \to sep} = 94.7(50 - 8) = 3977.4m^3/d$$

将计量条件下的自由气体积折算到标准条件下为：

$$Gas_{meter}^{std} = 6260.9 - 3977.4 = 2283.5m^3/d$$

基于计量条件下的气体体积数，可以计算得到地下气体流量：

$$Gas_{meter}^{insitu} = 2283.5 \times 0.0525 = 119.9m^3/d$$

误差率为：

$$Error = \frac{100.5 - 119.9}{119.9} \times 100\% = -16.2\%$$

【习题4】解答过程如下：

储层流体从地下开采至测试分离器（然后再到地面储罐条件）的过程中遵循物质平衡：

$$\rho_{RF}V_{RF} = \rho_{DO}V_{DO} + \rho_G V_G \tag{G.3}$$

式中，下标"RF""DO"和"G"分别表示"储层流体""脱气油"和"天然气"。

ρ_{DO} 可以直接通过 API 重度计算得到，ρ_G 也可以通过气体相对密度或者摩尔质量计算得到。

对式(G.3)两边同除以 V_{RF}，可以得到：

$$\rho_{RF} = \frac{\rho_{DO}V_{DO} + \rho_G V_G}{V_{RF}} \tag{G.4}$$

对式(G.4)右边的分子和分母同除以 V_{DO}，可以得到：

$$\rho_{\text{RF}} = \frac{\rho_{\text{DO}} + \rho_{\text{G}} GOR}{B_{\text{O}}} \tag{G.5}$$

计算得到 ρ_{DO} 为：

$$\rho_{\text{DO}} = \left(\frac{141.5}{40 + 131.5}\right) \times 999 = 824.25\text{kg/m}^3$$

式中，999kg/m³ 为 60℉下纯水的密度。

将气体的相对密度乘以空气的摩尔质量计算得到气体的摩尔质量为：

$$M_{\text{gas}} = 0.82 \times 28.97 = 23.75\text{g/mol}$$

在标准条件下，可假设气体属于理性气体，由此可得到气体密度（国际标准单位）：

$$\rho_{\text{G}} = \frac{p_{\text{std}}M_{\text{gas}}}{RT_{\text{std}}} = \frac{101325 \times 23.75}{8314 \times 288.7} = 1.0026\text{kg/m}^3$$

把上述的几个参数数值代入式（G.5）中，最终可以得到储层流体的密度为：

$$\rho_{\text{RF}} = \frac{824.25 + 1.0026 \times 100}{1.250} = 739.61\text{kg/m}^3$$

【习题5】解答过程如下：

根据气体偏差因子的定义将其物质的量代入物质平衡方程中，并且考虑到标准条件下理想气体的偏差因子等于1，可以得到：

$$\frac{p_{\text{std}}G_{\text{p}}}{RT_{\text{std}}} = \frac{p_{\text{i}}V_{\text{i}}}{Z_{\text{i}}RT} - \frac{pV}{ZRT} \tag{G.6}$$

与储层岩石相比，气体具有强烈的可压缩性。因此，在气田的整个生产过程中，储存气体的孔隙体积可以近似认为保持不变，也即：$V = V_{\text{i}}$。

如果把孔隙体积中储存的所有气体全部开采至标准条件下，根据 G 的定义式可以得到：

$$\frac{p_{\text{std}}G}{RT_{\text{std}}} = \frac{p_{\text{i}}V_{\text{i}}}{Z_{\text{i}}RT} \tag{G.7}$$

整理可得：

$$V = V_{\text{i}} = \frac{Z_{\text{i}}RT}{p_{\text{i}}}\frac{p_{\text{std}}G}{RT_{\text{std}}} \tag{G.8}$$

将式（G.8）代入到式（G.6）中，可以得到：

$$G_{\text{p}} = G - \frac{p}{Z}\frac{Z_{\text{i}}}{P_{\text{i}}}G \tag{G.9}$$

对式（G.9）进行整理，最终可以得到：

$$\frac{p}{Z} = \frac{p_{\text{i}}}{Z_{\text{i}}} - \frac{p_{\text{i}}}{Z_{\text{i}}}\frac{G_{\text{p}}}{G} \tag{G.10}$$

【习题6】解答过程如下:

首先根据 Kay 混合规则进行以下计算:

$$T_{pc} = 0.75 \times 343.2 + 0.20 \times 504.8 + 0.05 \times 914.2 = 404.7R$$

$$p_{pc} = 0.75 \times 673.1 + 0.20 \times 708.3 + 0.05 \times 440.1 = 668.5psia$$

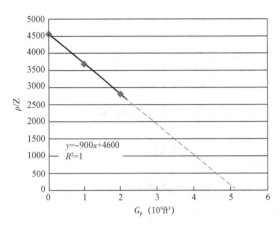

图 G.1 p/Z 与累计产气量的关系

$$T_{pr} = \frac{640}{404.7} = 1.58$$

$$p_{pr} = \frac{2000}{668.5} = 2.99$$

从 Standing – Katz 图版中可以查到，$Z \cong 0.83$。

该气藏的地层压力系数 p/Z 与累计产气量之间的关系如图 G.1 所示(需要注意的是，将该直线外推至 $p=0$ 时，$G=5.11$):

由此可得:

$$p/Z = 2000/0.83 = 2409.6psia$$

$$G_p = (4600 - 2409.6)/900 = 2.433 \times 10^9 ft^3$$

【习题7】解答过程如下:

通过 Sutton 关系式,可以计算得到:$p_{pc} = 660psia,T_{pc} = 436R$。

在初始条件下,$p_{pr} = 4290/660 = 6.5,T_{pr} = 660/436 = 1.51,Z_i = 0.87$。

气体占据的孔隙体积为 $V_i = 1.776 \times 10^{10} \times 0.19 \times 0.80 = 2.7 \times 10^9 ft^3$。

由此可得:

$$\frac{p_{std}G}{T_{std}} = \frac{p_i V_i}{Z_i T} \rightarrow \frac{14.696G}{520} = \frac{4290 \times 2.7 \times 10^9}{0.87 \cdot 660} \rightarrow G = 7.13 \times 10^{11} ft^3$$

$$\frac{p}{Z} = 4931.03 - \frac{4931.03}{7.13}G_p$$

式中,G_p 的单位是 $10^{-11} ft^3$。

当 $p = 1200psia$ 时,$p_{pr} = 1200/600 = 1.82,T_{pr} = 660/436 = 1.51,Z = 0.84$。

累计产气量为:

$$G_p = 5.06 \times 10^{11} ft^3$$

累计产气量除以日产气量 $80 \times 10^6 scf/d$,可以得到生产时间为:6325 天 = 17.5 年。

当压力降至废弃压力 $p = 400psia$ 时,$p_{pr} = 400/600 = 0.66,T_{pr} = 1.51,Z = 0.97$。

累计产气量为:

$$G_p = 6.53 \times 10^{11} ft^3$$

储层压力从 1200psia 降至 400psia 的过程中,累计产气量为:

$$G_p \; in \; the \; period \; = \; (6.53 - 5.06) \times 10^{11} \text{ft}^3 = 1.47 \times 10^{11} \text{ft}^3$$

第 2 章

【习题 1】解答过程如下:

逸度系数的一般性表达式为:

$$\ln \widehat{\phi}_i \; = \; \frac{1}{RT} \int_0^p \Big(\bar{v}_i - \frac{RT}{p} \Big) \text{d}p \tag{G.11}$$

在一个立方型状态方程中,通常把温度 T、体积 V 和平均物质的量 $\boldsymbol{n}$ 作为自变量,如下式所示:

$$p = f(T, V, \boldsymbol{n}) \tag{G.12}$$

通过立方型状态方程可以很方便地把式(G.11)中的积分变量从压力 p 变为体积 V。对于恒定温度和组分组成的流体系统,比如 $\ln\widehat{\phi}_i$ 的残余理想气体参考状态,积分变量变换可以表示为:

$$\text{d}p = \Big(\frac{\partial p}{\partial V} \Big)_{T, \boldsymbol{n}} \text{d}V \tag{G.13}$$

将式(G.13)代入式(G.11),可得:

$$\ln \widehat{\phi}_i \; = \; \frac{1}{RT} \int_{\infty}^V \Big(\bar{v}_i - \frac{RT}{p} \Big) \Big(\frac{\partial p}{\partial V} \Big)_{T, \boldsymbol{n}} \text{d}V \tag{G.14}$$

$\bar{v}_i$ 为组分 i 的偏摩尔体积,其定义式为:

$$\bar{v}_i \; = \; \Big(\frac{\partial V}{\partial n_i} \Big)_{T, p, n_{j \neq i}} \tag{G.15}$$

即便如此,由于状态方程的函数形式(体积并非显式表达)很复杂,要想求解逸度系数仍然不很方便。

压力 p 的全微分形式可以表示为:

$$\text{d}p = \Big(\frac{\partial p}{\partial T} \Big)_{V, \boldsymbol{n}} \text{d}T + \Big(\frac{\partial p}{\partial V} \Big)_{T, \boldsymbol{n}} \text{d}V + \sum_{i=1}^{nc} \Big(\frac{\partial p}{\partial n_i} \Big)_{T, V, n_{j \neq i}} \text{d}n_i \tag{G.16}$$

保持温度 T、V 和组分物质的量 $n_{j \neq i}$ 不变,对压力 p 关于 n_i 进行求导,如此可以得到式(G.6)右边第二项中的偏摩尔体积。保持式(G.6)各项的位置不变,可以得到:

$$0 = 0 + \Big(\frac{\partial p}{\partial V} \Big)_{T, \boldsymbol{n}} \bar{v}_i + \Big(\frac{\partial p}{\partial n_i} \Big)_{T, V, n_{j \neq i}} \tag{G.17}$$

由此可得:

$$\Big(\frac{\partial p}{\partial V} \Big)_{T, \boldsymbol{n}} \bar{v}_i = - \Big(\frac{\partial p}{\partial n_i} \Big)_{T, V, n_{j \neq i}} \tag{G.18}$$

把式(G.18)代入式(G.14),可以得到:

$$\ln \hat{\phi}_i = \frac{1}{RT} \int_{\infty}^{V} \left[-\left(\frac{\partial p}{\partial n_i}\right)_{T,V,n_{j\neq i}} - \frac{RT}{p}\left(\frac{\partial p}{\partial V}\right)_{T,n} \right] dV \tag{G.19}$$

很容易可以计算出式(G.19)中第二个积分项为 $\ln\left(\dfrac{p}{p_0}\right)$。$p_0$ 为当体积 V 趋于无穷大时的零压力极限。因此,式(G.19)可以重新表示为:

$$\ln \hat{\phi}_i = \frac{1}{RT} \int_{\infty}^{V} \left[-\left(\frac{\partial p}{\partial n_i}\right)_{T,V,n_{j\neq i}} \right] dV - \ln\left(\frac{p}{p_0}\right) \tag{G.20}$$

接下来改变 PR 状态方程的表达式,将压力 p 表示为广延体积 V 的函数:

$$p = \frac{RT}{V - Nb} - \frac{N^2 a}{V^2 + 2(Nb)V - (Nb)^2} \tag{G.21}$$

保持温度 T、压力 V 和组分物质的量 $n_{j\neq i}$ 不变,对压力 p 关于 n_i 进行求导,可得:

$$\left(\frac{\partial p}{\partial n_i}\right)_{T,V,n_{j\neq i}} = \frac{RT}{V-Nb} - \frac{NRT(-b_i)}{(V-Nb)^2} - \frac{\partial(N^2 a)/\partial n_i}{V^2 + 2(Nb)V - (Nb)^2} + \frac{N^2 a[2Vb_i - 2(Nb)b_i]}{[V^2 + 2(Nb)V - (Nb)^2]^2}$$

$$\tag{G.22}$$

把式(G.22)代入式(G.20),可以得到:

$$\ln \hat{\phi}_i = \int_{\infty}^{V} -\frac{1}{V-Nb}dV + \int_{\infty}^{V} -\frac{Nb_i}{(V-Nb)^2}dV + \frac{1}{RT}\frac{\partial(N^2 a)}{\partial n_i}\int_{\infty}^{V} \frac{1}{V^2 + 2(Nb)V - (Nb)^2}dV$$

$$- \frac{N^2 ab_i}{RT}\int_{\infty}^{V} \frac{V}{[V^2 + 2(Nb)V - (Nb)^2]^2}dV$$

$$+ \frac{2N^2 ab_i}{RT}\int_{\infty}^{V} \frac{1}{[V^2 + 2(Nb)V - (Nb)^2]^2}dV - \ln\left(\frac{p}{p_0}\right) \tag{G.23}$$

式(G.23)右边第一项的积分下限可与 $\ln(p_0)$ 合并,从而得到一个有限数值 $\ln(NRT)$。由此可得:

$$\int_{\infty}^{V} -\frac{1}{V-Nb}dV - \ln\left(\frac{p}{p_0}\right) = -\ln\left[\frac{p(V-Nb)}{NRT}\right] = -\ln(Z-B) \tag{G.24}$$

其中

$$B = \frac{pb}{RT}$$

式(G.23)右边第二个积分项也很容易求得:

$$\int_{\infty}^{V} -\frac{Nb_i}{(V-Nb)^2}dV = \frac{Nb_i}{V-Nb} \tag{G.25}$$

对于式（G.23）右边第三个积分项，其被积函数的分母为一个二次多项式。求得两根（r_1 和 r_2）后，可将被积函数表示为两个部分分数之和：

$$\frac{1}{V^2 + 2(Nb)V - (Nb)^2} = \frac{C_1}{V - r_1} + \frac{C_2}{V - r_2} \tag{G.26}$$

由此可得：

$$C_1(V - r_2) + C_2(V - r_1) = 1 \tag{G.27}$$

考虑到 $r_1 = Nb(\sqrt{2} - 1)$ 和 $r_2 = Nb(-\sqrt{2} - 1)$，式（G.27）左边为体积 V 的一次多项式，而右边等于 0。因为 V 是变量，所以可以得到：

$$C_1 + C_2 = 0 \tag{G.28a}$$

$$-C_1 r_2 - C_2 r_1 = 1 \tag{G.28b}$$

由此可以求得：

$$C_1 = \frac{1}{2\sqrt{2}Nb} , \ C_2 = -\frac{1}{2\sqrt{2}Nb} 。$$

至此可以得到式（G.23）右边第三个积分项的最终表达式：

$$\frac{1}{RT}\frac{\partial(N^2 a)}{\partial n_i}\int_{\infty}^{V}\frac{1}{V^2 + 2(Nb)V - (Nb)^2}dV = \frac{1}{RT}\frac{\partial(N^2 a)}{\partial n_i}\int_{\infty}^{V}\frac{1}{2\sqrt{2}Nb}\cdot\frac{1}{V - Nb(\sqrt{2} - 1)}dV +$$

$$\frac{1}{RT}\frac{\partial(N^2 a)}{\partial n_i}\int_{\infty}^{V}-\frac{1}{2\sqrt{2}Nb}\cdot\frac{1}{V - Nb(-\sqrt{2} - 1)}dV = \frac{1}{RT}\frac{\partial(N^2 a)}{\partial n_i}\frac{1}{2\sqrt{2}Nb}\ln\left[\frac{V - Nb(\sqrt{2} - 1)}{V - Nb(-\sqrt{2} - 1)}\right]$$

$$\tag{G.29}$$

对于（G.23）右边第四个积分项，可以用到文献 Spiegel（1992）中给出的积分表：

$$\int\frac{x}{(a'x^2 + b'x + c')^2}dx = -\frac{b'x + 2c'}{(4a'c' - b'^2)(a'x^2 + b'x + c')} - \frac{b'}{4a'c' - b'^2}\int\frac{1}{a'x^2 + b'x + c'}dx \tag{G.30}$$

式中，$a' = 1; b' = 2Nb; c' = -(Nb)^2$。

因此，式（G.23）右边第四个积分项可以表示为：

$$-\frac{2N^2 ab_i}{RT}\int_{\infty}^{V}\frac{V}{[V^2 + 2(Nb)V - (Nb)^2]^2}dV$$

$$= -\frac{2N^2 ab_i}{RT}\left\{-\frac{2NbV - 2(Nb)^2}{-4(Nb)^2 - 4(Nb)^2[V^2 + 2(Nb)V - (Nb)^2]}\right.$$

$$\left.-\frac{2Nb}{[-4(Nb)^2 - 4(Nb)^2]}\frac{1}{2\sqrt{2}Nb}\ln\left[\frac{V - Nb(\sqrt{2} - 1)}{V - Nb(-\sqrt{2} - 1)}\right]\right\}$$

$$= -\frac{2N^2 ab_i}{RT}\left\{\frac{-2NbV + 2(Nb)^2}{-8(Nb)^2[V^2 + 2(Nb)V - (Nb)^2]}\right\} +$$

$$\frac{2Nb}{8(Nb)^2}\frac{1}{2\sqrt{2}Nb}\ln\left[\frac{V - Nb(\sqrt{2} - 1)}{V - Nb(-\sqrt{2} - 1)}\right] \tag{G.31}$$

对于式(G.23)右边第五个积分项,也可以用到文献 Spiegel(1992)中给出的积分表:

$$\int\frac{1}{(a'x^2 + b'x + c')}dx = \frac{2a'x + b'}{(4a'c' - b'^2)(a'x^2 + b'x + c')} + \frac{2a'}{4a'c' - b'^2}\int\frac{1}{a'x^2 + b'x + c'}dx \tag{G.32}$$

因此,式(G.23)右边第五个积分项可以表示为:

$$\frac{2N^2 ab_i}{RT}\int_\infty^V \frac{1}{[V^2 + 2(Nb)V - (Nb)^2]^2}dV$$

$$= \frac{2N^2 ab_i}{RT}\left\{\frac{2NbV + 2(Nb)^2}{-8(Nb)^2[V^2 + 2(Nb)V - (Nb)^2]} + \frac{2Nb}{-8(Nb)^2}\frac{1}{2\sqrt{2}Nb}\ln\left[\frac{V - Nb(\sqrt{2} - 1)}{V - Nb(-\sqrt{2} - 1)}\right]\right\} \tag{G.33}$$

式(G.23)右边第四个积分项与第五个积分项之和为:

$$4^{th} + 5^{th} = -\frac{2N^2 ab_i}{RTNb}\left\{\frac{V}{V^2 + 2(Nb)V - (Nb)^2} + \frac{1}{2\sqrt{2}Nb}\ln\left[\frac{V - Nb(\sqrt{2} - 1)}{V - Nb(-\sqrt{2} - 1)}\right]\right\} \tag{G.34}$$

对上述五个积分项进行相加可得到 $\ln\widehat{\phi}_i$ 的全项表达式,把 $\ln\left[\frac{V - Nb(\sqrt{2} - 1)}{V - Nb(-\sqrt{2} - 1)}\right]$ 放在一个更加明显的位置,可得:

$$\ln\widehat{\phi}_i = -\ln\left[\frac{p(V - Nb)}{NRT}\right] + \frac{Nb_i}{V - Nb} - \frac{2N^2 ab_i}{RTNb}\frac{V}{V^2 + 2(Nb)V - (Nb)^2} +$$

$$\left[\frac{\partial(N^2 a)}{\partial n_i} - \frac{N^2 ab_i}{Nb}\right]\frac{1}{RT2\sqrt{2}Nb}\ln\left[\frac{V - Nb(\sqrt{2} - 1)}{V - Nb(-\sqrt{2} - 1)}\right] \tag{G.35}$$

对式(G.35)进行多次代数运算,可以得到:

$$\ln\widehat{\phi}_i = -\ln(Z - B) + \frac{b_i}{RTNb}\left[\frac{NRT}{V - Nb}Nb - \frac{N^2 aV}{V^2 + 2(Nb)V - (Nb)^2}\right] +$$

$$\left[\frac{\partial(N^2 a)/\partial n_i}{N^2 a} - \frac{b_i}{Nb}\right]\frac{N^2 a}{RT2\sqrt{2}Nb}\ln\left[\frac{Z - B(\sqrt{2} - 1)}{Z - B(-\sqrt{2} - 1)}\right] \tag{G.36}$$

通过转换给对数项添加一个负号,可得:

$$\ln\left[\frac{Z - B(\sqrt{2} - 1)}{Z - B(-\sqrt{2} - 1)}\right] = -\ln\left[\frac{Z - B(-\sqrt{2} - 1)}{Z - B(\sqrt{2} - 1)}\right] = -\ln\left[\frac{Z + B(\sqrt{2} + 1)}{Z - B(-\sqrt{2} - 1)}\right] \tag{G.37}$$

把变量 N 从最后一项的第一个中括号中提取出来放在一个更加明显的位置,可得:

$$\ln\widehat{\phi}_i = -\ln(Z-B) + \frac{b_i}{RTNb}\Big[\frac{NRT}{V-Nb}Nb - \frac{N^2aV}{V^2+2(Nb)V-(Nb)^2}\Big] -$$

$$\Big[\frac{\partial(N^2a)/\partial n_i}{Na} - \frac{b_i}{b}\Big]\frac{N^2a}{NRT2\sqrt{2}Nb}\ln\Big[\frac{Z+B(\sqrt{2}+1)}{Z-B(\sqrt{2}-1)}\Big] \tag{G.38}$$

现在利用范德华经典混合规则,求解 N^2a 关于 n_k 的导数:

$$\frac{\partial(N^2a)}{\partial n_k} = \sum_{i=1}^{nc}\sum_{j=1}^{nc} n_j \frac{\partial n_i}{\partial n_k}(a_ia_j)^{1/2}(1-k_{ij}) + \sum_{i=1}^{nc}\sum_{j=1}^{nc} n_i \frac{\partial n_j}{\partial n_k}(a_ia_j)^{1/2}(1-k_{ij})$$

$$= \sum_{j=1}^{nc} n_j(a_ka_j)^{1/2}(1-k_{kj}) + \sum_{i=1}^{nc} n_i(a_ia_k)^{1/2}(1-k_{ik})$$

$$= 2\sum_{j=1}^{nc} n_j(a_ka_j)^{1/2}(1-k_{kj})$$

$$\frac{\partial(N^2a)}{\partial n_i} = 2\sum_{j=1}^{nc} n_j(a_ia_j)^{1/2}(1-k_{ij}) \tag{G.39}$$

把式(G.39)代入式(G.38)中,考虑到 $\frac{n_j}{N} = y_j$,可以得到:

$$\ln\widehat{\phi}_i = -\ln(Z-B) + \frac{b_i}{RTNb}\Big[\frac{NRT}{V-Nb}Nb - \frac{N^2aV}{V^2+2(Nb)V-(Nb)^2}\Big] -$$

$$\Big[\frac{2\sum\limits_{j=1}^{nc} y_j(a_ia_j)^{1/2}(1-k_{ij})}{a} - \frac{b_i}{b}\Big]\frac{a}{RT2\sqrt{2}b}\ln\Big[\frac{Z+B(\sqrt{2}+1)}{Z-B(\sqrt{2}-1)}\Big] \tag{G.40}$$

这里在式(G.40)右边第二项的中括号内做一些代数运算,即加上再减去 $\frac{NRT}{V-Nb}V$,可得:

$$\ln\widehat{\phi}_i = -\ln(Z-B) +$$

$$\frac{b_i}{RTNb}\Big[\frac{NRT}{V-Nb}Nb - \frac{NRT}{V-Nb}V + \frac{NRT}{V-Nb}V - \frac{N^2aV}{V^2+2(Nb)V-(Nb)^2}\Big] -$$

$$\Big[\frac{2\sum\limits_{j=1}^{nc} y_j(a_ia_j)^{1/2}(1-k_{ij})}{a} - \frac{b_i}{b}\Big]\frac{a}{RT2\sqrt{2}b}\ln\Big[\frac{Z+B(\sqrt{2}+1)}{Z-B(\sqrt{2}-1)}\Big] \tag{G.41}$$

把 PR 状态方程的初始形式[式(G.21)]代入式(G.41)中,可以得到:

$$\ln \widehat{\phi}_i = -\ln(Z - B) + \frac{b_i}{RTNb}[-NRT + PV] -$$

$$\left[\frac{2\sum_{j=1}^{nc} y_j (a_i a_j)^{1/2}(1 - k_{ij})}{a} - \frac{b_i}{b}\right]\frac{a}{RT2\sqrt{2}b}\ln\left[\frac{Z + B(\sqrt{2} + 1)}{Z - B(\sqrt{2} - 1)}\right] \tag{G.42}$$

最终就可以得到式(2.56):

$$\ln \widehat{\phi}_i = -\ln(Z - B) + \frac{b_i}{RTNb}[Z - 1] -$$

$$\left[\frac{2\sum_{j=1}^{nc} y_j (a_i a_j)^{1/2}(1 - k_{ij})}{a} - \frac{b_i}{b}\right]\frac{a}{RT2\sqrt{2}b}\ln\left[\frac{Z + B(\sqrt{2} + 1)}{Z - B(\sqrt{2} - 1)}\right] \tag{G.43}$$

【习题2】解答过程如下:

解题策略在于写出临界点条件的表达式,即 $\frac{\partial p}{\partial V} = 0$ 和 $\frac{\partial^2 p}{\partial V^2} = 0$,并且利用状态方程的初始形式推导出 V_{C_i}、a_i 和 b_i 的表达式。为了简化推导过程中大段公式的标记,这里对 PR 状态方程的线性部分和二次部分用两个字母进行定义:

$$L \equiv V - Nb \tag{G.44a}$$

$$Q \equiv V^2 + 2VNb - (Nb)^2 \tag{G.44b}$$

PR 状态方程可以表示为:

$$p = \frac{NRT}{L} - \frac{N^2 a}{Q} \tag{G.45}$$

临界点条件分别为:

$$\frac{\partial p}{\partial V} = -\frac{NRT}{L^2} + \frac{N^2 a(2V + 2Nb)}{Q^2} = 0 \tag{G.46}$$

$$\frac{\partial^2 p}{\partial V^2} = 2\frac{NRT}{L^3} + \frac{2N^2 a}{Q^2} - \frac{2N^2 a (2V + 2Nb)^2}{Q^3} = 0 \tag{G.47}$$

由第一个导数[式(G.46)]可知:

$$N^2 a = \frac{Q^2}{L^2}\frac{NRT}{(2V + 2Nb)} \tag{G.48}$$

将式(G.48)代入式(G.45)中,可以得到:

$$p_c = \frac{NRT_c}{L} - \frac{Q^2}{L^2}\frac{NRT}{(2V_c + 2Nb)Q} \tag{G.49}$$

重新整理式(G.49)可以得到:

$$Q = \left(L - \frac{p_c L^2}{NRT_c} \right)(2V_c + 2Nb) \qquad (\text{G.}50)$$

把式（G.48）代入式（G.46）中，可以得到一个关于 Q 的新表达式：

$$2\frac{NRT}{L^3} + \frac{2Q^2 NRT}{L^2(2V + 2Nb)Q^2} - \frac{2Q^2 NRT(2V + 2Nb)^2}{L^2(2V + 2Nb)Q^3} = 0 \qquad (\text{G.}51)$$

对式（G.51）进行简化，可以得到：

$$\frac{1}{L} + \frac{1}{2V + 2Nb} - \frac{2V + 2Nb}{Q} = 0 \qquad (\text{G.}52)$$

重新整理式（G.52）可以得到：

$$Q = \frac{(2V_c + 2Nb)^2 L}{2V_c + 2Nb + L} \qquad (\text{G.}53)$$

考虑到式（G.50）等于式（G.53），二式联立可以得到一个 V_c 和 Nb 之间的关系式：

$$V_c = -\frac{Nb}{3} + \frac{NRT_c}{3p_c} \qquad (\text{G.}54)$$

把式（G.54）代入到式（G.50）和式（G.44b）中可以消除掉 Q 表达式中的 V_c 变量，使之仅仅表示为 Nb，T_c 和 p_c 三个变量的函数。

把表达式中的 L 展开，式（G.50）可以重新表示为：

$$Q = \left[V_c - Nb - \frac{p_c(V_c - Nb)^2}{NRT_c} \right](2V_c + 2Nb) \qquad (\text{G.}55)$$

现在把式（G.54）代入到式（G.55）中，可以得到：

$$Q = \left[-\frac{Nb}{3} + \frac{NRT_c}{3p_c} - Nb - \frac{p_c\left(-\frac{Nb}{3} + \frac{NRT_c}{3P_c} - Nb \right)^2}{NRT_c} \right]\left[2\left(-\frac{Nb}{3} + \frac{NRT_c}{3P_c} \right) + 2Nb \right]$$

$$(\text{G.}56)$$

进一步整理可得：

$$Q = \left[-\frac{4Nb}{3} + \frac{NRT_c}{3p_c} - \frac{p_c}{NRT_c}\left(\frac{16Nb^2}{9} - \frac{8NbNRT_c}{9p_c} + \frac{N^2R^2T_c^{\,2}}{9p_c^{\,2}} \right) \right]\left(\frac{4Nb}{3} + \frac{2NRT_c}{3p_c} \right) \qquad (\text{G.}57)$$

对式（G.57）再进一步整理可得：

$$Q = -\frac{64}{27}\frac{p_c}{NRT_c}(Nb)^3 - \frac{48}{27}(Nb)^2 + \frac{4}{27}\left(\frac{NRT_c}{p_c} \right)^2 \qquad (\text{G.}58)$$

考虑到式（G.58）和式（G.54b）相等，二式联立可得：

$$\frac{64}{27}\frac{p_{\mathrm{c}}}{NRT_{\mathrm{c}}}(Nb)^3 - \frac{48}{27}(Nb)^2 + \frac{4}{27}\left(\frac{NRT_{\mathrm{c}}}{p_{\mathrm{c}}}\right)^2 = \left(-\frac{Nb}{3} + \frac{NRT_{\mathrm{c}}}{3p_{\mathrm{c}}}\right)^2 + 2\left(-\frac{Nb}{3} + \frac{NRT_{\mathrm{c}}}{3p_{\mathrm{c}}}\right)Nb - (Nb)^2$$

$$(\mathrm{G}.59)$$

对式(G.59)进行整理可以得到一个以(Nb)为变量的三次多项式:

$$(Nb)^3 + \frac{6}{64}\frac{NRT_{\mathrm{c}}}{p_{\mathrm{c}}}(Nb)^2 + \frac{12}{64}\left(\frac{NRT_{\mathrm{c}}}{p_{\mathrm{c}}}\right)^2 Nb - \frac{1}{64}\left(\frac{NRT_{\mathrm{c}}}{p_{\mathrm{c}}}\right)^3 = 0 \qquad (\mathrm{G}.60)$$

文献 Spiegel(1992)中给出了一般形式三次多项式的解析解。三次多项式的一般形式为:

$$x^3 + a_1 x^2 + a_2 x + a_3 = 0$$

对照可知:

$$a_1 = \frac{6}{64}\frac{NRT_{\mathrm{c}}}{p_{\mathrm{c}}}$$

$$a_2 = \frac{12}{64}\left(\frac{NRT_{\mathrm{c}}}{p_{\mathrm{c}}}\right)^2$$

$$a_3 = \frac{1}{64}\left(\frac{NRT_{\mathrm{c}}}{p_{\mathrm{c}}}\right)^3$$

首先定义几个中间变量:

$$K = \frac{3a_2 - a_1^2}{9}$$

$$R = \frac{9a_1 a_2 - 27a_3 - 2a_1^3}{54}$$

$$S = \sqrt[3]{R + \sqrt{K^3 + R^2}}$$

$$T = \sqrt[3]{R - \sqrt{K^3 + R^2}}$$

三次多项式的根分别为:

$$x_1 = S + T - \frac{1}{3}a_1$$

$$x_2 = -\frac{1}{2}(S + T) - \frac{1}{3}a_1 + \frac{1}{2}i\sqrt{3}(S - T)$$

$$x_2 = -\frac{1}{2}(S + T) - \frac{1}{3}a_1 - \frac{1}{2}i\sqrt{3}(S - T)$$

---

❶ 原文中 $K = 0.561523\left(\frac{NRT_{\mathrm{c}}}{p_{\mathrm{c}}}\right)^2$,系数"0.561523"错误,经计算后改为"0.061523"——作者注。

$$K = \frac{3 \times \frac{12}{64} \left(\frac{NRT_c}{p_c}\right)^2 - \left(\frac{6}{64}\right)^2 \left(\frac{NRT_c}{p_c}\right)^2}{9} = 0.061523 \left(\frac{NRT_c}{p_c}\right)^2 ❶$$

$$R = \frac{9 \times \frac{6}{64} \frac{NRT_c}{p_c} \times \frac{12}{64} \left(\frac{NRT_c}{p_c}\right)^2 + \frac{27}{64} \left(\frac{NRT_c}{p_c}\right)^3 - 2 \times \left(\frac{6}{64}\right)^3 \left(\frac{NRT_c}{p_c}\right)^3}{54} = 0.010712 \left(\frac{NRT_c}{p_c}\right)^3$$

$$S = 0.308484 \frac{NRT_c}{p_c}$$

$$T = -0.19944 \frac{NRT_c}{p_c}$$

$$Nb = (0.308484 - 0.19944) \frac{NRT_c}{p_c} - \frac{6}{64 \times 3} \frac{NRT_c}{p_c} = 0.077796 \frac{NRT_c}{p_c} \quad (G.61)$$

重新整理式(G.45)可以得到:

$$N^2 a = NRT_c \frac{Q}{L} - Q p_c \quad (G.62)$$

把式(G.59)右边项代入式(G.62),可以得到:

$$N^2 a = 0.457238 \frac{(NRT_c)^2}{p_c} \quad (G.63)$$

给式(G.54)两边同乘以 $\frac{p_c}{NRT_c}$,可以得到:

$$Z_c = -\frac{1}{3} \times 0.077796 + \frac{1}{3} = 0.307 \quad (G.64)$$

临界体积(V_c)和协体积(Nb)之间的关系式(G.54)决定了所有纯组分具有相等的临界压缩因子。

最后给出最终结论,从常数 a 和 b 的推导过程可知,此类立方型状态方程总是可以拟合上纯组分的临界点性质。某些商业软件把纯组分的这两个常数性质称为 Ω_a 和 Ω_b ,并且在实际的状态方程拟合过程中把它们作为可调参数。在第2章给出的状态方程拟合过程中我们不建议采取这种做法,因为这么做会改变我们正在模拟的纯组分的临界点性质。而且,这种做法还会使 PR 状态方程在临界点附近失去初始的立方型特性。

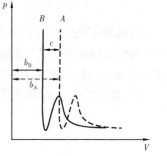

图 G.2 立方型状态方程沿着
体积轴的偏移量

在保持压力、温度和组分组成不变的前提下,通过给曲线"B"附加一个常数 c ,可以得到一条虚假的新三次曲线"A"。校正后的流体体积 $V_A = V_B + c$ 必然是曲线 A 的根

【习题3】解答过程如下:

Peneloux 和 Rauzy 在 1982 年提出了体积偏移系数的概念,Zabaloy 和 Brignole 在 1997 年再次对这个概念进行了

探讨。体积偏移系数实际上是立方型状态方程沿着体积轴的一个偏移量。假设流体的组分组成不变,系统温度 T 恒定,其 $p \times V$ 相图如图所示的三次实线曲线"B"。对于一个特定的压力,通过状态方程计算得到的流体体积假定为 V_B。值得注意的是,对于纯净的轻质和中质液体烃组分,相对于密度实验数据,根据状态方程的立方根计算出的密度数值,V_B 存在一个系统误差。如果密度实验数据已知,则有可能通过给 V_B 附加一个常数 c 来精确弥补计算值与实验值之间的差异。根据烃组分的摩尔质量通过简单的关系式计算得到该常数。对于混合物的流体模拟,可以把用于协体积 b 的简单混合规则应用于体积偏移系数的计算:

$$c = \sum_{i=1}^{nc} x_i c_i$$

但是,体积偏移系数最重要的一个特点在于,如果保持压力、温度和组分组成不变的前提下,校正后的流体体积必然是虚假的新曲线"A"的根。换句话说,必须接受更好的那个根 $V_A = V_B + c$,并用之于重新计算初始流体的与体积相关的所有性质。该计算并不会改变其他任何性质,比如饱和压力,分相组分组成甚至协体积。

Zabaloy 和 Brignole(1997)曾经利用 SRK 状态方程进行过一致性检测。当然,利用任何立方型状态方程都可以进行一致性检测。鉴于 $p = F(T, V, \boldsymbol{n})$,其中 T 和 $\boldsymbol{n}$ 已知,三次曲线"A"的函数形式可以表示为:

$$p = F(T, V, \boldsymbol{n}) = F(T, V_B + c, \boldsymbol{n}) \tag{G.65}$$

对于 PR 状态方程,三次曲线"A"可以具体表示为:

$$p = \frac{RT}{V_A - b_A} - \frac{a}{V_A^2 + 2V_A b_A - b_A^2} \tag{G.66}$$

仍然对于同一条曲线"A",通过代入 V_B 和 b_B,式(G.66)可以重新表示为:

$$p = \frac{RT}{(V_B + c) - (b_B + c)} - \frac{a}{(V_B + c)^2 + 2(V_B + c)(b_B + c) - (b_B + c)^2} \tag{G.67}$$

式(G.66)和式(G.67)中体积参数 V_A 和 V_B 中的下标可以去掉,因为两者对应的是同一条坐标轴,即体积轴。需要注意的是,这里遇到一个关键点:不能把协体积参数 b_A 和 b_B 的下标去掉,因为它们代表着三次曲线"A"和"B"的不同起点。

对于曲线"A",去掉体积参数的下标后,可以得到:

$$p = \frac{RT}{V - b_A} - \frac{a}{V^2 + 2V b_A - b_A^2} \tag{G.68}$$

$$p = \frac{RT}{(V + c) - b_A} - \frac{a}{(V + c)^2 + 2(V + c) b_A - b_A^2} \tag{G.69}$$

换句话说,如果去掉参数下标,通过对比可以发现,式(G.69)的根 $V + c$ 就等于式(G.68)的根 V:

$$p = \frac{RT}{V - b} - \frac{a}{V^2 + 2Vb - b^2} \tag{G.70}$$

$$p = \frac{RT}{(V+c)-b} - \frac{a}{(V+c)^2 + 2(V+c)b - b^2} \tag{G.71}$$

如果读者认为式(G.66)至式(G.71)这几个方程完全相同,就会更容易理解 Zabaloy 和 Brignole 的想法。

此外,如果去掉所有的参数下标,式(G.67)可变为:

$$p = \frac{RT}{V-b} - \frac{a}{(V+c)^2 + 2(V+c)(b+c) - (b+c)^2} \tag{G.72}$$

协体积参数 b 发生两次变化,这样就会使变化前后的状态方程产生不一致从而导致误差,比如会引起饱和压力的改变,就像 Zabaloy 和 Brignole (1997)展示的那样。但是需要指出的是,该文献中采用的是 SRK 状态方程(参见文献附录)。

从式(G.72)中可以看出,显然对参数 b_A 错误地做了两次改变。

Zabaloy 和 Brignole 在他们的论文中没有指出来的是,如果把式(G.70)作为三次曲线"*B*"开始求解,然后把得到的根 V 代入式(G.72)中,就会发现,这个根能够让式(G.72)成立,两个方程确实具有一致性。这是因为式(G.72)实际上表示的是三次曲线"*A*"。换句话说,式(G.70)和式(G.72)根本就不是同一个立方型方程。

继续分析发现,所有这一切都取决于求解的是哪一个三次曲线。是曲线"*A*"还是"*B*"?

就像在开始求解之前那样,首先假设三次曲线"*B*"能够充分表征具有特定相组分组成的流体。求解式(G.70)得到根 V,然后仅仅附加一个常数 c,得到 $V+c$,就好像通过求解三次曲线"*A*"得到的根。如此则可以计算出所有的体积相关性质。何错之有? 没有错误,除了三次曲线"*A*"使用了不正确的协体积来表征具有相同特定相组分组成的流体。也即是说,一个人出生于曲线"*B*",然后仅仅为了计算更好的体积相关性质而来到曲线"*A*",然后却发现自己已经回到家了。

为什么体积偏移校正不会改变饱和压力和达到相平衡时的组分组成? 因为曲线"*A*"和"*B*"在形态上完全是平行的,而且针对的同样的组分组成、同样的温度。唯一的一点差异在于协体积,也即,曲线到压力轴的距离。这就能够解释为什么偏移校正仅仅影响到体积相关性质。下面是组分 i 的逸度系数的数学计算过程:

$$\ln\widehat{\phi}_i = \frac{1}{RT}\int_0^p \left(\overline{V}_i - \frac{RT}{p}\right)\mathrm{d}p \tag{G.73}$$

为了计算逸度系数,需要预先计算偏摩尔体积 $\overline{V}_i$。其定义如下:

$$\overline{V}_i = \left(\frac{\partial V}{\partial n_i}\right)_{T,p,n_{j\neq i}} \tag{G.74}$$

鉴于:

$$V_A = V_B + \sum_{i=1}^{nc} n_i c_i \tag{G.75}$$

由此可得:

$$\overline{V}_{i,A} = \overline{V}_{i,B} + c_i \tag{G.76}$$

根据前述内容,容易得到:

$$\ln\widehat{\phi}_{i,B} = \frac{1}{RT}\int_0^p \left(\overline{V}_{i,B} - \frac{RT}{p} \right) \mathrm{d}p \tag{G.77}$$

$$\ln\widehat{\phi}_{i,A} = \frac{1}{RT}\int_0^p \left(\overline{V}_{i,B} + c_i - \frac{RT}{p} \right) \mathrm{d}p \tag{G.78}$$

对比可知:

$$\widehat{\phi}_{i,A} = \widehat{\phi}_{i,A}\exp\left(\frac{pc_i}{RT} \right) \tag{G.79}$$

对于一个两相的流体系统,无论选择哪种立方型状态方程通过逸度相等对相平衡条件进行表征,结果都是一样的。其原因在于,在计算过程中指数项 $\exp\left(\frac{pc_i}{RT} \right)$ 被消掉了:

$$\widehat{\phi}_{i,A}^L x_i = \widehat{\phi}_{i,A}^V y_i \tag{G.80}$$

$$\widehat{\phi}_{i,B}^L x_i = \widehat{\phi}_{i,B}^v y_i \tag{G.81}$$

【习题4】解答过程如下:

摩尔分数分布函数的归一化条件为:

$$\int_\eta^\phi Ce^{-DI}\mathrm{d}I = \left(-\frac{C}{D}e^{-DI} \right)_\eta^\phi = -\frac{C}{D}(e^{-D\phi} - e^{-D\eta}) = 1 \rightarrow C = \frac{D}{e^{-D\eta} - e^{-D\phi}} \tag{G.82}$$

平均动量与馏分的平均单碳数和摩尔质量相关,可以表示为:

$$\int_\eta^\phi ICe^{-DI}\mathrm{d}I = \overline{I} \tag{G.83}$$

为了应用广义高斯—拉盖尔求积公式,比如给被积函数乘以一个指数型权重函数,需要进行以下类型的变量变换:

$$z \equiv D(I - \eta) \tag{G.84}$$

对于式(G.84),当 I 趋近于 ϕ 时,可以定义如下的广义特征描述变量 Δ:

$$\Delta \equiv D(\phi - \eta) \tag{G.85}$$

已知:

$$\mathrm{d}z = D\mathrm{d}I \tag{G.86}$$

把式(G.84)至式(G.86)代入式(G.83)中,可以得到:

$$\int_0^\Delta C\left(\frac{z}{D} + \eta \right)e^{-D(\frac{z}{D}+\eta)}\frac{1}{D}\mathrm{d}z = \overline{I} \tag{G.87}$$

将指数项展开可得:

$$\int_0^\Delta C\left(\frac{z}{D} + \eta\right)\mathrm{e}^{-D\eta}\mathrm{e}^{-z}\frac{1}{D}\mathrm{d}z = \bar{I} \tag{G.88}$$

将式(G.88)被积函数中的求和项分开,可以得到:

$$\int_0^\Delta \frac{C}{D^2}\mathrm{e}^{-D\eta}z\mathrm{e}^{-z}\mathrm{d}z + \int_0^\Delta \frac{C\eta}{D}\mathrm{e}^{-D\eta}\mathrm{e}^{-z}\mathrm{d}z = \bar{I} \tag{G.89}$$

鉴于:

$$\int_0^\Delta z\mathrm{e}^{-z}\mathrm{d}z = \left(-z\mathrm{e}^{-z}\right)_0^\Delta - \int_0^\Delta -\mathrm{e}^{-z}\mathrm{d}z = -\Delta\mathrm{e}^{-\Delta} + \left(-\mathrm{e}^{-z}\right)_0^\Delta = -\Delta\mathrm{e}^{-\Delta} +$$
$$\left[-\mathrm{e}^{-\Delta} - (-1)\right] = 1 - \mathrm{e}^{-\Delta} - \Delta\mathrm{e}^{-\Delta} \tag{G.90}$$

通过分部积分法对式(G.89)左边第一项进行积分,可得:

$$1^{st}T = \frac{1}{D}\frac{\mathrm{e}^{-D\eta}}{\mathrm{e}^{-D\eta} - \mathrm{e}^{-D\phi}}(1 - \mathrm{e}^{-\Delta} - \Delta\mathrm{e}^{-\Delta}) \tag{G.91}$$

考虑 Δ 的定义对式(G.91)进行调整,可得:

$$1^{st}T = \frac{\phi - \eta}{\Delta}\frac{(1 - \mathrm{e}^{-\Delta} - \Delta e^{-\Delta})}{1 - \mathrm{e}^{-\Delta}} \tag{G.92}$$

式(G.89)左边第二项很容易求得:

$$2^{nd}T = \frac{\eta}{\mathrm{e}^{-D\eta} - \mathrm{e}^{-D\phi}}\mathrm{e}^{-D\eta}\left(-\mathrm{e}^{-z}\right)_0^\Delta = \frac{\eta\mathrm{e}^{-D\eta}}{\mathrm{e}^{-D\eta} - \mathrm{e}^{-D\phi}}(1 - \mathrm{e}^{-\Delta}) = \frac{\eta}{1 - \mathrm{e}^{-\Delta}}(1 - \mathrm{e}^{-\Delta}) = \eta \tag{G.93}$$

从而得到:

$$\frac{\phi - \eta}{\Delta}\frac{(1 - \mathrm{e}^{-\Delta} - \Delta\mathrm{e}^{-\Delta})}{1 - \mathrm{e}^{-\Delta}} + \eta = \bar{I} \tag{G.94}$$

$$\frac{\bar{I} - \eta}{\phi - \eta} = \frac{1}{\Delta}\left(1 - \frac{\Delta\mathrm{e}^{-\Delta}}{1 - \mathrm{e}^{-\Delta}}\right) \tag{G.95}$$

$$\frac{\bar{I} - \eta}{\phi - \eta} = \frac{1}{\Delta} - \frac{\mathrm{e}^{-\Delta}}{1 - \mathrm{e}^{-\Delta}} \tag{G.96}$$

对以 Δ 为变量的式(G.96)进行数值求解可以得到广义高斯—拉盖尔求积公式中的积分节点和权重。这些积分节点和权重的计算公式列于文献 Shibata 等(1987)中。通过这些积分节点就可以确定描述重质馏分(通常主要是 C_{20^+} 馏分)的离散拟组分以及各自的摩尔分数。

第3章

【习题1】解答过程如下:

假设以向上为 z 的正方向,对式(3.21)求导,可以得到:

$$\mathrm{d}\mu_i = -M_i g\mathrm{d}z \tag{G.97}$$

利用等温吉布斯—杜亥姆方程可以得到：

$$d\mu_i = \overline{V}_i dp + \sum_{j=1}^{nc-1} \left(\frac{\partial \mu_i}{\partial x_j}\right)_{T,p,x_{k \neq j}} dx_j \qquad (G.98)$$

把式(G.97)代入式(G.98)中,并且考虑到 $dp = -\rho g dz$,可以得到：

$$-\overline{V}_i \rho g dz + \sum_{j=1}^{nc-1} \left(\frac{\partial \mu_i}{\partial x_j}\right)_{T,p,x_{k \neq j}} dx_j = -M_i g dz \qquad (G.99)$$

对式(G.99)进行整理,可以得到：

$$\sum_{j=1}^{nc-1} \left(\frac{\partial \mu_i}{\partial x_j}\right)_{T,p,x_{k \neq j}} \frac{dx_j}{dz} = (\rho \overline{V}_i - M_i)g \qquad (G.100)$$

【习题2】解答过程如下：

去掉化学势偏导数项中表针定值常数的下标($T,p,x_{k \neq j}$),对式(G.100)进行整理,可以得到：

$$
\begin{bmatrix}
\left(\frac{\partial \mu_1}{\partial x_1}\right)\left(\frac{\partial \mu_1}{\partial x_2}\right)\cdots\left(\frac{\partial \mu_1}{\partial x_{nc-1}}\right) \\
\left(\frac{\partial \mu_2}{\partial x_1}\right)\left(\frac{\partial \mu_2}{\partial x_2}\right)\cdots\left(\frac{\partial \mu_2}{\partial x_{nc-1}}\right) \\
\vdots \\
\left(\frac{\partial \mu_{nc-1}}{\partial x_1}\right)\left(\frac{\partial \mu_{nc-1}}{\partial x_2}\right)\cdots\left(\frac{\partial \mu_{nc-1}}{\partial x_{nc-1}}\right)
\end{bmatrix}
\begin{bmatrix}
\frac{dx_1}{dz} \\
\frac{dx_2}{dz} \\
\vdots \\
\frac{dx_{nc-1}}{dz}
\end{bmatrix}
=
\begin{bmatrix}
(\rho \overline{V}_1 - M_1) \\
(\rho \overline{V}_2 - M_2) \\
\vdots \\
(\rho \overline{V}_{nc-1} - M_{nc-1})
\end{bmatrix} g
$$

有两种方法可以增加组分组成剖面沿深度方向的变异程度。第一,矩阵 $\left(\frac{\partial \mu_i}{\partial x_j}\right)$ 的行列式值趋近于0(在临界点附近会发生这种情况)和/或组分 i 的摩尔质量很高(比如树脂和沥青质)。第二,偏摩尔体积为负值,也可以使得等式右边项的绝对值增加,相当于组分 i 的摩尔质量增加。

【习题3】解答过程如下：

针对 East Painter 储层,Creek 和 Schrader 在 1985 年提出了热力学模型。在第 3 章中,通过 PR 状态方程对 East Painter 储层流体的 PVT 分析结果进行了拟合,并对状态方程的参数进行了优化调参。首先写出该模型中矩阵 $\frac{\partial \mu_i}{\partial x_j}$ 沿深度方向的行列式。可以得到以下关于流体相态变化行为的认识。

从组分摩尔分数垂向分布曲线图上可以看出,在分布曲线反曲点附近,矩阵 $\frac{\partial \mu_i}{\partial x_j}$ 沿深度方向的行列式趋近于0。在该案例中,这个反曲点对应于近0m基准深度。这个位置最接近于临界点,组分组成沿深度的分布变化在这里最剧烈。换句话说,等温储层的温度在这个位置最接近于储层流体的临界温度。因此,矩阵 $\dfrac{\partial \mu_i}{\partial x_j}$ 沿深度方向的行列式在这个位置趋近于0。

【习题4】解答过程如下:

在计算流体相态时,首先从基准深度开始算起。根据式(3.27),可以对基准深度上下任意深度处的流体逸度进行计算。通过拟合对状态方程进行优化调参后,对于一维垂向等温储层,油气界面GOC应该位于液相组分含量最高的位置和汽相组分含量最低的位置之间。接下来只需要仅仅改变深度值 z 进行计算,即可确定油气界面位置。这里无须对考虑重力影响的逸度方程进行修改,也无须对求解算法进行修改。通过对考虑重力影响的亥姆霍兹能进行优化(Esposito等,2000),可以计算出组分总含量沿深度方向上的分布。在计算过程中,可以把模拟区域的深度划分为依次叠加的若干个离散深度水平以保证未知的油气界面位置位于某一个虚拟相内。然后需要对网格进一步加密并进行稳定性测试,从而保证在很薄的两个液体虚拟相和气体虚拟相中存在一个明显的界面。那个界面就是油气界面。

第4章

【习题1】解答过程如下:

对于二元混合物,式(A.99)可以简写为:

$$\boldsymbol{j}_1 = -\rho D_{12} a_{12} \Big[\frac{k_{T_1}}{T} \nabla T + \frac{w_1 M}{M_1} L_{11} \Big(\frac{w_1 + w_2}{M_1} \Big) \Big(\frac{\partial \ln f_1}{\partial w_1} \Big) \nabla w_1 + \frac{M w_1}{RT L_{11}} L_{11} \Big(w_2 \cdot \tilde{v}_1 + w_1 \cdot \tilde{v}_1 - \frac{1}{\rho} \Big) \nabla p \Big]$$

对式(A.125)进行简化,可以得到:

$$\boldsymbol{J}_1 = \frac{\boldsymbol{j}_1}{M_1} \Big[\delta_{11} - \frac{x_1}{x_1} \Big(x_1 - \frac{w_1}{w_2} x_2 \Big) \Big] = \frac{\boldsymbol{j}_1}{M_1} \Big[1 - \Big(x_1 - \frac{w_1}{w_2} x_2 \Big) \Big]$$

$$= \frac{\boldsymbol{j}_1}{M_1} \Big(x_2 + \frac{w_1}{w_2} x_2 \Big) = \frac{\boldsymbol{j}_1}{M_1} x_2 \Big(1 + \frac{w_1}{w_2} \Big) = \frac{\boldsymbol{j}_1}{M_1} x_2 \Big(1 + \frac{M_1 x_1}{M_2 x_2} \Big)$$

$$= \frac{\boldsymbol{j}_1}{M_1} x_2 \Big(1 + \frac{M_1 x_1}{M_2 x_2} \Big) = \frac{\boldsymbol{j}_1}{M_1} x_2 \Big(\frac{M_1 x_1 + M_2 x_2}{M_2 x_2} \Big) = \boldsymbol{j}_1 \frac{M}{M_2 M_2}$$

由此可得:

$$\boldsymbol{J}_1 = -\rho D_{12} a_{12} \frac{M}{M_1 M_2} \Big[\frac{k_{T_1}}{T} \nabla T + \frac{w_1 M}{M_1} \Big(\frac{\partial \ln f_1}{\partial w_1} \Big) \nabla w_1 + \frac{M w_1}{RT} \Big(w_2 \cdot \tilde{v}_1 + w_1 \cdot \tilde{v}_1 - \frac{1}{\rho} \Big) \nabla p \Big]$$

式中

$$\frac{w_1 M}{M_1} = \frac{M_1 x_1}{M} \frac{M}{M_1} = x_1$$

$$\frac{M w_1}{RT} \Big(w_2 \cdot \tilde{v}_1 + w_1 \cdot \tilde{v}_1 - \frac{1}{\rho} \Big) = \frac{M M_1 x_1}{MRT} \Big(\frac{M_2 x_2}{M} \frac{\tilde{v}_1}{M_1} + \frac{M_1 x_1}{M} \frac{\tilde{v}_1}{M_1} - \frac{1}{\rho} \Big) = \frac{M_1 x_1}{RT} \Big(\frac{\tilde{v}_1}{M_1} - \frac{1}{\rho} \Big)$$

因此有:

$$J_1 = -\rho D_{12}^* a_{12}\left[\frac{k_{T_1}}{T}\nabla T + \left(\frac{\partial \ln f_1}{\partial \ln x_1}\right)\nabla x_1 + \frac{M_1 x_1}{RT}\left(\frac{\tilde{v}_1}{M_1} - \frac{1}{\rho}\right)\nabla p\right]$$

利用前述的 a_{12} 定义式:

$$a_{12} \equiv \frac{M_1 M_2}{M^2}$$

由此可得:

$$\rho a_{12} = \rho\frac{M_1 M_2}{M^2} \to c = \frac{\rho}{M} \to \frac{\rho}{M^2} = \frac{c}{M} = \frac{c^2}{\rho}$$

最后可以得到:

$$J_1 = -\frac{c^2}{\rho}M_1 M_2 D_{12}^*\left[\frac{k_{T_1}}{T}\nabla T + \left(\frac{\partial \ln f_1}{\partial \ln x_1}\right)\nabla x_1 + \frac{M_1 x_1}{RT}\left(\frac{\tilde{v}_1}{M_1} - \frac{1}{\rho}\right)\nabla p\right]$$

【习题 2】解答过程如下:

对于一个处于平衡状态(也即,$\nabla T = 0$,$J_i = 0$)的系统,在习题 1 中推导出的摩尔轴扩散流率方程可以简化为:

$$\left(x_1\frac{\partial \ln f_1}{\partial x_1}\right)\nabla x_1 = -\frac{M_1 x_1}{RT}\left(\frac{\tilde{v}_1}{M_1} - \frac{1}{\rho}\right)\nabla p$$

考虑到 $\nabla p = -\rho g$,可以得到:

$$RT\left(\frac{\partial \ln f_1}{\partial x_1}\right)\frac{dx_1}{dz} = (\rho\tilde{v}_1 - M_1)g$$

把上式中的逸度转换为化学势,如同第 3 章习题 1 中的形式,也即:

$$\left(\frac{\partial \mu_1}{\partial x_1}\right)\frac{dx_1}{dz} = (\rho\tilde{v}_1 - M_1)g$$

【习题 3】解答过程如下:

对于一个不考虑重力影响($\nabla p = 0$)的非等温储层,在平衡状态时,存在 $J_i = 0$。由此可得:

$$\frac{k_{T_1}}{T}\nabla T = -\left(\frac{\partial \ln f_1}{\partial \ln x_1}\right)\nabla x_1 \qquad (\text{G.}101)$$

定义热扩散系数与 ∇x_1 和 ∇T 之间的关系式如下:

$$\frac{\nabla x_1}{x_1 x_2} = \alpha_{\exp}\frac{\nabla T}{T} \qquad (\text{G.}102)$$

对式(G.101)两边同除以 $x_1 x_2$,可以得到:

$$\frac{k_{T_1}}{x_1 x_2} \frac{\nabla T}{T} = -\left(\frac{\partial \ln f_1}{\partial \ln x_1}\right)\frac{\nabla x_1}{x_1 x_2} \tag{G.103}$$

进一步整理可得：

$$\frac{\nabla x_1}{x_1 x_2} = -\left(\frac{\partial \ln x_1}{\partial \ln f_1}\right)\frac{k_{T_1}}{x_1 x_2}\frac{\nabla T}{T} = \alpha_{\text{exp}}\frac{\nabla T}{T} \tag{G.104}$$

值得说明的是一些重要的注意事项：

在 Shukla 和 Firoozabadi（1998）提出的式（G.101）中，$F_1 = \left(\frac{\partial \ln f_1}{\partial \ln x_1}\right)$ 不可除以 ∇p，但可乘以 ∇x_1。如此则式（G.102）中的 α_T 就包含了 F_1。

还值得注意的一点是，热扩散项之前有一个"–"。受此影响，式（G.104）中 α_{exp} 本身包含了一个"–"。

最后，为了对 Shukla 和 Firoozabadi（1998）提出的式（G.103）进行积分并且得出式（G.104），首先需要证明 $\frac{dx_1}{x_1 x_2} = d\ln(x_1/x_2)$：

$$d(x_1/x_2) = \frac{1}{x_2}dx_1 - \frac{x_1}{x_2^2}dx_2 = \left(\frac{1}{x_2} + \frac{x_1}{x_2^2}\right)dx_1 = \frac{1}{x_2^2}dx_1 \tag{G.105}$$

将式（G.105）两边同除以 x_1/x_2，可以得到：

$$\frac{d(x_1/x_2)}{x_1/x_2} = \frac{1}{x_2^2}dx_1\frac{x_2}{x_1} = \frac{dx_1}{x_1 x_2} \tag{G.106}$$

【习题4】解答过程如下：

如果设置 $j_1 = 0$（表示系统处于稳定状态），则矩阵 D、M 和 L 都被抵消掉，式（A.168）可简化为：

$$WF(\nabla w^t)^t + \frac{w_{nc}}{RT^2}\widehat{Q}^{*,m}(\nabla T)^t + V(\nabla p)^t = 0 \tag{G.107}$$

对于一个二元混合物系统，如果忽略 ∇p，则可以得到：

$$W = W_{11} = \frac{w_1 + w_2}{M_1} = \frac{1}{M_1}$$

$$F_{11} = \left(\frac{\partial \ln f_1}{\partial w_1}\right)$$

已知：

$$\frac{1}{M_1}\left(\frac{\partial \ln f_1}{\partial w_1}\right)\frac{dw_1}{dz} + w_2\frac{Q_1^{*,m} - Q_2^{*,m}}{RT^2}\frac{dT}{dz} = 0 \tag{G.108}$$

如果用 $\frac{x_2 M_2}{M}$ 替代 w_2，并且考虑到微分 dw_1 和 dx_1 之间的直接关系，则式（G.108）可变为：

$$\frac{1}{M_1}\left(\frac{\partial \ln f_1}{\partial x_1}\right)\frac{dx_1}{dz} + \frac{x_2 M_2}{M}\frac{Q_1^{*,m} - Q_2^{*,m}}{RT^2}\frac{dT}{dz} = 0 \qquad (\text{G.109})$$

接下来对式(G.109)两边同乘以 $x_1 M_1$,可以得到:

$$x_1\left(\frac{\partial \ln f_1}{\partial x_1}\right)\frac{dx_1}{dz} + \frac{x_1 M_1 x_2 M_2}{M}\frac{Q_1^{*,m} - Q_2^{*,m}}{RT^2}\frac{dT}{dz} = 0 \qquad (\text{G.110})$$

为了得到第二项中的摩尔轴传输热,需要用到下面的关系式:

$$Q_i^{*,M} = \frac{M_1 M_2}{M}Q_i^{*,m} \qquad (\text{G.111})$$

最终可以得到:

$$\left(\frac{\partial \ln f_1}{\partial \ln x_1}\right)\frac{dx_1}{dz} + x_1 x_2 \frac{Q_1^{*,M} - Q_2^{*,M}}{RT}\frac{d\ln T}{dz} = 0 \qquad (\text{G.112})$$

进一步整理可得:

$$\frac{dx_1}{dz}\frac{1}{x_1 x_2} = \alpha_{\text{exp}}\frac{d\ln T}{dz} \qquad (\text{G.113})$$

其中

$$\alpha_{\text{exp}} = -\frac{Q_1^{*,m} - Q_2^{*,m}}{RT\left(\frac{\partial \ln f_1}{\partial \ln x_1}\right)}\text{。}$$

【习题5】解答过程如下:

忽略 ∇p,则以质量单位为基础的扩散流率(译者注:或质量轴扩散流率,或相对于质量轴的扩散流率,或质量平均扩散流率)可以表示为:

$$\boldsymbol{j}_1 = -\rho D_{12}\frac{M_1 M_2}{M^2}\left(k_{T_1}\frac{\nabla T}{T} + \frac{w_1 M}{M_1}\frac{\partial \ln f_1}{\partial w_1}\nabla w_1\right) \qquad (\text{G.114})$$

$$\boldsymbol{j}_1 = -\rho D_{12}\frac{M_1 M_2}{M^2}k_{T_1}\frac{\nabla T}{T} - \rho D_{12}\frac{M_1 M_2}{M^2}\frac{w_1 M}{M_1}\frac{\partial \ln f_1}{\partial w_1}\nabla w_1 \qquad (\text{G.115})$$

这里定义 $\alpha \equiv \dfrac{k_{T_1}}{w_1 w_2}$,然后代入式(G.115)中,可以得到:

$$\boldsymbol{j}_1 = -\rho D_{12}\frac{M_1 M_2}{M^2}\alpha w_1 w_2 \frac{\nabla T}{T} - \rho D_{12}\frac{M_2}{M}\frac{\partial \ln f_1}{\partial \ln w_1}\nabla w_1 \qquad (\text{G.116})$$

对式(G.116)进行整理可得:

$$\boldsymbol{j}_1 = -\rho w_1 w_2 D^T \nabla T - \rho D^m \nabla w_1 \qquad (\text{G.117})$$

式中

$$D^m = D_{12} \frac{M_2}{M} \frac{\partial \ln f_1}{\partial \ln w_1}$$

$$D^T = D_{12} \frac{M_1 M_2}{M^2} \frac{\alpha}{T}$$

如果 $j_1 = 0$ ，则可以得到：

$$\nabla w_1 = - \frac{D^T}{D^m} w_1 w_2 \nabla T = - S^T w_1 w_2 \nabla T \tag{G.118}$$

这里需要对式（G.114）中的传输热项重新进行整理。再次用到习题 4 中式（G.108）：

$$\frac{1}{M_1} \left(\frac{\partial \ln f_1}{\partial w_1} \right) \frac{dw_1}{dz} + w_2 \frac{Q_1^{*,m} - Q_2^{*,m}}{RT^2} \frac{dT}{dz} = 0 \tag{G.119}$$

对式（G.119）两边同乘以 w_1 ，可以得到：

$$\frac{1}{M_1} \left(\frac{\partial \ln f_1}{\partial \ln w_1} \right) \frac{dw_1}{dz} + w_1 w_2 \frac{Q_1^{*,m} - Q_2^{*,m}}{RT_2} \frac{dT}{dz} = 0 \tag{G.120}$$

把 $\dfrac{dw_1}{dz}$ 从式（G.120）左边提取出来，并单独置于等式左侧，可以得到：

$$\frac{dw_1}{dz} = - \frac{M_1}{\left(\dfrac{\partial \ln f_1}{\partial \ln w_1} \right)} \frac{Q_1^{*,m} - Q_2^{*,m}}{RT^2} w_1 w_2 \frac{dT}{dz} \tag{G.121}$$

由此可得：

$$S^T = \frac{M_1}{\left(\dfrac{\partial \ln f_1}{\partial \ln w_1} \right)} \frac{Q_1^{*,m} - Q_2^{*,m}}{RT^2} \tag{G.122}$$

Platten（2006）提出了 Soret 系数，Shukla 和 Firoozabadi（1998）中针对二元系统提出了传输热。通过式（G.122）可以把二者关联起来。

附录 H　单位换算表

1mile = 1. 609km

1ft = 30. 48cm

1in = 25. 4mm

1acre = 2. 59km^2

1ft^2 = 0. 093m^2

1in^2 = 6. 45cm^2

1ft^3 = 0. 028m^3

1in^3 = 16. 39cm^3

1lb = 453. 59g

1bbl = 0. 16m^3

1mmHg = 133. 32Pa

1atm = 101. 33kPa

1psi = 6. 89kPa

1psi = 1psig = 6894. 76Pa

psig = psia − 14. 79977

℃ = K − 273. 15

1cP = 1mPa · s

1mD = 1 × 10^{-3} μm^2

1bar = 10^5 Pa

1dyn = 10^{-5} N

1kgf = 9. 80665N

国外油气勘探开发新进展丛书（一）

书号：3592
定价：56.00元

书号：3663
定价：120.00元

书号：3700
定价：110.00元

书号：3718
定价：145.00元

书号：3722
定价：90.00元

国外油气勘探开发新进展丛书（二）

书号：4217
定价：96.00元

书号：4226
定价：60.00元

书号：4352
定价：32.00元

书号：4334
定价：115.00元

书号：4297
定价：28.00元

国外油气勘探开发新进展丛书（三）

书号：4539
定价：120.00元

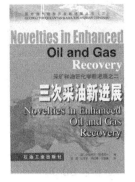

书号：4725
定价：88.00元

书号：4707
定价：60.00元

书号：4681
定价：48.00元

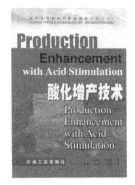

书号：4689
定价：50.00元

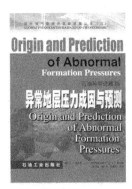

书号：4764
定价：78.00元

国外油气勘探开发新进展丛书（四）

书号：5554
定价：78.00元

书号：5429
定价：35.00元

书号：5599
定价：98.00元

书号：5702
定价：120.00元

书号：5676
定价：48.00元

书号：5750
定价：68.00元

国外油气勘探开发新进展丛书（五）

书号：6449
定价：52.00元

书号：5929
定价：70.00元

书号：6471
定价：128.00元

书号：6402
定价：96.00元

书号：6309
定价：185.00元

书号：6718
定价：150.00元

国外油气勘探开发新进展丛书（六）

书号：7055
定价：290.00元

书号：7000
定价：50.00元

书号：7035
定价：32.00元

书号：7075
定价：128.00元

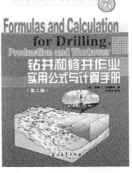

书号：6966
定价：42.00元

书号：6967
定价：32.00元

国外油气勘探开发新进展丛书（七）

书号：7533
定价：65.00元

书号：7802
定价：110.00元

书号：7555
定价：60.00元

书号：7290
定价：98.00元

书号：7088
定价：120.00元

书号：7690
定价：93.00元

国外油气勘探开发新进展丛书（八）

书号：7446
定价：38.00元

书号：8065
定价：98.00元

书号：8356
定价：98.00元

书号：8092
定价：38.00元

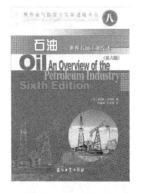

书号：8804
定价：38.00元

书号：9483
定价：140.00元

国外油气勘探开发新进展丛书（九）

书号：8351
定价：68.00元

书号：8782
定价：180.00元

书号：8336
定价：80.00元

书号：8899
定价：150.00元

书号：9013
定价：160.00元

书号：7634
定价：65.00元

国外油气勘探开发新进展丛书（十）

书号：9009
定价：110.00元

书号：9989
定价：110.00元

书号：9574
定价：80.00元

书号：9024
定价：96.00元

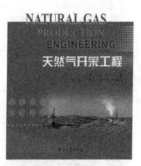

书号：9322
定价：96.00元

书号：9576
定价：96.00元

国外油气勘探开发新进展丛书（十一）

书号：0042
定价：120.00元

书号：9943
定价：75.00元

书号：0732
定价：75.00元

书号：0916
定价：80.00元

书号：0867
定价：65.00元

书号：0732
定价：75.00元

国外油气勘探开发新进展丛书（十二）

书号：0661
定价：80.00元

书号：0870
定价：116.00元

书号：0851
定价：120.00元

书号：1172
定价：120.00元

书号：0958
定价：66.00元

书号：1529
定价：66.00元

国外油气勘探开发新进展丛书（十三）

书号：1046
定价：158.00元

书号：1167
定价：165.00元

书号：1645
定价：70.00元

书号：1259
定价：60.00元

书号：1875
定价：158.00元

书号：1477
定价：256.00元

国外油气勘探开发新进展丛书（十四）

书号：1456
定价：128.00元

书号：1855
定价：60.00元

书号：1874
定价：280.00元

书号: 2857
定价: 80.00元

书号: 2362
定价: 76.00元

国外油气勘探开发新进展丛书(十五)

书号: 3053
定价: 260.00元

书号: 3682
定价: 180.00元

书号: 2216
定价: 180.00元

书号: 3052
定价: 260.00元

书号: 2703
定价: 280.00元

书号: 2419
定价: 300.00元

国外油气勘探开发新进展丛书（十六）

书号：2274
定价：68.00元

书号：2428
定价：168.00元

书号：1979
定价：65.00元

书号：3450
定价：280.00元

书号：3384
定价：168.00元

国外油气勘探开发新进展丛书（十七）

书号：2862
定价：160.00元

书号：3081
定价：86.00元

书号：3514
定价：96.00元

书号：3512
定价：298.00元

书号：3980
定价：220.00元

国外油气勘探开发新进展丛书（十八）

书号：3702
定价：75.00元

书号：3734
定价：200.00元

书号：3693
定价：48.00元

书号：3513
定价：278.00元

书号：3772
定价：80.00元

国外油气勘探开发新进展丛书（十九）

书号：3834
定价：200.00元

书号：3991
定价：180.00元

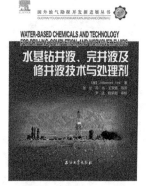

书号：3988
定价：96.00元

书号：3979
定价：120.00元

书号：4043
定价：100.00元

书号：4259
定价：150.00元

国外油气勘探开发新进展丛书（二十）

书号：4071
定价：160.00元

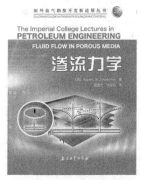

书号：4192
定价：75.00元

书号：4764
定价：100.00元

国外油气勘探开发新进展丛书(二十一)

书号：4005
定价：150.00元

书号：4013
定价：45.00元

书号：4075
定价：100.00元

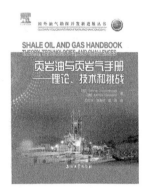

书号：4008
定价：130.00元

国外油气勘探开发新进展丛书(二十二)

书号：4296
定价：220.00元

书号：4324
定价：150.00元

书号：4399
定价：100.00元

国外油气勘探开发新进展丛书（二十三）

书号：4469
定价：88.00元

书号：4673
定价：48.00元

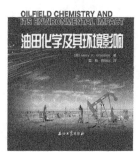

书号：4362
定价：160.00元

国外油气勘探开发新进展丛书（二十四）

书号：4658
定价：58.00元

书号：4805
定价：68.00元